市政专业高职高专系列教材

市政工程安全管理与实务

朱海东　汪　洋　王云江　主编
沈柏明　主审

中国建筑工业出版社

图书在版编目（CIP）数据

市政工程安全管理与实务/朱海东，汪洋，王云江主编．—北京：中国建筑工业出版社，2012.8
市政专业高职高专系列教材
ISBN 978-7-112-14466-2

Ⅰ.①市… Ⅱ.①朱…②汪…③王… Ⅲ.①市政工程-安全管理-高等职业教育-教材 Ⅳ.①TU99

中国版本图书馆CIP数据核字（2012）第165122号

本书内容包括市政工程施工安全管理概论，建设工程安全生产法律、法规简介，安全风险管理，市政工程施工安全管理，市政工程施工安全技术管理，环境保护及创建安全生产文明施工标准化工地，市政工程安全台账编制范例。

本书的特点是以操作指南的形式展示市政工程安全台账编制方法。

本书可作为高等院校市政工程等专业教材，同时也可供从事市政工程的安全技术人员、安全管理员、安全资料员使用。

* * *

责任编辑：王　磊　田启铭
责任设计：李志立
责任校对：肖　剑　关　健

市政专业高职高专系列教材
市政工程安全管理与实务
朱海东　汪　洋　王云江　主编
沈柏明　主审
*
中国建筑工业出版社出版、发行（北京西郊百万庄）
各地新华书店、建筑书店经销
北京红光制版公司制版
北京建筑工业印刷厂印刷
*
开本：787×1092毫米　1/16　印张：14¾　字数：362千字
2012年8月第一版　2012年8月第一次印刷
定价：**30.00**元
ISBN 978-7-112-14466-2
（22516）

前　言

本书阐述了市政工程施工安全管理，安全生产法律、法规，安全技术管理，环境保护与安全生产文明施工重要内容，并将市政工程九本安全台账的资料表格一一填写样本。市政施工安全台账资料是单位工程竣工备案的重要档案材料，全面反映了市政工程安全和验收情况，是反映工程安全状况的重要资料。

全书力求做到规范性、实用性、知识性和可操作性强，以便独立完成安全资料的整理工作。本书对促进施工现场安全生产管理资料工作向程序化、规范化发展，加强施工现场的管理有着一定的借鉴意义。为实现“安全第一，预防为主”的方针，提高安全生产工作和文明施工的管理水平。确保在施工现场生产过程中的人生和财产安全，减少事故的发生，建立健全安全保障体系。

本书由浙江建设职业技术学院朱海东、汪洋、王云江主编，由鲲鹏建设集团有限公司毛晨阳高级工程师、上海华铁工程咨询有限公司沈柏明高级工程师主审。

参与本书编写的有浙江建设职业技术学院朱海东（第一章，第三章第一、二、四节，第五章第一、二、三节），汪洋（第四章，第三章第三节），王云江（第五章四、五、六、七节，第七章第一、二、三、四节）；浙江恒鼎建设集团有限公司陈伟梅（第七章第五、六、七、八、九节）；浙江经贸职业技术学院付姝兰（第二章）；上海华铁工程咨询有限公司杭州分公司王菊萍（第六章）。

本书编写得到鲲鹏建设集团有限公司、华铁工程咨询有限责任公司、上海华铁工程咨询有限公司、杭州凯悦工程咨询有限公司杭州恒鼎建设集团有限公司的大力支持，在此表示感谢！

由于编者知识水平有限，书中难免有疏漏和不够准确之处，恳请读者和有关专家批评指正，以便今后不断地改正和完善。

目　录

第一章　市政工程施工安全生产管理概论

【学习重点】 市政工程施工安全生产的特点；市政工程安全管理的内容；市政工程安全管理的重要性。

第一节　绪　　论

安全是指不受威胁，没有危险、危害、损失。人类的整体与生存环境资源的和谐相处，互相不伤害，不存在危险的、危害的隐患；是免除了不可接受的损害风险的状态。安全是在人类生产过程中，将系统的运行状态对人类的生命、财产、环境可能产生的损害控制在人类能接受水平以下的状态。

一、安全生产产生的背景

安全生产关系人民群众生命和财产安全，关系改革发展和社会稳定大局。胡锦涛总书记在党的十六届三中全会上强调："各级党委和政府要牢牢树立责任重于泰山的观念，坚持把人民群众的生命安全放在第一位，进一步完善和落实安全生产的各项政策措施，努力提高安全生产水平。"温家宝总理也要求：建设部门要尊重科学，严格执行经过论证的技术方案，严格执行各种规范和标准，加强工程监管，这是保证工程安全和质量的重要环节。党的十六届五中全会通过的《中共中央关于制定国民经济和社会发展第十一个五年规划的建议》中明确指出，必须加快转变经济增长方式，积极推进经济结构的战略调整，实现节约发展、清洁发展、安全发展和可持续发展。将安全发展与节约发展、清洁发展和可持续发展紧密联系在一起，共同构成科学发展观的重要内容。这是新中国建立以来，党中央第一次提出安全发展的新理念，充分反映了党和国家对安全生产工作的高度重视以及安全生产工作本身的极端重要性。

我国目前正处在社会经济持续快速发展的历史时期，建筑业的发展规模逐年增长，已经成为继工业、农业、贸易之后的第四位支柱产业。安全发展是社会文明与社会进步程度的重要标志，是改革开放的成果惠及老百姓的具体体现。社会文明与社会进步程度越高，人民对生活质量和生命与健康保障的要求愈为强烈。满足人们不断增长的物质与文化生活水平的要求，必须坚持发展是第一要务。但发展必须安全，如果单纯为了发展而不能有效保证人民群众的生命财产安全与职业健康，就会严重影响构建社会主义和谐社会的进程。安全发展就是要坚持以人为本，在劳动者生命权利和职业健康最大限度地得到保障的前提下，实现经济持续、快速、协调、稳定发展，建立和完善安定团结、和谐进步的社会制度和社会秩序。近年来，国家陆续颁布实施了《中华人民共和国建筑法》、《中华人民共和国安全生产法》、《建设工程质量管理条例》、《建设工程安全生产管理条例》等法律法规，加强了建设工程质量、安全法规和技术标准体系建设，在实践中发挥了很好的作用。

2003年11月24日，国务院颁布了《建设工程安全生产管理条例》，并于2004年2月1日起施行。《建设工程安全生产管理条例》适应了我国建设工程安全生产的当前形势和今后发展的要求，是在贯彻“以人为本”思想和“安全第一、预防为主、综合治理”方针，加强建设工程安全生产立法，进一步实现我国建设工程安全生产管理法制化的背景之下产生的。它与《中华人民共和国建筑法》和《中华人民共和国安全生产法》相配套，通过明确安全责任、加强管理监督和依法处理事故，提高建设工程安全生产水平，减少事故发生，来更好地实现确保施工人员安全与工程和其他财产安全的目的。

二、市政工程施工安全生产的特点

1. 市政工程施工安全生产的特点

(1) 产品生产的固定性

市政建设产品一般均为比较复杂的、大型的、投资多的具有固定场所的一次性产品，或称单件性产品。在产品形成过程中，要根据其构成特点、技术要求、使用功能、合同约定的质量、工期和资金等条件，进行施工生产和系统管理。由于产品生产的固定性及其生产和管理的复杂性，因而容易出现施工安全事故。

(2) 露天作业条件恶劣性

市政建设工程施工大多是在露天空旷的场地或水域完成的，环境相当艰苦、防护条件差，容易发生伤亡事故。

(3) 结构庞大施工高空性

市政工程产品的结构十分庞大，操作工人大多在十几米，甚至几十米的高空进行施工作业，容易产生高处坠落的伤亡事故。

(4) 队伍流动性大、素质参差不齐，实施安全管理的困难性

近年来，由于工程建设发展迅速，大量缺乏有技术基础并能熟练操作的工人，大批文化水平较低、安全意识和自我保护能力较弱的农民当了建筑工人，导致施工队伍整体素质参差不齐，而且由于队伍流动性大，多数务工人员也不太了解和掌握如何按安全操作规程进行施工作业。

由于市政建设产品的固定性，当这一产品完成后，施工单位就必须转移到新的施工地点去，施工人员流动性大，这就会给施工安全管理带来难度。要求安全管理工作必须做到及时、到位。

(5) 手工操作多、体力消耗大、强度高，造成劳动保护的艰巨性

在恶劣的作业环境下，施工工人的手工操作多，体能耗费大，劳动时间和劳动强度都比其他行业要大，其职业危害严重，带来了个人劳动保护的艰巨性。

(6) 产品品种多样性、施工工艺多变性，导致施工安全管理的复杂性

由于市政建设产品品种的多样性，施工生产工艺复杂多变性，如一座天桥从基础、下部结构、上部结构至竣工验收，各道施工工序均有其不同的特性，其不安全的因素各不相同，同时，随着工程建设的进展，施工现场的不安全因素也在随时变化，要求施工单位必须针对工程进度和施工现场实际情况不断及时地采取安全技术措施和安全管理措施予以保证。

(7) 施工场地窄小带来多工种作业的立体交叉性

近年来，市政建设工程由低向高发展，由地上向地下、水下发展，施工现场却由宽到

窄发展，致使施工场地与施工条件要求的矛盾日益突出，多工种立体交叉作业增加，导致机械伤害、物体打击事故增多。

施工安全生产的上述特点，决定了施工生产的安全隐患多存在于高处作业、交叉作业、垂直运输、个人劳动保护以及使用电气机具等环节，伤亡事故也多发生在高处坠落、物体打击、机械伤害、起重伤害、触电、坍塌等方面。同时，新、奇、个性化的建筑产品的出现，给市政工程施工带来了新的挑战，也给市政工程安全管理和安全防护技术提出了新的要求。

2. 市政工程安全事故的特点

（1）严重性

市政建设工程发生安全事故，其影响往往较大，会直接导致人员伤亡或财产损失，给广大人民群众带来巨大灾难，重大安全事故甚至会导致群死群伤或巨大财产损失。

（2）复杂性

工程事故产生的特点，决定了影响市政建设工程安全生产的因素很多，造成工程安全事故的原因错综复杂，即使同一类安全事故，其发生原因可能多种多样。

（3）可变性

许多市政工程施工中出现的安全事故隐患并非是静止的，而是有可能随着时间的推移和各种外因条件的变化而发展、恶化，若不及时处理，往往可能发展成为严重或重大安全事故。

（4）多发性

市政建设工程中的有些安全事故，往往会在工程某部位、某工序或某作业活动中经常发生，例如，物体打击事故、触电事故、高处坠落事故、坍塌事故、起重机械事故、中毒事故等。

第二节　市政工程施工安全管理

一、安全生产管理的概念

所谓生产安全，广义来说，是指生产系统中人员或财物发生非预期的伤害和状态改变。安全生产，则是指使生产过程在符合人员、物质条件和工作秩序的状态下进行，防止发生人身伤亡和非预期的财物损失等生产事故，消除或控制各类危险源和有害因素，从而保障人身安全与健康，防止设备机械遭受损害，避免环境受到破坏的总称。

安全生产管理，是指针对各种生产过程中可能存在的危险源和有害因素，通过运用有效的资源，采取适宜的工作程序和控制手段，对生产过程进行计划、组织、指挥、监控和协调活动，以期减少和消除危险源、控制有害因素，从而实现安全生产的目标。因此，安全生产管理的目标就是减少和消除危险源、控制有害因素，防止和尽可能地减少生产过程中由于危险源和有害因素引发事故所造成的人身伤害、财产损失以及环境污染等各类损失。

二、市政工程施工安全管理概念

市政工程安全是建设工程管理的重要内容之一。同建设工程安全管理一样，市政工程施工安全管理也是指建设行政主管部门、建设安全监督管理机构、建设施工企业以及相关单位对市政工程生产过程中的安全工作，依据相关法律、法规、标准以及规范，确定建设工程安全生产方针及实施安全生产方针的全部职能和工作内容，进行有效的计划、组织、指挥、控制和监督，并对其工作效果及管理绩效进行评价和持续改进的一系列活动。它包含了建设工程在施工过程中组织安全生产的全部管理活动，即通过对生产要素过程控制，使生产要素中涉及的人的不安全行为和物的不安全状态得以消除、减少或控制，实现安全管理的目标。

随着我国劳动者劳动条件的改善和生产地位的不断提高，建设行业管理的逐步完善，工程建设中也越来越强调“以人为本，关爱生命”的理念。市政工程作为城市基础设施建设的重要组成部分，其生产安全的重要性毋庸置疑，而市政工程生产安全事故高发则势必会给国家和社会造成巨大的损失和不良影响。因此，市政基础设施工程的每个建设者，都应当积极、主动地投入到安全生产管理活动中去。

三、市政工程施工安全生产管理的监管主体

市政工程施工安全管理的监管主体按实施主体的不同，可分为内部监管主体和外部监管主体。内部监管主体是指直接从事市政工程施工安全生产职能的活动者，外部监管主体是指对他人施工安全生产能力和效果的监管者。

四、施工人员操作规范化管理

施工单位要严格按照国家及行业的有关规定，按各工种操作规程及工作条例的要求规范施工人员的行为，坚持贯彻执行各项安全管理制度，杜绝由于违反操作规程而引发的工伤事故。

五、施工安全技术管理

在施工生产过程中，为防止和消除伤亡事故，保障职工的安全，企业应根据国家和行业的有关规定，针对工程特点、施工现场环境、使用机械以及施工中可能使用的有毒有害材料，提供安全技术和防护措施。安全技术措施应在开工前根据施工图编制。施工前必须以书面形式对施工人员进行安全技术交底，对不同工程特点和可能造成的安全事故，从技术上采取措施，消除危险，保证施工安全。施工中对各项安全技术措施要认真组织实施，经常进行监督检查。对施工中出现的新问题，技术人员和安全管理人员要在调查分析的基础上，及时提出新的安全技术措施。

第三节 市政工程施工安全管理的内容

一、施工安全制度管理

施工项目确定以后，施工单位就要根据国家及行业有关安全生产的政策、法规和标准，建立一整套符合项目工程特点的安全生产管理制度，包括安全生产责任制度，安全生产教育制度，电气安全管理制度，防火、防爆安全管理制度，高处作业安全管理制度，劳动卫生安全管理制度等。用制度约束施工人员的行为，达到安全生产的目的。

二、施工安全组织管理

为保证国家有关安全生产的政策、法规及施工现场安全管理制度的落实，企业应建立健全安全管理机构，并对安全管理机构的构成、职责及工作模式作出规定。企业应重视安全档案管理工作，及时整理、完善安全档案，安全资料，为预防、预测、预报安全事故提

供依据。

三、施工现场设施管理

根据《建设工程施工现场管理规定》(1991.12.5建设部令第15号),《建筑施工安全检查标准》JGJ 59—99及××省建设厅编制的《市政工程施工安全检查评分办法》中对施工现场的运输道路、附属加工设施、给水排水、动力及照明、通信等管线,临时性建筑(仓库、工棚、食堂、水泵房、变电所等),材料、构件、设备及工器具的堆放点,施工机械的行进路线,安全防火设施等一切施工所必需的临时工程设施进行合理的设计、有序摆放和科学管理。

四、施工人员操作规范化管理

施工单位要严格按照国家及行业的有关规定,按各工种操作规程及工作条例的要求规范施工人员的行为,坚持贯彻执行各项管理制度,杜绝由于违反操作规程而引发的工伤事故。

五、施工安全技术管理

在施工生产过程中,为防止和消除伤亡事故,保障职工的安全,企业应根据国家和行业的有关规定,针对工程特点、施工现场环境、使用机械以及施工中可能使用的有毒有害材料,提出安全技术和防护措施。安全技术措施应在开工前根据施工图编制。施工前必须以书面形式对施工人员进行安全技术交底,对不同工程特点和可能造成的安全事故,从技术上采取措施,消除危险、保证施工安全。施工中要认真组织实施各项安全技术措施,经常进行监督检查,对施工中出现的新问题,技术人员和安全管理人员要在调查分析的基础上,及时提出新的安全技术措施。

第四节　加强市政工程施工安全管理的重要性

我国建设工程安全生产管理水平还处于一个相对较低的程度,特别是市政工程安全生产管理,由于起步迟,管理部门重视不够,导致了相关管理制度的不健全和管理手段的匮乏。

据统计,我国建设工程安全生产事故仍处于高发阶段。2000年发生事故846起,死亡987人;2001年发生事故1004起,死亡1045人;2002年发生事故1208起,死亡1292人;2003年发生事故1278起,死亡1512人;2004年发生事故1086起,死亡1264人;2005年发生事故1015起,死亡1193人;2006年发生事故882起,死亡1041人(以上统计均为房屋建筑和市政工程安全生产事故)。安全生产事故的发生带来了巨大的经济损失。据统计,美国建设工程安全事故造成的经济损失已占到总成本的7.9%,英国建设工程安全事故造成的经济损失占总成本的3%~6%,中国香港特别行政区则占到8.5%,我国每年直接经济损失也逾百亿元。1998年以来,我国建筑业发展迅猛,建筑业成为重要的支柱产业之一。2003年建筑业增加值8266亿元,占GDP的比重为7%;2004年建筑业完成增加值9572亿元,占GDP的比重为7.01%;2005年全社会建筑业实现增加值10018亿元。同时,建筑业也提高了我国相关产业部门,如冶金、建材、化工、机械等行业技术装备水平,增强了我国能源、交通、通信、水利、城市公用等基础设施能力,改善了人民群众物质文化生活条件。因此,建设工程安全生产是关系到国家经济发展和社会的和谐稳定团结的大事，各级安全管理人员应对下述几方面问题有足够的认识和重视，充分意识到安全管理的重要性。

1. 世间一切事物中，人是第一宝贵的因素，一线生产工人是人类社会最基本的生产活动的主体，保护劳动者就是保护生产力，要解放生产力和发展生产力，就是要把安全生产放在第一位。

2. 安全问题关系到社会稳定和国家的团结。国家历来十分重视保护劳动者的安全和健康，项目施工的各级管理人员必须提高认识，增强安全意识和责任感，牢固树立“安全第一”的思想，任何时候都不可忽视安全工作。

3. 安全生产关系到国家的经济发展和企业的经济效益。一个施工项目的好坏，要靠管理和技术。安全管理的优劣，对企业经济效益的影响尤其巨大，从一定意义上说，没有安全就没有效益。

4. 安全问题是人命攸关的大事，安全生产贯穿于项目施工的全过程，必须年年讲、月月讲、时时讲，讲得家喻户晓、人人皆知，形成一个人人重视安全工作的良好局面。

【本章小结】 本章主要介绍市政工程安全生产产生的背景，并对市政工程施工安全的特点进行阐述，特别强调安全生产的重要性。

【复习思考题】

1. 简述安全生产产生的背景。
2. 市政工程施工安全生产的特点有哪些？
3. 市政工程安全事故的特点？
4. 安全生产管理的含义？
5. 市政工程施工安全管理的含义？
6. 市政工程施工安全管理的内容包括哪些方面？
7. 为什么要加强市政工程施工安全管理？

第二章　建设工程安全生产法律、法规简介

【学习重点】 《宪法》、《刑法》、《劳动法》、《建筑法》、《安全生产法》、《建设工程质量管理条例》、《安全生产许可证条例》、《建设工程安全生产管理条例》、《生产安全事故报告和调查处理条例》、《工伤保险条例》有关规定。

第一节　《宪法》、《刑法》、《劳动法》、《建筑法》有关规定

一、《中华人民共和国宪法》有关规定

（2004年3月14日第十届全国人民代表大会第二次会议通过）

第四十二条　中华人民共和国公民有劳动的权利和义务。

国家通过各种途径，创造劳动就业条件，加强劳动保护，改善劳动条件，并在发展生产的基础上，提高劳动报酬和福利待遇。

劳动是一切有劳动能力的公民的光荣职责。国有企业和城乡集体经济组织的劳动者都应当以国家主人翁的态度对待自己的劳动。国家提倡社会主义劳动竞赛，奖励劳动模范和先进工作者。国家提倡公民从事义务劳动。

国家对就业前的公民进行必要的劳动就业训练。

第四十三条　中华人民共和国劳动者有休息的权利。国家发展劳动者休息和休养的设施，规定职工的工作时间和休假制度。

二、《中华人民共和国刑法》有关规定

（已由第十一届全国人民代表大会常务委员会第十九次会议于2011年2月25日通过，自2011年5月1日起施行）

第三十三条　主刑的种类如下：

（一）管制；

（二）拘役；

（三）有期徒刑；

（四）无期徒刑；

（五）死刑。

第三十四条　附加刑的种类如下：

（一）罚金；

（二）剥夺政治权利；

（三）没收财产。

附加刑也可以独立适用。

第一百三十四条　工厂、矿山、林场、建筑企业或其他企业、事业单位的职工，由于不服管理，违反规章制度，或者强令工人违章作业，因而发生重大伤亡事故，造成严重

后果的，处3年以下有期徒刑或拘役，情节特别恶劣的处3年以上7年以下有期徒刑。

第一百三十五条　工厂、矿山、林场、建筑企业或其他企业、事业单位的劳动安全设施不符合国家规定，经有关部门或者单位职工提出后，对事故隐患仍不采取措施，因而发生重大伤亡事故或造成其他严重后果的，对直接责任人员，处3年以下有期徒刑或者拘役，情节特别恶劣的处3年以上7年以下有期徒刑。

第一百三十六条　违反爆炸性、易燃性、放射性、毒害性、腐蚀物品的管理规定，在生产、储存、运输、使用中发生重大事故，造成严重后果的，处3年以下有期徒刑或者拘役，情节特别严重的处3年以上7年以下有期徒刑。

第一百三十七条　建设单位、设计单位、施工单位、工程监理单位违反国家规定，降低工程质量标准，造成重大安全事故的，对直接责任人员，处5年以下有期徒刑或者拘役，并处罚金；后果特别严重的，处5年以上10年以下有期徒刑，并处罚金。

第一百三十九条　违反消防管理法规，经消防监督机构通知采取改正措施而拒绝执行，造成严重后果的，对直接责任人员，处3年以下有期徒刑或者拘役，情节特别严重的处3年以上7年以下有期徒刑。

三、《中华人民共和国劳动法》有关规定

（1994年7月5日中华人民共和国第八届全国人民代表大会常务委员会第八次会议通过，1994年7月5日中华人民共和国主席令第二十八号发布，自1995年1月1日起施行）

第五十二条　用人单位必须建立、健全劳动安全卫生制度，严格执行国家劳动安全卫生规程和标准，对劳动者进行劳动安全卫生教育，防止劳动过程中的事故，减少职业危害。

第五十三条　劳动安全卫生设施必须符合国家规定的标准。新建、改建、扩建工程的劳动安全卫生设施必须与主体工程同时设计、同时施工、同时投入生产和使用。

第五十四条　用人单位必须为劳动者提供符合国家规定的劳动安全卫生条件和必要的劳动防护用品，对从事有职业危害作业的劳动者应当定期进行健康检查。

第五十五条　从事特种作业的劳动者必须经过专门培训并取得特种作业资格。

第五十六条　劳动者在劳动过程中必须严格遵守安全操作规程。劳动者对用人单位管理人员违章指挥、强令冒险作业，有权拒绝执行；对危害生命安全和身体健康的行为，有权提出批评、检举和控告。

第五十七条　国家建立伤亡事故和职业病统计报告和处理制度。县级以上各级人民政府劳动行政部门、有关部门和用人单位应当依法对劳动者在劳动过程中发生的伤亡事故和劳动者的职业病状况，进行统计、报告和处理。

第九十二条　用人单位的劳动安全设施和劳动卫生条件不符合国家规定或者未向劳动者提供必要的劳动保护用品和劳动保护设施的，由劳动行政部门或者有关部门责令改正，可以处以罚款；情节严重的，提请县级以上人民政府决定责令停产整顿；对事故隐患不采取措施，致使发生重大事故，造成劳动者生命和财产损失的，对责任人员比照刑法第一百八十七条的规定追究刑事责任。

第九十三条　用人单位强令劳动者违章冒险作业，发生重大伤亡事故，造成严重后果的，对责任人员依法追究刑事责任。

四、《中华人民共和国建筑法》有关规定

【中华人民共和国主席令（1997）第91号】

第三十六条 建筑工程安全生产管理必须坚持安全第一、预防为主的方针，建立健全安全生产的责任制度和群防群治制度。

第三十七条 建筑工程设计应当符合按照国家规定制定的建筑安全规程和技术规范，保证工程的安全性能。

第三十八条 建筑施工企业在编制施工组织设计时，应当根据建筑工程的特点制定相应的安全技术措施；对专业性较强的工程项目，应当编制专项安全施工组织设计，并采取安全技术措施。

第三十九条 建筑施工企业应当在施工现场采取维护安全、防范危险、预防火灾等措施；有条件的，应当对施工现场实行封闭管理。施工现场对毗邻的建筑物、构筑物和特殊作业环境可能造成损害的，建筑施工企业应当采取安全防护措施。

第四十条 建设单位应当向建筑施工企业提供与施工现场相关的地下管线资料，建筑施工企业应当采取措施加以保护。

第四十一条 建筑施工企业应当遵守有关环境保护和安全生产的法律、法规的规定，采取控制和处理施工现场的各种粉尘、废气、废水、固体废物以及噪声、振动对环境的污染和危害的措施。

第四十二条 有下列情形之一的，建设单位应当按照国家有关规定办理申请批准手续：

（一）需要临时占用规划批准范围以外场地的；

（二）可能损坏道路、管线、电力、邮电通信等公共设施的；

（三）需要临时停水、停电、中断道路交通的；

（四）需要进行爆破作业的；

（五）法律、法规规定需要办理报批手续的其他情形。

第四十三条 建设行政主管部门负责建筑安全生产的管理，并依法接受劳动行政主管部门对建筑安全生产的指导和监督。

第四十四条 建筑施工企业必须依法加强对建筑安全生产的管理，执行安全生产责任制度，采取有效措施，防止伤亡和其他安全生产事故的发生。

建筑施工企业的法定代表人对本企业的安全生产负责。

第四十五条 施工现场安全由建筑施工企业负责。实行施工总承包的，由总承包单位负责。分包单位向总承包单位负责，服从总承包单位对施工现场的安全生产管理。

第四十六条 建筑施工企业应当建立健全劳动安全生产教育培训制度，加强对职工安全生产的教育培训；未经安全生产教育培训的人员，不得上岗作业。

第四十七条 建筑施工企业和作业人员在施工过程中，应当遵守有关安全生产的法律、法规和建筑行业安全规章、规程，不得违章指挥或者违章作业。作业人员有权对影响人身健康的作业程序和作业条件提出改进意见，有权获得安全生产所需的防护用品。作业人员对危及生命安全和人身健康的行为有权提出批评、检举和控告。

第四十八条 建筑施工企业必须为从事危险作业的职工办理意外伤害保险，支付保险费。

第四十九条　涉及建筑主体和承重结构变动的装修工程，建设单位应当在施工前委托原设计单位或者具有相应资质条件的设计单位提出设计方案；没有设计方案的，不得施工。

第五十条　房屋拆除应当由具备保证安全条件的建筑施工单位承担，由建筑施工单位负责人对安全负责。

第五十一条　施工中发生事故时，建筑施工企业应当采取紧急措施减少人员伤亡和事故损失，并按照国家有关规定及时向有关部门报告。

第二节　《中华人民共和国安全生产法》有关规定

【中华人民共和国主席令（2002）第70号】

一、生产企业的安全生产保证

第十六条　生产经营单位应当具备本法和有关法律、行政法规和国家标准或者行业标准规定的安全生产条件；不具备安全生产条件的，不得从事生产经营活动。

第十七条　生产经营单位的主要负责人对本单位安全生产工作负有下列职责：

（一）建立、健全本单位安全生产责任制；

（二）组织制定本单位安全生产规章制度和操作规程；

（三）保证本单位安全生产投入的有效实施；

（四）督促、检查本单位的安全生产工作，及时消除生产安全事故隐患；

（五）组织制定并实施本单位的生产安全事故应急救援预案；

（六）及时、如实报告生产安全事故。

第十八条　生产经营单位应当具备的安全生产条件所必需的资金投入，由生产经营单位的决策机构、主要负责人或者个人经营的投资人予以保证，并对由于安全生产所必需的资金投入不足导致的后果承担责任。

第十九条　矿山、建筑施工单位和危险物品的生产、经营、储存单位，应当设置安全生产管理机构或者配备专职安全生产管理人员。

前款规定以外的其他生产经营单位，从业人员超过300人的，应当设置安全生产管理机构或者配备专职安全生产管理人员；从业人员在300人以下的，应当配备专职或者兼职的安全生产管理人员，或者委托具有国家规定的相关专业技术资格的工程技术人员提供安全生产管理服务。

生产经营单位依照前款规定委托工程技术人员提供安全生产管理服务的，保证安全生产的责任仍由本单位负责。

第二十条　生产经营单位的主要负责人和安全生产管理人员必须具备与本单位所从事的生产经营活动相应的安全生产知识和管理能力。危险物品的生产、经营、储存单位以及矿山、建筑施工单位的主要负责人和安全生产管理人员，应当由有关主管部门对其安全生产知识和管理能力考核合格后方可任职。考核不得收费。

第二十一条　生产经营单位应当对从业人员进行安全生产教育和培训，保证从业人员具备必要的安全生产知识，熟悉有关的安全生产规章制度和安全操作规程，掌握本岗位的安全操作技能。未经安全生产教育和培训合格的从业人员，不得上岗作业。

第二十二条 生产经营单位采用新工艺、新技术、新材料或者使用新设备，必须了解、掌握其安全技术特性，采取有效的安全防护措施，并对从业人员进行专门的安全生产教育和培训。

第二十三条 生产经营单位的特种作业人员必须按照国家有关规定经专门的安全作业培训，取得特种作业操作资格证书，方可上岗作业。特种作业人员的范围由国务院负责安全生产监督管理的部门会同国务院有关部门确定。

第二十四条 生产经营单位新建、改建、扩建工程项目（以下统称建设项目）的安全设施，必须与主体工程同时设计、同时施工、同时投入生产和使用。安全设施投资应当纳入建设项目概算。

第二十五条 矿山建设项目和用于生产、储存危险物品的建设项目，应当分别按照国家有关规定进行安全条件论证和安全评价。

第二十六条 建设项目安全设施的设计人、设计单位应当对安全设施设计负责。

矿山建设项目和用于生产、储存危险物品的建设项目的安全设施设计应当按照国家有关规定报经有关部门审查，审查部门及其负责审查的人员对审查结果负责。

第二十七条 矿山建设项目和用于生产、储存危险物品的建设项目的施工单位必须按照批准的安全设施设计施工，并对安全设施的工程质量负责。

矿山建设项目和用于生产、储存危险物品的建设项目竣工投入生产或者使用前，必须依照有关法律、行政法规的规定对安全设施进行验收；验收合格后，方可投入生产和使用。验收部门及其验收人员对验收结果负责。

第二十八条 生产经营单位应当在有较大危险因素的生产经营场所和有关设施、设备上，设置明显的安全警示标志。

第二十九条 安全设备的设计、制造、安装、使用、检测、维修、改造和报废，应当符合国家标准或者行业标准。

生产经营单位必须对安全设备进行经常性维护、保养，并定期检测，保证正常运转。维护、保养、检测应当做好记录，并由有关人员签字。

第三十条 生产经营单位使用的涉及生命安全、危险性较大的特种设备，以及危险物品的容器、运输工具，必须按照国家有关规定，由专业生产单位生产，并经取得专业资质的检测、检验机构检测、检验合格，取得安全使用证或者安全标志，方可投入使用。检测、检验机构对检测、检验结果负责。

涉及生命安全、危险性较大的特种设备的目录由国务院负责特种设备安全监督管理的部门制定，报国务院批准后执行。

第三十一条 国家对严重危及生产安全的工艺、设备实行淘汰制度。

生产经营单位不得使用国家明令淘汰、禁止使用的危及生产安全的工艺、设备。

第三十二条 生产、经营、运输、储存、使用危险物品或者处置废弃危险品的，由有关主管部门依照有关法律、法规的规定和国家标准或者行业标准审批并实施监督管理。

生产经营单位生产、经营、运输、储存、使用危险物品或者处置废弃危险物品，必须执行有关法律、法规和国家标准或者行业标准，建立专门的安全管理制度，采取可靠的安全措施，接受有关主管部门依法实施的监督管理。

第三十三条 生产经营单位对重大危险源应当登记建档，进行定期检测、评估、监控，并制定应急预案，告知从业人员和相关人员在紧急情况下应当采取的应急措施。

生产经营单位应当按照国家有关规定将本单位重大危险源及有关安全措施、应急措施报有关地方人民政府负责安全生产监督管理的部门和有关部门备案。

第三十四条　生产、经营、储存、使用危险物品的车间、商店、仓库不得与员工宿舍在同一座建筑物内，并应当与员工宿舍保持安全距离。

生产经营场所和员工宿舍应当设有符合紧急疏散要求、标志明显、保持畅通的出口。禁止封闭、堵塞生产经营场所或者员工宿舍的出口。

第三十五条　生产经营单位进行爆破、吊装等危险作业，应当安排专门人员进行现场安全管理，确保操作规程的遵守和安全措施的落实。

第三十六条　生产经营单位应当教育和督促从业人员严格执行本单位的安全生产规章制度和安全操作规程；并向从业人员如实告知作业场所和工作岗位存在的危险因素、防范措施以及事故应急措施。

第三十七条　生产经营单位必须为从业人员提供符合国家标准或者行业标准的劳动防护用品，并监督、教育从业人员按照使用规则佩戴、使用。

第三十八条　生产经营单位的安全生产管理人员应当根据本单位的生产经营特点，对安全生产状况进行经常性检查；对检查中发现的安全问题，应当立即处理；不能处理的，应当及时报告本单位有关负责人。检查及处理情况应当记录在案。

第三十九条　生产经营单位应当安排用于配备劳动防护用品、进行安全生产培训的经费。

第四十条　两个以上生产经营单位在同一作业区域内进行生产经营活动，可能危及对方生产安全的，应当签订安全生产管理协议，明确各自的安全生产管理职责和应当采取的安全措施，并指定专职安全生产管理人员进行安全检查与协调。

第四十一条　生产经营单位不得将生产经营项目、场所、设备发包或者出租给不具备安全生产条件或者相应资质的单位或者个人。

生产经营项目、场所有多个承包单位、承租单位的，生产经营单位应当与承包单位、承租单位签订专门的安全生产管理协议，或者在承包合同、租赁合同中约定各自的安全生产管理职责；生产经营单位对承包单位、承租单位的安全生产工作统一协调、管理。

第四十二条　生产经营单位发生重大生产安全事故时，单位的主要负责人应当立即组织抢救，并不得在事故调查处理期间擅离职守。

第四十三条　生产经营单位必须依法参加工伤社会保险，为从业人员缴纳保险费。

二、从业人员的权利和义务

第四十四条　生产经营单位与从业人员订立的劳动合同，应当载明有关保障从业人员劳动安全、防止职业危害的事项，以及依法为从业人员办理工伤社会保险的事项。

生产经营单位不得以任何形式与从业人员订立协议，免除或者减轻其对从业人员因生产安全事故伤亡依法应承担的责任。

第四十五条　生产经营单位的从业人员有权了解其作业场所和工作岗位存在的危险因素、防范措施及事故应急措施，有权对本单位的安全生产工作提出建议。

第四十六条　从业人员有权对本单位安全生产工作中存在的问题提出批评、检举、控告；有权拒绝违章指挥和强令冒险作业。

生产经营单位不得因从业人员对本单位安全生产工作提出批评、检举、控告或者拒绝违章指挥、强令冒险作业而降低其工资、福利等待遇或者解除与其订立的劳动合同。

第四十七条 从业人员发现直接危及人身安全的紧急情况时，有权停止作业或者在采取可能的应急措施后撤离作业场所。

生产经营单位不得因从业人员在前款紧急情况下停止作业或者采取紧急撤离措施而降低其工资、福利等待遇或者解除与其订立的劳动合同。

第四十八条 因生产安全事故受到损害的从业人员，除依法享有工伤社会保险外，依照有关民事法律尚有获得赔偿的权利的，有权向本单位提出赔偿要求。

第四十九条 从业人员在作业过程中，应当严格遵守本单位的安全生产规章制度和操作规程，服从管理，正确佩戴和使用劳动防护用品。

第五十条 从业人员应当接受安全生产教育和培训，掌握本职工作所需的安全生产知识，提高安全生产技能，增强事故预防和应急处理能力。

第五十一条 从业人员发现事故隐患或者其他不安全因素，应当立即向现场安全生产管理人员或者本单位负责人报告；接到报告的人员应当及时予以处理。

第五十二条 工会有权对建设项目的安全设施与主体工程同时设计、同时施工、同时投入生产和使用，进行监督，提出意见。

工会对生产经营单位违反安全生产法律、法规，侵犯从业人员合法权益的行为，有权要求纠正；发现生产经营单位违章指挥、强令冒险作业或者发现事故隐患时，有权提出解决的建议，生产经营单位应当及时研究答复；发现危及从业人员生命安全的情况时，有权向生产经营单位建议组织从业人员撤离危险场所，生产经营单位必须立即作出处理。

工会有权依法参加事故调查，向有关部门提出处理意见，并要求追究有关人员的责任。

三、安全生产的监督管理

第五十三条 县级以上地方各级人民政府应当根据本行政区域内的安全生产状况，组织有关部门按照职责分工，对本行政区域内容易发生重大生产安全事故的生产经营单位进行严格检查；发现事故隐患，应当及时处理。

第五十四条 依照本法第九条规定对安全生产负有监督管理职责的部门（以下统称负有安全生产监督管理职责的部门）依照有关法律、法规的规定，对涉及安全生产的事项需要审查批准（包括批准、核准、许可、注册、认证、颁发证照等，下同）或者验收的，必须严格依照有关法律、法规和国家标准或者行业标准规定的安全生产条件和程序进行审查；不符合有关法律、法规和国家标准或者行业标准规定的安全生产条件的，不得批准或者验收通过。对未依法取得批准或者验收合格的单位擅自从事有关活动的，负责行政审批的部门发现或者接到举报后应当立即予以取缔，并依法予以处理。对已经依法取得批准的单位，负责行政审批的部门发现其不再具备安全生产条件的，应当撤销原批准。

第五十五条 负有安全生产监督管理职责的部门对涉及安全生产的事项进行审查、验收，不得收取费用；不得要求接受审查、验收的单位购买其指定品牌或者指定生产、销售单位的安全设备、器材或者其他产品。

第五十六条 负有安全生产监督管理职责的部门依法对生产经营单位执行有关安全生产的法律、法规和国家标准或者行业标准的情况进行监督检查，行使以下职权：

（一）进入生产经营单位进行检查，调阅有关资料，向有关单位和人员了解情况。

（二）对检查中发现的安全生产违法行为，当场予以纠正或者要求限期改正；对依法应当给予行政处罚的行为，依照本法和其他有关法律、行政法规的规定作出行政处罚决定。

（三）对检查中发现的事故隐患，应当责令立即排除；重大事故隐患排除前或者排除过程中无法保证安全的，应当责令从危险区域内撤出作业人员，责令暂时停产停业或者停止使用；重大事故隐患排除后，经审查同意，方可恢复生产经营和使用。

（四）对有根据认为不符合保障安全生产的国家标准或者行业标准的设施、设备、器材予以查封或者扣押，并应当在十五日内依法作出处理决定。

监督检查不得影响被检查单位的正常生产经营活动。

第五十七条　生产经营单位对负有安全生产监督管理职责的部门的监督检查人员（以下统称安全生产监督检查人员）依法履行监督检查职责，应当予以配合，不得拒绝、阻挠。

第五十八条　安全生产监督检查人员应当忠于职守，坚持原则，秉公执法。

安全生产监督检查人员执行监督检查任务时，必须出示有效的监督执法证件；对涉及被检查单位的技术秘密和业务秘密，应当为其保密。

第五十九条　安全生产监督检查人员应当将检查的时间、地点、内容、发现的问题及其处理情况，作出书面记录，并由检查人员和被检查单位的负责人签字；被检查单位的负责人拒绝签字的，检查人员应当将情况记录在案，并向负有安全生产监督管理职责的部门报告。

第六十条　负有安全生产监督管理职责的部门在监督检查中，应当互相配合，实行联合检查；确需分别进行检查的，应当互通情况，发现存在的安全问题应当由其他有关部门进行处理的，应当及时移送其他有关部门并形成记录备查，接受移送的部门应当及时进行处理。

第六十一条　监察机关依照行政监察法的规定，对负有安全生产监督管理职责的部门及其工作人员履行安全生产监督管理职责实施监察。

第六十二条　承担安全评价、认证、检测、检验的机构应当具备国家规定的资质条件，并对其作出的安全评价、认证、检测、检验的结果负责。

第六十三条　负有安全生产监督管理职责的部门应当建立举报制度，公开举报电话、信箱或者电子邮件地址，受理有关安全生产的举报；受理的举报事项经调查核实后，应当形成书面材料；需要落实整改措施的，报经有关负责人签字并督促落实。

第六十四条　任何单位或者个人对事故隐患或者安全生产违法行为，均有权向负有安全生产监督管理职责的部门报告或者举报。

第六十五条　居民委员会、村民委员会发现其所在区域内的生产经营单位存在事故隐患或者安全生产违法行为时，应当向当地人民政府或者有关部门报告。

第六十六条　县级以上各级人民政府及其有关部门对报告重大事故隐患或者举报安全生产违法行为的有功人员，给予奖励。具体奖励办法由国务院负责安全生产监督管理的部门会同国务院财政部门制定。

第六十七条　新闻、出版、广播、电影、电视等单位有进行安全生产宣传教育的义务，有对违反安全生产法律、法规的行为进行舆论监督的权利。

四、对生产安全事故的应急救援与调查处理

第六十八条 县级以上地方各级人民政府应当组织有关部门制定本行政区域内特大生产安全事故应急救援预案，建立应急救援体系。

第六十九条 危险物品的生产、经营、储存单位以及矿山、建筑施工单位应当建立应急救援组织；生产经营规模较小，可以不建立应急救援组织的，应当指定兼职的应急救援人员。

危险物品的生产、经营、储存单位以及矿山、建筑施工单位应当配备必要的应急救援器材、设备，并进行经常性维护、保养，保证正常运转。

第七十条 生产经营单位发生生产安全事故后，事故现场有关人员应当立即报告本单位负责人。

单位负责人接到事故报告后，应当迅速采取有效措施，组织抢救，防止事故扩大，减少人员伤亡和财产损失，并按照国家有关规定立即如实报告当地负有安全生产监督管理职责的部门，不得隐瞒不报、谎报或者拖延不报，不得故意破坏事故现场、毁灭有关证据。

第七十一条 负有安全生产监督管理职责的部门接到事故报告后，应当立即按照国家有关规定上报事故情况。负有安全生产监督管理职责的部门和有关地方人民政府对事故情况不得隐瞒不报、谎报或者拖延不报。

第七十二条 有关地方人民政府和负有安全生产监督管理职责的部门的负责人接到重大生产安全事故报告后，应当立即赶到事故现场，组织事故抢救。任何单位和个人都应当支持、配合事故抢救，并提供一切便利条件。

第七十三条 事故调查处理应当按照实事求是、尊重科学的原则，及时、准确地查清事故原因，查明事故性质和责任，总结事故教训，提出整改措施，并对事故责任者提出处理意见。事故调查和处理的具体办法由国务院制定。

第七十四条 生产经营单位发生生产安全事故，经调查确定为责任事故的，除了应当查明事故单位的责任并依法予以追究外，还应当查明对安全生产的有关事项负有审查批准和监督职责的行政部门的责任，对有失职、渎职行为的，依照本法第七十七条的规定追究法律责任。

第七十五条 任何单位和个人不得阻挠和干涉对事故的依法调查处理。

第七十六条 县级以上地方各级人民政府负责安全生产监督管理的部门应当定期统计分析本行政区域内发生生产安全事故的情况，并定期向社会公布。

五、所承担的法律责任

第七十七条 负有安全生产监督管理职责的部门的工作人员，有下列行为之一的，给予降级或者撤职的行政处分；构成犯罪的，依照刑法有关规定追究刑事责任：

（一）对不符合法定安全生产条件的涉及安全生产的事项予以批准或者验收通过的；

（二）发现未依法取得批准、验收的单位擅自从事有关活动或者接到举报后不予取缔或者不依法予以处理的；

（三）对已经依法取得批准的单位不履行监督管理职责，发现其不再具备安全生产条件而不撤销原批准或者发现安全生产违法行为不予查处的。

第七十八条 负有安全生产监督管理职责的部门，要求被审查、验收的单位购买其指定的安全设备、器材或者其他产品的，在对安全生产事项的审查、验收中收取费用的，由其上级机关或者监察机关责令改正，责令退还收取的费用；情节严重的，对直接负责的主管人员和其他直接责任人员依法给予行政处分。

第七十九条　承担安全评价、认证、检测、检验工作的机构，出具虚假证明，构成犯罪的，依照刑法有关规定追究刑事责任；尚不够刑事处罚的，没收违法所得，违法所得在5千元以上的，并处违法所得2倍以上5倍以下的罚款，没有违法所得或者违法所得不足5千元的，单处或者并处5千元以上2万元以下的罚款，对其直接负责的主管人员和其他直接责任人员处5千元以上5万元以下的罚款；给他人造成损害的，与生产经营单位承担连带赔偿责任。

对有前款违法行为的机构，撤销其相应资格。

第八十条　生产经营单位的决策机构、主要负责人、个人经营的投资人不依照本法规定保证安全生产所必需的资金投入，致使生产经营单位不具备安全生产条件的，责令限期改正，提供必需的资金；逾期未改正的，责令生产经营单位停产停业整顿。

有前款违法行为，导致发生生产安全事故，构成犯罪的，依照刑法有关规定追究刑事责任；尚不够刑事处罚的，对生产经营单位的主要负责人给予撤职处分，对个人经营的投资人处2万元以上20万元以下的罚款。

第八十一条　生产经营单位的主要负责人未履行本法规定的安全生产管理职责的，责令限期改正；逾期未改正的，责令生产经营单位停产停业整顿。

生产经营单位的主要负责人有前款违法行为，导致发生生产安全事故，构成犯罪的，依照刑法有关规定追究刑事责任；尚不够刑事处罚的，给予撤职处分或者处2万元以上20万元以下的罚款。

生产经营单位的主要负责人依照前款规定受刑事处罚或者撤职处分的，自刑罚执行完毕或者受处分之日起，5年内不得担任任何生产经营单位的主要负责人。

第八十二条　生产经营单位有下列行为之一的，责令限期改正；逾期未改正的，责令停产停业整顿，可以并处2万元以下的罚款：

（一）未按照规定设立安全生产管理机构或者配备安全生产管理人员的；

（二）危险物品的生产、经营、储存单位以及矿山、建筑施工单位的主要负责人和安全生产管理人员未按照规定经考核合格的；

（三）未按照本法第二十一条、第二十二条的规定对从业人员进行安全生产教育和培训，或者未按照本法第三十六条的规定如实告知从业人员有关的安全生产事项的；

（四）特种作业人员未按照规定经专门的安全作业培训并取得特种作业操作资格证书，上岗作业的。

第八十三条　生产经营单位有下列行为之一的，责令限期改正；逾期未改正的，责令停止建设或者停产停业整顿，可以并处5万元以下的罚款；造成严重后果，构成犯罪的，依照刑法有关规定追究刑事责任：

（一）矿山建设项目或者用于生产、储存危险物品的建设项目没有安全设施设计或者安全设施设计未按照规定报经有关部门审查同意的；

（二）矿山建设项目或者用于生产、储存危险物品的建设项目的施工单位未按照批准的安全设施设计施工的；

（三）矿山建设项目或者用于生产、储存危险物品的建设项目竣工投入生产或者使用前，安全设施未经验收合格的；

（四）未在有较大危险因素的生产经营场所和有关设施、设备上设置明显的安全警示标志的；

（五）安全设备的安装、使用、检测、改造和报废不符合国家标准或者行业标准的；

（六）未对安全设备进行经常性维护、保养和定期检测的；

（七）未为从业人员提供符合国家标准或者行业标准的劳动防护用品的；

（八）特种设备以及危险物品的容器、运输工具未经取得专业资质的机构检测、检验合格，取得安全使用证或者安全标志，投入使用的；

（九）使用国家明令淘汰、禁止使用的危及生产安全的工艺、设备的。

第八十四条 未经依法批准，擅自生产、经营、储存危险物品的，责令停止违法行为或者予以关闭，没收违法所得，违法所得 10 万元以上的，并处违法所得 1 倍以上 5 倍以下的罚款，没有违法所得或者违法所得不足 10 万元的，单处或者并处 2 万元以上 10 万元以下的罚款；造成严重后果，构成犯罪的，依照刑法有关规定追究刑事责任。

第八十五条 生产经营单位有下列行为之一的，责令限期改正；逾期未改正的，责令停产停业整顿，可以并处 2 万元以上 10 万元以下的罚款；造成严重后果，构成犯罪的，依照刑法有关规定追究刑事责任：

（一）生产、经营、储存、使用危险物品，未建立专门安全管理制度、未采取可靠的安全措施或者不接受有关主管部门依法实施的监督管理的；

（二）对重大危险源未登记建档，或者未进行评估、监控，或者未制定应急预案的；

（三）进行爆破、吊装等危险作业，未安排专门管理人员进行现场安全管理的。

第八十六条 生产经营单位将生产经营项目、场所、设备发包或者出租给不具备安全生产条件或者相应资质的单位或者个人的，责令限期改正，没收违法所得；违法所得 5 万元以上的，并处违法所得 1 倍以上 5 倍以下的罚款；没有违法所得或者违法所得不足 5 万元的，单处或者并处 1 万元以上 5 万元以下的罚款；导致发生生产安全事故给他人造成损害的，与承包方、承租方承担连带赔偿责任。

生产经营单位未与承包单位、承租单位签订专门的安全生产管理协议或者未在承包合同、租赁合同中明确各自的安全生产管理职责，或者未对承包单位、承租单位的安全生产统一协调、管理的，责令限期改正；逾期未改正的，责令停产停业整顿。

第八十七条 两个以上生产经营单位在同一作业区域内进行可能危及对方安全生产的生产经营活动，未签订安全生产管理协议或者未指定专职安全生产管理人员进行安全检查与协调的，责令限期改正；逾期未改正的，责令停产停业。

第八十八条 生产经营单位有下列行为之一的，责令限期改正；逾期未改正的，责令停产停业整顿；造成严重后果，构成犯罪的，依照刑法有关规定追究刑事责任：

（一）生产、经营、储存、使用危险物品的车间、商店、仓库与员工宿舍在同一座建筑内，或者与员工宿舍的距离不符合安全要求的；

（二）生产经营场所和员工宿舍未设有符合紧急疏散需要、标志明显、保持畅通的出口，或者封闭、堵塞生产经营场所或者员工宿舍出口的。

第八十九条　生产经营单位与从业人员订立协议，免除或者减轻其对从业人员因生产安全事故伤亡依法应承担的责任的，该协议无效；对生产经营单位的主要负责人、个人经营的投资人处2万元以上10万元以下的罚款。

第九十条　生产经营单位的从业人员不服从管理，违反安全生产规章制度或者操作规程的，由生产经营单位给予批评教育，依照有关规章制度给予处分；造成重大事故，构成犯罪的，依照刑法有关规定追究刑事责任。

第九十一条　生产经营单位主要负责人在本单位发生重大生产安全事故时，不立即组织抢救或者在事故调查处理期间擅离职守或者逃匿的，给予降职、撤职的处分，对逃匿的处15日以下拘留；构成犯罪的，依照刑法有关规定追究刑事责任。

生产经营单位主要负责人对生产安全事故隐瞒不报、谎报或者拖延不报的，依照前款规定处罚。

第九十二条　有关地方人民政府、负有安全生产监督管理职责的部门，对生产安全事故隐瞒不报、谎报或者拖延不报的，对直接负责的主管人员和其他直接责任人员依法给予行政处分；构成犯罪的，依照刑法有关规定追究刑事责任。

第九十三条　生产经营单位不具备本法和其他有关法律、行政法规和国家标准或者行业标准规定的安全生产条件，经停产停业整顿仍不具备安全生产条件的，予以关闭；有关部门应当依法吊销其有关证照。

第九十四条　本法规定的行政处罚，由负责安全生产监督管理的部门决定；予以关闭的行政处罚由负责安全生产监督管理的部门报请县级以上人民政府按照国务院规定的权限决定；给予拘留的行政处罚由公安机关依照治安管理处罚条例的规定决定。有关法律、行政法规对行政处罚的决定机关另有规定的，依照其规定。

第九十五条　生产经营单位发生生产安全事故造成人员伤亡、他人财产损失的，应当依法承担赔偿责任；拒不承担或者其负责人逃匿的，由人民法院依法强制执行。

生产安全事故的责任人未依法承担赔偿责任，经人民法院依法采取执行措施后，仍不能对受害人给予足额赔偿的，应当继续履行赔偿义务；受害人发现责任人有其他财产的，可以随时请求人民法院执行。

第三节　《建设工程质量管理条例》有关规定

【中华人民共和国国务院令（2000）第279号】

第二十五条　施工单位应当依法取得相应等级的资质证书，并在其资质等级许可的范围内承揽工程。

禁止施工单位超越本单位资质等级许可的业务范围或者以其他施工单位的名义承揽工程。禁止施工单位允许其他单位或者个人以本单位的名义承揽工程。

施工单位不得转包或者违法分包工程。

第二十六条　施工单位对建设工程的施工质量负责。

第四十八条　县级以上人民政府建设行政主管部门和其他有关部门履行监督检查职责时，有权采取下列措施：

（一）要求被检查的单位提供有关工程质量的文件和资料；

（二）进入被检查单位的施工现场进行检查；

（三）发现有影响工程质量的问题时，责令改正。

第四十九条　建设单位应当自建设工程竣工验收合格之日起15日内，将建设工程竣工验收报告和规划、公安消防、环保等部门出具的认可文件或者准许使用文件报建设行政主管部门或者其他有关部门备案。

建设行政主管部门或者其他有关部门发现建设单位在竣工验收过程中有违反国家有关建设工程质量管理规定行为的，责令停止使用，重新组织竣工验收。

第五十条　有关单位和个人对县级以上人民政府建设行政主管部门和其他有关部门进行的监督检查应当支持与配合，不得拒绝或者阻碍建设工程质量监督检查人员依法执行职务。

第五十一条　供水、供电、供气、公安消防等部门或者单位不得明示或者暗示建设单位、施工单位购买其指定的生产供应单位的建筑材料、建筑构配件和设备。

第五十二条　建设工程发生质量事故，有关单位应当在24小时内向当地建设行政主管部门和其他有关部门报告。对重大质量事故，事故发生地的建设行政主管部门和其他有关部门应当按照事故类别和等级向当地人民政府和上级建设行政主管部门和其他有关部门报告。

特别重大质量事故的调查程序按照国务院有关规定办理。

第五十三条　任何单位和个人对建设工程的质量事故、质量缺陷都有权检举、控告、投诉。

第五十四条　违反本条例规定，施工单位在施工中偷工减料的，使用不合格的建筑材料、建筑构配件和设备的，或者有不按照工程设计图纸或者施工技术标准施工的其他行为的，责令改正，处工程合同价款2%以上4%以下的罚款；造成建设工程质量不符合规定的质量标准的，负责返工、修理，并赔偿因此造成的损失；情节严重的，责令停业整顿，降低资质等级或者吊销资质证书。

第五十五条　违反本条例规定，施工单位未对建筑材料、建筑构配件、设备和商品混凝土进行检验，或者未对涉及结构安全的试块、试件以及有关材料取样检测的，责令改正，处10万元以上20万元以下的罚款；情节严重的，责令停业整顿，降低资质等级或者吊销资质证书；造成损失的，依法承担赔偿责任。

第五十六条　违反本条例规定，施工单位不履行保修义务或者拖延履行保修义务的，责令改正，处10万元以上20万元以下的罚款，并对在保修期内因质量缺陷造成的损失承担赔偿责任。

第四节　《安全生产许可证条例》有关规定

(1)《条例》规定，国家对矿山企业、建筑施工企业和危险化学品、烟花爆竹、民用爆破器材生产企业（以下统称企业）实行安全生产许可制度。企业未取得安全生产许可证的，不得从事生产活动。

(2)《条例》规定，企业取得安全生产许可证，应当具备下列安全生产条件：建立、健全安全生产责任制，制定完备的安全生产规章制度和操作规程；安全投入符合安全生产要求；设置安全生产管理机构，配备专职安全生产管理人员；主要负责人和安全生产管理人员经考核合格；特种作业人员经有关业务主管部门考核合格，取得特种作业操作资格证书；从业人员经安全生产教育和培训并合格；依法参加工伤保险，为从业人员缴纳保险费；厂房、作业场所和安全设施、设备、工艺符合有关安全生产法律、法规、标准和规程的要求；有职业危害防治措施，并为从业人员配备符合国家标准或者行业标准的劳动防护用品；依法进行安全评价；有重大危险源检测、评估、监控措施和应急预案；有生产安全事故应急救援预案、应急救援组织或者应急救援人员，配备必要的应急救援器材、设备；法律、法规规定的其他条件。

(3)《条例》规定，违反本条例规定，未取得安全生产许可证擅自进行生产的，责令停止生产，没收违法所得，并处10万元以上50万元以下的罚款；造成重大事故或者其他严重后果，构成犯罪的，依法追究刑事责任。本条例施行前已经进行生产的企业，应当自本条例施行之日起1年内，依照本条例的规定向安全生产许可证颁发管理机关申请办理安全生产许可证。

第一条　为了严格规范安全生产条件，进一步加强安全生产监督管理，防止和减少生产安全事故，根据《中华人民共和国安全生产法》的有关规定，制定本条例。

第二条　国家对矿山企业、建筑施工企业和危险化学品、烟花爆竹、民用爆破器材生产企业（以下统称企业）实行安全生产许可制度。

企业未取得安全生产许可证的，不得从事生产活动。

第三条　国务院安全生产监督管理部门负责中央管理的非煤矿矿山企业和危险化学品、烟花爆竹生产企业安全生产许可证的颁发和管理。

省、自治区、直辖市人民政府安全生产监督管理部门负责前款规定以外的非煤矿矿山企业和危险化学品、烟花爆竹生产企业安全生产许可证的颁发和管理，并接受国务院安全生产监督管理部门的指导和监督。

国家煤矿安全监察机构负责中央管理的煤矿企业安全生产许可证的颁发和管理。

在省、自治区、直辖市设立的煤矿安全监察机构负责前款规定以外的其他煤矿企业安全生产许可证的颁发和管理，并接受国家煤矿安全监察机构的指导和监督。

第四条　国务院建设主管部门负责中央管理的建筑施工企业安全生产许可证的颁发和管理。

省、自治区、直辖市人民政府建设主管部门负责前款规定以外的建筑施工企业安全生产许可证的颁发和管理，并接受国务院建设主管部门的指导和监督。

第五条　国务院国防科技工业主管部门负责民用爆破器材生产企业安全生产许可证的颁发和管理。

第六条　企业取得安全生产许可证，应当具备下列安全生产条件：

（一）建立、健全安全生产责任制，制定完备的安全生产规章制度和操作规程；

（二）安全投入符合安全生产要求；

（三）设置安全生产管理机构，配备专职安全生产管理人员；

（四）主要负责人和安全生产管理人员经考核合格；

（五）特种作业人员经有关业务主管部门考核合格，取得特种作业操作资格证书；

（六）从业人员经安全生产教育和培训合格；

（七）依法参加工伤保险，为从业人员缴纳保险费；

（八）厂房、作业场所和安全设施、设备、工艺符合有关安全生产法律、法规、标准和规程的要求；

（九）有职业危害防治措施，并为从业人员配备符合国家标准或者行业标准的劳动防护用品；

（十）依法进行安全评价；

（十一）有重大危险源检测、评估、监控措施和应急预案；

（十二）有生产安全事故应急救援预案、应急救援组织或者应急救援人员，配备必要的应急救援器材、设备；

（十三）法律、法规规定的其他条件。

第七条 企业进行生产前，应当依照本条例的规定向安全生产许可证颁发管理机关申请领取安全生产许可证，并提供本条例第六条规定的相关文件、资料。安全生产许可证颁发管理机关应当自收到申请之日起45日内审查完毕，经审查符合本条例规定的安全生产条件的，颁发安全生产许可证；不符合本条例规定的安全生产条件的，不予颁发安全生产许可证，书面通知企业并说明理由。

煤矿企业应当以矿（井）为单位，在申请领取煤炭生产许可证前，依照本条例的规定取得安全生产许可证。

第八条 安全生产许可证由国务院安全生产监督管理部门规定统一的式样。

第九条 安全生产许可证的有效期为3年。安全生产许可证有效期满需要延期的，企业应当于期满前3个月向原安全生产许可证颁发管理机关办理延期手续。

企业在安全生产许可证有效期内，严格遵守有关安全生产的法律法规，未发生死亡事故的，安全生产许可证有效期届满时，经原安全生产许可证颁发管理机关同意，不再审查，安全生产许可证有效期延期3年。

第十条 安全生产许可证颁发管理机关应当建立、健全安全生产许可证档案管理制度，并定期向社会公布企业取得安全生产许可证的情况。

第十一条 煤矿企业安全生产许可证颁发管理机关、建筑施工企业安全生产许可证颁发管理机关、民用爆破器材生产企业安全生产许可证颁发管理机关，应当每年向同级安全生产监督管理部门通报其安全生产许可证的颁发和管理情况。

第十二条 国务院安全生产监督管理部门和省、自治区、直辖市人民政府安全生产监督管理部门对建筑施工企业、民用爆破器材生产企业、煤矿企业取得安全生产许可证的情况进行监督。

第十三条 企业不得转让、冒用安全生产许可证或者使用伪造的安全生产许可证。

第十四条 企业取得安全生产许可证后，不得降低安全生产条件，并应当加强日常安全生产管理，接受安全生产许可证颁发管理机关的监督检查。

安全生产许可证颁发管理机关应当加强对取得安全生产许可证的企业的监督检查，发现其不再具备本条例规定的安全生产条件的，应当暂扣或者吊销安全生产许可证。

第十五条 安全生产许可证颁发管理机关工作人员在安全生产许可证颁发、管理和监督检查工作中，不得索取或者接受企业的财物，不得谋取其他利益。

第十六条 监察机关依照《中华人民共和国行政监察法》的规定，对安全生产许可证颁发管理机关及其工作人员履行本条例规定的职责实施监察。

第十七条 任何单位或者个人对违反本条例规定的行为，有权向安全生产许可证颁发管理机关或者监察机关等有关部门举报。

第十八条 安全生产许可证颁发管理机关工作人员有下列行为之一的，给予降级或者撤职的行政处分；构成犯罪的，依法追究刑事责任：

（一）向不符合本条例规定的安全生产条件的企业颁发安全生产许可证的；

（二）发现企业未依法取得安全生产许可证擅自从事生产活动，不依法处理的；

（三）发现取得安全生产许可证的企业不再具备本条例规定的安全生产条件，不依法处理的；

（四）接到对违反本条例规定行为的举报后，不及时处理的；

（五）在安全生产许可证颁发、管理和监督检查工作中，索取或者接受企业的财物，或者谋取其他利益的。

第十九条 违反本条例规定，未取得安全生产许可证擅自进行生产的，责令停止生产，没收违法所得，并处10万元以上50万元以下的罚款；造成重大事故或者其他严重后果，构成犯罪的，依法追究刑事责任。

第二十条 违反本条例规定，安全生产许可证有效期满未办理延期手续，继续进行生产的，责令停止生产，限期补办延期手续，没收违法所得，并处5万元以上10万元以下的罚款；逾期仍不办理延期手续，继续进行生产的，依照本条例第十九条的规定处罚。

第二十一条 违反本条例规定，转让安全生产许可证的，没收违法所得，处10万元以上50万元以下的罚款，并吊销其安全生产许可证；构成犯罪的，依法追究刑事责任；接受转让的，依照本条例第十九条的规定处罚。

冒用安全生产许可证或者使用伪造的安全生产许可证的，依照本条例第十九条的规定处罚。

第二十二条 本条例施行前已经进行生产的企业，应当自本条例施行之日起1年内，依照本条例的规定向安全生产许可证颁发管理机关申请办理安全生产许可证；逾期不办理安全生产许可证，或者经审查不符合本条例规定的安全生产条件，未取得安全生产许可证．继续进行生产的，依照本条例第十九条的规定处罚。

第五节 《建设工程安全生产管理条例》有关规定

【中华人民共和国国务院令（2003）第393号】

第二十条 施工单位从事建设工程的新建、扩建、改建和拆除等活动，应当具备国家规定的注册资本、专业技术人员、技术装备和安全生产等条件，依法取得相应等级的资质证书，并在其资质等级许可的范围内承揽工程。

第二十一条 施工单位主要负责人依法对本单位的安全生产工作全面负责。施工单位应当建立健全安全生产责任制度和安全生产教育培训制度，制定安全生产规章制度和操作规程，保证本单位安全生产条件所需资金的投入，对所承担的建设工程进行定期和专项安全检查，并做好安全检查记录。

施工单位的项目负责人应当由取得相应执业资格的人员担任，对建设工程项目的安全施工负责，落实安全生产责任制度、安全生产规章制度和操作规程，确保安全生产费用的有效使用，并根据工程的特点组织制定安全施工措施，消除安全事故隐患，及时、如实报告生产安全事故。

第二十二条 施工单位对列入建设工程概算的安全作业环境及安全施工措施所需费用，应当用于施工安全防护用具及设施的采购和更新、安全施工措施的落实、安全生产条件的改善，不得挪作他用。

第二十三条 施工单位应当设立安全生产管理机构，配备专职安全生产管理人员。专职安全生产管理人员负责对安全生产进行现场监督检查。发现安全事故隐患，应当及时向项目负责人和安全生产管理机构报告；对违章指挥、违章操作的，应当立即制止。

专职安全生产管理人员的配备办法由国务院建设行政主管部门会同国务院其他有关部门制定。

第二十四条 建设工程实行施工总承包的，由总承包单位对施工现场的安全生产负总责。

总承包单位应当自行完成建设工程主体结构的施工。

总承包单位依法将建设工程分包给其他单位的，分包合同中应当明确各自的安全生产方面的权利、义务。总承包单位和分包单位对分包工程的安全生产承担连带责任。

分包单位应当服从总承包单位的安全生产管理，分包单位不服从管理导致生产安全事故的，由分包单位承担主要责任。

第二十五条 垂直运输机械作业人员、安装拆卸工、爆破作业人员、起重信号工、登高架设作业人员等特种作业人员，必须按照国家有关规定经过专门的安全作业培训，并取得特种作业操作资格证书后，方可上岗作业。

第二十六条 施工单位应当在施工组织设计中编制安全技术措施和施工现场临时用电方案，对下列达到一定规模的危险性较大的分部分项工程编制专项施工方案，并附安全验算结果，经施工单位技术负责人、监理工程师签字后实施，由专职安全生产管理人员进行现场监督：

（一）基坑支护与降水工程；

（二）土方开挖工程；

（三）模板工程；

（四）起重吊装工程；

（五）脚手架工程；

（六）拆除、爆破工程；

（七）国务院建设行政主管部门或者其他有关部门规定的其他危险性较大的工程。

对前款所列工程中涉及深基坑、地下暗挖工程、高大模板工程的专项施工方案，施工单位还应当组织专家进行论证、审查。

本条第一款规定的达到一定规模的危险性较大工程的标准，由国务院建设行政主管部门会同国务院其他有关部门制定。

第二十七条 建设工程施工前，施工单位负责项目管理的技术人员应当对有关安全施工的技术要求向施工作业班组、作业人员做出详细说明，并由双方签字确认。

第二十八条 施工单位应当在施工现场入口处、施工起重机械、临时用电设施、脚手架、出入通道口、楼梯口、电梯井口、孔洞口、桥梁口、隧道口、基坑边沿、爆破物及有害危险气体和液体存放处等危险部位，设置明显的安全警示标志。安全警示标志必须符合国家标准。

施工单位应当根据不同施工阶段和周围环境及季节、气候的变化，在施工现场采取相应的安全施工措施。施工现场暂时停止施工的，施工单位应当做好现场防护，所需费用由责任方承担，或者按照合同约定执行。

第二十九条　施工单位应当将施工现场的办公、生活区与作业区分开设置，并保持安全距离；办公、生活区的选址应当符合安全性要求。职工的膳食、饮水、休息场所等应当符合卫生标准。施工单位不得在尚未竣工的建筑物内设置员工集体宿舍。

施工现场临时搭建的建筑物应当符合安全使用要求。施工现场使用的装配式活动房屋应当具有产品合格证。

第三十条　施工单位对因建设工程施工可能造成损害的毗邻建筑物、构筑物和地下管线等，应当采取专项防护措施。

施工单位应当遵守有关环境保护法律、法规的规定，在施工现场采取措施，防止或者减少粉尘、废气、废水、固体废物、噪声、振动和施工照明对人和环境的危害和污染。

在城市市区内的建设工程，施工单位应当对施工现场实行封闭围挡。

第三十一条　施工单位应当在施工现场建立消防安全责任制度，确定消防安全责任人，制定用火、用电、使用易燃易爆材料等各项消防安全管理制度和操作规程，设置消防通道、消防水源，配备消防设施和灭火器材，并在施工现场入口处设置明显标志。

第三十二条　施工单位应当向作业人员提供安全防护用具和安全防护服装，并书面告知危险岗位的操作规程和违章操作的危害。

作业人员有权对施工现场的作业条件、作业程序和作业方式中存在的安全问题提出批评、检举和控告，有权拒绝违章指挥和强令冒险作业。

在施工中发生危及人身安全的紧急情况时，作业人员有权立即停止作业或者在采取必要的应急措施后撤离危险区域。

第三十三条　作业人员应当遵守安全施工的强制性标准、规章制度和操作规程，正确使用安全防护用具、机械设备等。

第三十四条　施工单位采购、租赁的安全防护用具、机械设备、施工机具及配件，应当具有生产（制造）许可证、产品合格证，并在进入施工现场前进行查验。

施工现场的安全防护用具、机械设备、施工机具及配件必须由专人管理，定期进行检查、维修和保养，建立相应的资料档案，并按照国家有关规定及时报废。

第三十五条　施工单位在使用施工起重机械和整体提升脚手架、模板等自升式架设设施前，应当组织有关单位进行验收，也可以委托具有相应资质的检验检测机构进行验收；使用承租的机械设备和施工机具及配件的，由施工总承包单位、分包单位、出租单位和安装单位共同进行验收。验收合格的方可使用。

《特种设备安全监察条例》规定的施工起重机械，在验收前应当经有相应资质的检验检测机构监督检验合格。

施工单位应当自施工起重机械和整体提升脚手架、模板等自升式架设设施验收合格之日起30日内，向建设行政主管部门或者其他有关部门登记。登记标志应当置于或者附着于该设备的显著位置。

第三十六条 施工单位的主要负责人、项目负责人、专职安全生产管理人员应当经建设行政主管部门或者其他有关部门考核合格后方可任职。

施工单位应当对管理人员和作业人员每年至少进行一次安全生产教育培训，其教育培训情况记入个人工作档案。安全生产教育培训考核不合格的人员，不得上岗。

第三十七条 作业人员进入新的岗位或者新的施工现场前，应当接受安全生产教育培训。未经教育培训或者教育培训考核不合格的人员，不得上岗作业。

施工单位在采用新技术、新工艺、新设备、新材料时，应当对作业人员进行相应的安全生产教育培训。

第三十八条 施工单位应当为施工现场从事危险作业的人员办理意外伤害保险。

意外伤害保险费由施工单位支付。实行施工总承包的，由总承包单位支付意外伤害保险费。意外伤害保险期限自建设工程开工之日起至竣工验收合格止。

第四十八条 施工单位应当制定本单位生产安全事故应急救援预案，建立应急救援组织或者配备应急救援人员，配备必要的应急救援器材、设备，并定期组织演练。

第四十九条 施工单位应当根据建设工程施工的特点、范围，对施工现场易发生重大事故的部位、环节进行监控，制定施工现场生产安全事故应急救援预案。实行施工总承包的，由总承包单位统一组织编制建设工程生产安全事故应急救援预案，工程总承包单位和分包单位按照应急救援预案，各自建立应急救援组织或者配备应急救援人员，配备救援器材、设备，并定期组织演练。

第五十条 施工单位发生生产安全事故，应当按照国家有关伤亡事故报告和调查处理的规定，及时、如实地向负责安全生产监督管理的部门、建设行政主管部门或者其他有关部门报告；特种设备发生事故的，还应当同时向特种设备安全监督管理部门报告。接到报告的部门应当按照国家有关规定，如实上报。

实行施工总承包的建设工程，由总承包单位负责上报事故。

第五十一条 发生生产安全事故后，施工单位应当采取措施防止事故扩大，保护事故现场。需要移动现场物品时，应当做出标记和书面记录，妥善保管有关证物。

第六十二条 违反本条例的规定，施工单位有下列行为之一的，责令限期改正；逾期未改正的，责令停业整顿，依照《中华人民共和国安全生产法》的有关规定处以罚款；造成重大安全事故，构成犯罪的，对直接责任人员，依照刑法有关规定追究刑事责任：

（一）未设立安全生产管理机构、配备专职安全生产管理人员或者分部分项工程施工时无专职安全生产管理人员现场监督的；

（二）施工单位的主要负责人、项目负责人、专职安全生产管理人员、作业人员或者特种作业人员，未经安全教育培训或者经考核不合格即从事相关工作的；

（三）未在施工现场的危险部位设置明显的安全警示标志，或者未按照国家有关规定在施工现场设置消防通道、消防水源、配备消防设施和灭火器材的；

（四）未向作业人员提供安全防护用具和安全防护服装的；

（五）未按照规定在施工起重机械和整体提升脚手架、模板等自升式架设设施验收合格后登记的；

（六）使用国家明令淘汰、禁止使用的危及施工安全的工艺、设备、材料的。

第六十三条　违反本条例的规定，施工单位挪用列入建设工程概算的安全生产作业环境及安全施工措施所需费用的，责令限期改正，处挪用费用20%以上50%以下的罚款；造成损失的，依法承担赔偿责任。

第六十四条　违反本条例的规定，施工单位有下列行为之一的，责令限期改正；逾期未改正的，责令停业整顿，并处5万元以上10万元以下的罚款；造成重大安全事故，构成犯罪的，对直接责任人员，依照刑法有关规定追究刑事责任：

（一）施工前未对有关安全施工的技术要求做出详细说明的；

（二）未根据不同施工阶段和周围环境及季节、气候的变化，在施工现场采取相应的安全施工措施，或者在城市市区内的建设工程的施工现场未实行封闭围挡的；

（三）在尚未竣工的建筑物内设置员工集体宿舍的；

（四）施工现场临时搭建的建筑物不符合安全使用要求的；

（五）未对因建设工程施工可能造成损害的毗邻建筑物、构筑物和地下管线等采取专项防护措施的。

施工单位有前款规定第（四）项、第（五）项行为，造成损失的，依法承担赔偿责任。

第六十五条　违反本条例的规定，施工单位有下列行为之一的，责令限期改正；逾期未改正的，责令停业整顿，并处10万元以上30万元以下的罚款；情节严重的，降低资质等级，直至吊销资质证书；造成重大安全事故，构成犯罪的，对直接责任人员，依照刑法有关规定追究刑事责任；造成损失的，依法承担赔偿责任：

（一）安全防护用具、机械设备、施工机具及配件在进入施工现场前未经查验或者查验不合格即投入使用的；

（二）使用未经验收或者验收不合格的施工起重机械和整体提升脚手架、模板等自升式架设设施的；

（三）委托不具有相应资质的单位承担施工现场安装、拆卸施工起重机械和整体提升脚手架、模板等自升式架设设施的；

（四）在施工组织设计中未编制安全技术措施、施工现场临时用电方案或者专项施工方案的。

第六十六条　违反本条例的规定，施工单位的主要负责人、项目负责人未履行安全生产管理职责的，责令限期改正；逾期未改正的，责令施工单位停业整顿；造成重大安全事故、重大伤亡事故或者其他严重后果，构成犯罪的，依照刑法有关规定追究刑事责任。

作业人员不服管理、违反规章制度和操作规程冒险作业造成重大伤亡事故或者其他严重后果，构成犯罪的，依照刑法有关规定追究刑事责任。

施工单位的主要负责人、项目负责人有前款违法行为，尚不够刑事处罚的，处2万元以上20万元以下的罚款或者按照管理权限给予撤职处分；自刑罚执行完毕或者受处分之日起，5年内不得担任任何施工单位的主要负责人、项目负责人。

第六十七条　施工单位取得资质证书后，降低安全生产条件的，责令限期改正；经整改仍未达到与其资质等级相适应的安全生产条件的，责令停业整顿，降低其资质等级直至吊销资质证书。

第六节 《生产安全事故报告和调查处理条例》有关规定

（2007年3月28日国务院第172次常务会议通过，自2007年6月1日起施行）

一、总则

第一条 为了规范生产安全事故的报告和调查处理，落实生产安全事故责任追究制度，防止和减少生产安全事故，根据《中华人民共和国安全生产法》和有关法律，制定本条例。

第二条 生产经营活动中发生的造成人身伤亡或者直接经济损失的生产安全事故的报告和调查处理，适用本条例；环境污染事故、核设施事故、国防科研生产事故的报告和调查处理不适用本条例。

第三条 根据生产安全事故（以下简称事故）造成的人员伤亡或者直接经济损失，事故一般分为以下等级：

（一）特别重大事故，是指造成30人以上死亡，或者100人以上重伤（包括急性工业中毒，下同），或者1亿元以上直接经济损失的事故；

（二）重大事故，是指造成10人以上30人以下死亡，或者50人以上100人以下重伤，或者5000万元以上1亿元以下直接经济损失的事故；

（三）较大事故，是指造成3人以上10人以下死亡，或者10人以上50人以下重伤，或者1000万元以上5000万元以下直接经济损失的事故；

（四）一般事故，是指造成3人以下死亡，或者10人以下重伤，或者1000万元以下直接经济损失的事故。

国务院安全生产监督管理部门可以会同国务院有关部门，制定事故等级划分的补充性规定。

本条第一款所称的“以上”包括本数，所称的“以下”不包括本数。

第四条 事故报告应当及时、准确、完整，任何单位和个人对事故不得迟报、漏报、谎报或者瞒报。

事故调查处理应当坚持实事求是、尊重科学的原则，及时、准确地查清事故经过、事故原因和事故损失，查明事故性质，认定事故责任，总结事故教训，提出整改措施，并对事故责任者依法追究责任。

第五条 县级以上人民政府应当依照本条例的规定，严格履行职责，及时、准确地完成事故调查处理工作。

事故发生地有关地方人民政府应当支持、配合上级人民政府或者有关部门的事故调查处理工作，并提供必要的便利条件。

参加事故调查处理的部门和单位应当互相配合，提高事故调查处理工作的效率。

第六条 工会依法参加事故调查处理，有权向有关部门提出处理意见。

第七条 任何单位和个人不得阻挠和干涉对事故的报告和依法调查处理。

第八条 对事故报告和调查处理中的违法行为，任何单位和个人有权向安全生产监督管理部门、监察机关或者其他有关部门举报，接到举报的部门应当依法及时处理。

二、事故报告

第九条 事故发生后，事故现场有关人员应当立即向本单位负责人报告；单位负责人接到报告后，应当于1小时内向事故发生地县级以上人民政府安全生产监督管理部门和负有安全生产监督管理职责的有关部门报告。

情况紧急时，事故现场有关人员可以直接向事故发生地县级以上人民政府安全生产监督管理部门和负有安全生产监督管理职责的有关部门报告。

第十条 安全生产监督管理部门和负有安全生产监督管理职责的有关部门接到事故报告后，应当依照下列规定上报事故情况，并通知公安机关、劳动保障行政部门、工会和人民检察院：

（一）特别重大事故、重大事故逐级上报至国务院安全生产监督管理部门和负有安全生产监督管理职责的有关部门；

（二）较大事故逐级上报至省、自治区、直辖市人民政府安全生产监督管理部门和负有安全生产监督管理职责的有关部门；

（三）一般事故上报至设区的市级人民政府安全生产监督管理部门和负有安全生产监督管理职责的有关部门。

安全生产监督管理部门和负有安全生产监督管理职责的有关部门依照前款规定上报事故情况，应当同时报告本级人民政府。国务院安全生产监督管理部门和负有安全生产监督管理职责的有关部门以及省级人民政府接到发生特别重大事故、重大事故的报告后，应当立即报告国务院。

必要时，安全生产监督管理部门和负有安全生产监督管理职责的有关部门可以越级上报事故情况。

第十一条 安全生产监督管理部门和负有安全生产监督管理职责的有关部门逐级上报事故情况，每级上报的时间不得超过2小时。

第十二条 报告事故应当包括下列内容：

（一）事故发生单位概况；

（二）事故发生的时间、地点以及事故现场情况；

（三）事故的简要经过；

（四）事故已经造成或者可能造成的伤亡人数（包括下落不明的人数）和初步估计的直接经济损失；

（五）已经采取的措施；

（六）其他应当报告的情况。

第十三条 事故报告后出现新情况的，应当及时补报。

自事故发生之日起30日内，事故造成的伤亡人数发生变化的，应当及时补报。道路交通事故、火灾事故自发生之日起7日内，事故造成的伤亡人数发生变化的，应当及时补报。

第十四条 事故发生单位负责人接到事故报告后，应当立即启动事故相应应急预案，或者采取有效措施，组织抢救，防止事故扩大，减少人员伤亡和财产损失。

第十五条 事故发生地有关地方人民政府、安全生产监督管理部门和负有安全生产监督管理职责的有关部门接到事故报告后，其负责人应当立即赶赴事故现场，组织事故救援。

第十六条 事故发生后，有关单位和人员应当妥善保护事故现场以及相关证据，任何单位和个人不得破坏事故现场、毁灭相关证据。

因抢救人员、防止事故扩大以及疏通交通等原因，需要移动事故现场物件的，应当做出标志，绘制现场简图并做出书面记录，妥善保存现场重要痕迹、物证。

第十七条 事故发生地公安机关根据事故的情况，对涉嫌犯罪的，应当依法立案侦查，采取强制措施和侦查措施。犯罪嫌疑人逃匿的，公安机关应当迅速追捕归案。

第十八条 安全生产监督管理部门和负有安全生产监督管理职责的有关部门应当建立值班制度，并向社会公布值班电话，受理事故报告和举报。

三、事故调查

第十九条 特别重大事故由国务院或者国务院授权有关部门组织事故调查组进行调查。重大事故、较大事故、一般事故分别由事故发生地省级人民政府、设区的市级人民政府、县级人民政府负责调查。省级人民政府、设区的市级人民政府、县级人民政府可以直接组织事故调查组进行调查，也可以授权或者委托有关部门组织事故调查组进行调查。

未造成人员伤亡的一般事故，县级人民政府也可以委托事故发生单位组织事故调查组进行调查。

第二十条 上级人民政府认为必要时，可以调查由下级人民政府负责调查的事故。

自事故发生之日起30日内（道路交通事故、火灾事故自发生之日起7日内），因事故伤亡人数变化导致事故等级发生变化，依照本条例规定应当由上级人民政府负责调查的，上级人民政府可以另行组织事故调查组进行调查。

第二十一条 特别重大事故以下等级事故，事故发生地与事故发生单位不在同一个县级以上行政区域的，由事故发生地人民政府负责调查，事故发生单位所在地人民政府应当派人参加。

第二十二条 事故调查组的组成应当遵循精简、效能的原则。

根据事故的具体情况，事故调查组由有关人民政府、安全生产监督管理部门、负有安全生产监督管理职责的有关部门、监察机关、公安机关以及工会派人组成，并应当邀请人民检察院派人参加。

事故调查组可以聘请有关专家参与调查。

第二十三条 事故调查组成员应当具有事故调查所需要的知识和专长，并与所调查的事故没有直接利害关系。

第二十四条 事故调查组组长由负责事故调查的人民政府指定。事故调查组组长主持事故调查组的工作。

第二十五条 事故调查组履行下列职责：

（一）查明事故发生的经过、原因、人员伤亡情况及直接经济损失；

（二）认定事故的性质和事故责任；

（三）提出对事故责任者的处理建议；

（四）总结事故教训，提出防范和整改措施；

（五）提交事故调查报告。

第二十六条 事故调查组有权向有关单位和个人了解与事故有关的情况，并要求其提供相关文件、资料，有关单位和个人不得拒绝。

事故发生单位的负责人和有关人员在事故调查期间不得擅离职守，并应当随时接受事故调查组的询问，如实提供有关情况。

事故调查中发现涉嫌犯罪的，事故调查组应当及时将有关材料或者其复印件移交司法机关处理。

第二十七条 事故调查中需要进行技术鉴定的，事故调查组应当委托具有国家规定资质的单位进行技术鉴定。必要时，事故调查组可以直接组织专家进行技术鉴定。技术鉴定所需时间不计入事故调查期限。

第二十八条 事故调查组成员在事故调查工作中应当诚信公正、恪尽职守，遵守事故调查组的纪律，保守事故调查的秘密。

未经事故调查组组长允许，事故调查组成员不得擅自发布有关事故的信息。

第二十九条 事故调查组应当自事故发生之日起60日内提交事故调查报告；特殊情况下，经负责事故调查的人民政府批准，提交事故调查报告的期限可以适当延长，但延长的期限最长不超过60日。

第三十条 事故调查报告应当包括下列内容：

（一）事故发生单位概况；

（二）事故发生经过和事故救援情况；

（三）事故造成的人员伤亡和直接经济损失；

（四）事故发生的原因和事故性质；

（五）事故责任的认定以及对事故责任者的处理建议；

（六）事故防范和整改措施。

事故调查报告应当附具有关证据材料。事故调查组成员应当在事故调查报告上签名。

第三十一条 事故调查报告报送负责事故调查的人民政府后，事故调查工作即告结束。事故调查的有关资料应当归档保存。

四、事故处理

第三十二条 重大事故、较大事故、一般事故，负责事故调查的人民政府应当自收到事故调查报告之日起15日内做出批复；特别重大事故，30日内做出批复，特殊情况下，批复时间可以适当延长，但延长的时间最长不超过30日。

有关机关应当按照人民政府的批复，依照法律、行政法规规定的权限和程序，对事故发生单位和有关人员进行行政处罚，对负有事故责任的国家工作人员进行处分。

事故发生单位应当按照负责事故调查的人民政府的批复，对本单位负有事故责任的人员进行处理。

负有事故责任的人员涉嫌犯罪的，依法追究刑事责任。

第三十三条 事故发生单位应当认真吸取事故教训，落实防范和整改措施，防止事故再次发生。防范和整改措施的落实情况应当接受工会和职工的监督。

安全生产监督管理部门和负有安全生产监督管理职责的有关部门应当对事故发生单位落实防范和整改措施的情况进行监督检查。

第三十四条 事故处理的情况由负责事故调查的人民政府或者其授权的有关部门、机构向社会公布，依法应当保密的除外。

五、法律责任

第三十五条 事故发生单位主要负责人有下列行为之一的，处上一年年收入40%～80%的罚款；属于国家工作人员的，并依法给予处分；构成犯罪的，依法追究刑事责任：

（一）不立即组织事故抢救的；

（二）迟报或者漏报事故的；

（三）在事故调查处理期间擅离职守的。

第三十六条 事故发生单位及其有关人员有下列行为之一的，对事故发生单位处100万元以上500万元以下的罚款；对主要负责人、直接负责的主管人员和其他直接责任人员处上一年年收入60%～100%的罚款；属于国家工作人员的，并依法给予处分；构成违反治安管理行为的，由公安机关依法给予治安管理处罚；构成犯罪的，依法追究刑事责任：

（一）谎报或者瞒报事故的；

（二）伪造或者故意破坏事故现场的；

（三）转移、隐匿资金、财产，或者销毁有关证据、资料的；

（四）拒绝接受调查或者拒绝提供有关情况和资料的；

（五）在事故调查中作伪证或者指使他人作伪证的；

（六）事故发生后逃匿的。

第三十七条 事故发生单位对事故发生负有责任的，依照下列规定处以罚款：

（一）发生一般事故的，处10万元以上20万元以下的罚款；

（二）发生较大事故的，处20万元以上50万元以下的罚款；

（三）发生重大事故的，处50万元以上200万元以下的罚款；

（四）发生特别重大事故的，处200万元以上500万元以下的罚款。

第三十八条 事故发生单位主要负责人未依法履行安全生产管理职责，导致事故发生的，依照下列规定处以罚款；属于国家工作人员的，并依法给予处分；构成犯罪的，依法追究刑事责任：

（一）发生一般事故的，处上一年年收入30%的罚款；

（二）发生较大事故的，处上一年年收入40%的罚款；

（三）发生重大事故的，处上一年年收入60%的罚款；

（四）发生特别重大事故的，处上一年年收入80%的罚款。

第三十九条 有关地方人民政府、安全生产监督管理部门和负有安全生产监督管理职责的有关部门有下列行为之一的，对直接负责的主管人员和其他直接责任人员依法给予处分；构成犯罪的，依法追究刑事责任：

（一）不立即组织事故抢救的；

（二）迟报、漏报、谎报或者瞒报事故的；

（三）阻碍、干涉事故调查工作的；

（四）在事故调查中作伪证或者指使他人作伪证的。

第四十条 事故发生单位对事故发生负有责任的，由有关部门依法暂扣或者吊销其有关证照；对事故发生单位负有事故责任的有关人员，依法暂停或者撤销其与安全生产有关的执业资格、岗位证书；事故发生单位主要负责人受到刑事处罚或者撤职处分的，自刑罚执行完毕或者受处分之日起，5年内不得担任任何生产经营单位的主要负责人。

为发生事故的单位提供虚假证明的中介机构，由有关部门依法暂扣或者吊销其有关证照及其相关人员的执业资格；构成犯罪的，依法追究刑事责任。

第四十一条　参与事故调查的人员在事故调查中有下列行为之一的，依法给予处分；构成犯罪的，依法追究刑事责任：

（一）对事故调查工作不负责任，致使事故调查工作有重大疏漏的；

（二）包庇、袒护负有事故责任的人员或者借机打击报复的。

第四十二条　违反本条例规定，有关地方人民政府或者有关部门故意拖延或者拒绝落实经批复的对事故责任人的处理意见的，由监察机关对有关责任人员依法给予处分。

第四十三条　本条例规定的罚款的行政处罚，由安全生产监督管理部门决定。

法律、行政法规对行政处罚的种类、幅度和决定机关另有规定的，依照其规定。

六、附则

第四十四条　没有造成人员伤亡，但是社会影响恶劣的事故，国务院或者有关地方人民政府认为需要调查处理的，依照本条例的有关规定执行。

国家机关、事业单位、人民团体发生的事故的报告和调查处理，参照本条例的规定执行。

第四十五条　特别重大事故以下等级事故的报告和调查处理，有关法律、行政法规或者国务院另有规定的，依照其规定。

第四十六条　本条例自 2007 年 6 月 1 日起施行。国务院 1989 年 3 月 29 日公布的《特别重大事故调查程序暂行规定》和 1991 年 2 月 22 日公布的《企业职工伤亡事故报告和处理规定》同时废止。

第七节　《工伤保险条例》有关规定

（2011 年 1 月 1 日起施行，根据 2010 年 12 月 20 日《国务院关于修改〈工伤保险条例〉的决定》修订）

一、总则

第一条　为了保障因工作遭受事故伤害或者患职业病的职工获得医疗救治和经济补偿，促进工伤预防和职业康复，分散用人单位的工伤风险，制定本条例。

第二条　中华人民共和国境内的企业、事业单位、社会团体、民办非企业单位、基金会、律师事务所、会计师事务所等组织和有雇工的个体工商户（以下称用人单位）应当依照本条例规定参加工伤保险，为本单位全部职工或者雇工（以下称职工）缴纳工伤保险费。

中华人民共和国境内的企业、事业单位、社会团体、民办非企业单位、基金会、律师事务所、会计师事务所等组织的职工和个体工商户的雇工，均有依照本条例的规定享受工伤保险待遇的权利。

第三条　工伤保险费的征缴按照《社会保险费征缴暂行条例》关于基本养老保险费、基本医疗保险费、失业保险费的征缴规定执行。

第四条　用人单位应当将参加工伤保险的有关情况在本单位内公示。

用人单位和职工应当遵守有关安全生产和职业病防治的法律法规，执行安全卫生规程和标准，预防工伤事故发生，避免和减少职业病危害。

职工发生工伤时，用人单位应当采取措施使工伤职工得到及时救治。

第五条 国务院社会保险行政部门负责全国的工伤保险工作。

县级以上地方各级人民政府社会保险行政部门负责本行政区域内的工伤保险工作。

社会保险行政部门按照国务院有关规定设立的社会保险经办机构（以下称经办机构）具体承办工伤保险事务。

第六条 社会保险行政部门等部门制定工伤保险的政策、标准，应当征求工会组织、用人单位代表的意见。

二、工伤保险基金

第七条 工伤保险基金由用人单位缴纳的工伤保险费、工伤保险基金的利息和依法纳入工伤保险基金的其他资金构成。

第八条 工伤保险费根据以支定收、收支平衡的原则，确定费率。

国家根据不同行业的工伤风险程度确定行业的差别费率，并根据工伤保险费使用、工伤发生率等情况在每个行业内确定若干费率档次。行业差别费率及行业内费率档次由国务院社会保险行政部门制定，报国务院批准后公布施行。

统筹地区经办机构根据用人单位工伤保险费使用、工伤发生率等情况，适用所属行业内相应的费率档次确定单位缴费费率。

第九条 国务院社会保险行政部门应当定期了解全国各统筹地区工伤保险基金收支情况，及时提出调整行业差别费率及行业内费率档次的方案，报国务院批准后公布施行。

第十条 用人单位应当按时缴纳工伤保险费。职工个人不缴纳工伤保险费。

用人单位缴纳工伤保险费的数额为本单位职工工资总额乘以单位缴费费率之积。

对难以按照工资总额缴纳工伤保险费的行业，其缴纳工伤保险费的具体方式，由国务院社会保险行政部门规定。

第十一条 工伤保险基金逐步实行省级统筹。

跨地区、生产流动性较大的行业，可以采取相对集中的方式异地参加统筹地区的工伤保险。具体办法由国务院社会保险行政部门会同有关行业的主管部门制定。

第十二条 工伤保险基金存入社会保障基金财政专户，用于本条例规定的工伤保险待遇，劳动能力鉴定，工伤预防的宣传、培训等费用，以及法律、法规规定的用于工伤保险的其他费用的支付。

工伤预防费用的提取比例、使用和管理的具体办法，由国务院社会保险行政部门会同国务院财政、卫生行政、安全生产监督管理等部门规定。

任何单位或者个人不得将工伤保险基金用于投资运营、兴建或者改建办公场所、发放奖金，或者挪作其他用途。

第十三条 工伤保险基金应当留有一定比例的储备金，用于统筹地区重大事故的工伤保险待遇支付；储备金不足支付的，由统筹地区的人民政府垫付。储备金占基金总额的具体比例和储备金的使用办法，由省、自治区、直辖市人民政府规定。

三、工伤认定

第十四条 职工有下列情形之一的，应当认定为工伤：

（一）在工作时间和工作场所内，因工作原因受到事故伤害的；

（二）工作时间前后在工作场所内，从事与工作有关的预备性或者收尾性工作受到事故伤害的；

（三）在工作时间和工作场所内，因履行工作职责受到暴力等意外伤害的；

（四）患职业病的；

（五）因工外出期间，由于工作原因受到伤害或者发生事故下落不明的；

（六）在上下班途中，受到非本人主要责任的交通事故或者城市轨道交通、客运轮渡、火车事故伤害的；

（七）法律、行政法规规定应当认定为工伤的其他情形。

第十五条　职工有下列情形之一的，视同工伤：

（一）在工作时间和工作岗位，突发疾病死亡或者在48小时之内经抢救无效死亡的；

（二）在抢险救灾等维护国家利益、公共利益活动中受到伤害的；

（三）职工原在军队服役，因战、因公负伤致残，已取得革命伤残军人证，到用人单位后旧伤复发的。

职工有前款第（一）项、第（二）项情形的，按照本条例的有关规定享受工伤保险待遇；职工有前款第（三）项情形的，按照本条例的有关规定享受除一次性伤残补助金以外的工伤保险待遇。

第十六条　职工符合本条例第十四条、第十五条的规定，但是有下列情形之一的，不得认定为工伤或者视同工伤：

（一）故意犯罪的；

（二）醉酒或者吸毒的；

（三）自残或者自杀的。

第十七条　职工发生事故伤害或者按照职业病防治法规定被诊断、鉴定为职业病，所在单位应当自事故伤害发生之日或者被诊断、鉴定为职业病之日起30日内，向统筹地区社会保险行政部门提出工伤认定申请。遇有特殊情况，经报社会保险行政部门同意，申请时限可以适当延长。

用人单位未按前款规定提出工伤认定申请的，工伤职工或者其近亲属、工会组织在事故伤害发生之日或者被诊断、鉴定为职业病之日起1年内，可以直接向用人单位所在地统筹地区社会保险行政部门提出工伤认定申请。

按照本条第一款规定应当由省级社会保险行政部门进行工伤认定的事项，根据属地原则由用人单位所在地的设区的市级社会保险行政部门办理。

用人单位未在本条第一款规定的时限内提交工伤认定申请，在此期间发生符合本条例规定的工伤待遇等有关费用由该用人单位负担。

第十八条　提出工伤认定申请应当提交下列材料：

（一）工伤认定申请表；

（二）与用人单位存在劳动关系（包括事实劳动关系）的证明材料；

（三）医疗诊断证明或者职业病诊断证明书（或者职业病诊断鉴定书）。

工伤认定申请表应当包括事故发生的时间、地点、原因以及职工伤害程度等基本情况。

工伤认定申请人提供材料不完整的，社会保险行政部门应当一次性书面告知工伤认定申请人需要补正的全部材料。申请人按照书面告知要求补正材料后，社会保险行政部门应当受理。

第十九条 社会保险行政部门受理工伤认定申请后，根据审核需要可以对事故伤害进行调查核实，用人单位、职工、工会组织、医疗机构以及有关部门应当予以协助。职业病诊断和诊断争议的鉴定，依照职业病防治法的有关规定执行。对依法取得职业病诊断证明书或者职业病诊断鉴定书的，社会保险行政部门不再进行调查核实。

职工或者其近亲属认为是工伤，用人单位不认为是工伤的，由用人单位承担举证责任。

第二十条 社会保险行政部门应当自受理工伤认定申请之日起60日内做出工伤认定的决定，并书面通知申请工伤认定的职工或者其近亲属和该职工所在单位。

社会保险行政部门对受理的事实清楚、权利义务明确的工伤认定申请，应当在15日内做出工伤认定的决定。

做出工伤认定决定需要以司法机关或者有关行政主管部门的结论为依据的，在司法机关或者有关行政主管部门尚未做出结论期间，做出工伤认定决定的时限中止。

社会保险行政部门工作人员与工伤认定申请人有利害关系的，应当回避。

四、劳动能力鉴定

第二十一条 职工发生工伤，经治疗伤情相对稳定后存在残疾、影响劳动能力的，应当进行劳动能力鉴定。

第二十二条 劳动能力鉴定是指劳动功能障碍程度和生活自理障碍程度的等级鉴定。

劳动功能障碍分为十个伤残等级，最重的为一级，最轻的为十级。

生活自理障碍分为三个等级：生活完全不能自理、生活大部分不能自理和生活部分不能自理。

劳动能力鉴定标准由国务院社会保险行政部门会同国务院卫生行政部门等部门制定。

第二十三条 劳动能力鉴定由用人单位、工伤职工或者其近亲属向设区的市级劳动能力鉴定委员会提出申请，并提供工伤认定决定和职工工伤医疗的有关资料。

第二十四条 省、自治区、直辖市劳动能力鉴定委员会和设区的市级劳动能力鉴定委员会分别由省、自治区、直辖市和设区的市级社会保险行政部门、卫生行政部门、工会组织、经办机构代表以及用人单位代表组成。

劳动能力鉴定委员会建立医疗卫生专家库。列入专家库的医疗卫生专业技术人员应当具备下列条件：

（一）具有医疗卫生高级专业技术职务任职资格；

（二）掌握劳动能力鉴定的相关知识；

（三）具有良好的职业品德。

第二十五条 设区的市级劳动能力鉴定委员会收到劳动能力鉴定申请后，应当从其建立的医疗卫生专家库中随机抽取3名或者5名相关专家组成专家组，由专家组提出鉴定意见。设区的市级劳动能力鉴定委员会根据专家组的鉴定意见做出工伤职工劳动能力鉴定结论；必要时，可以委托具备资格的医疗机构协助进行有关的诊断。

设区的市级劳动能力鉴定委员会应当自收到劳动能力鉴定申请之日起60日内做出劳动能力鉴定结论，必要时，做出劳动能力鉴定结论的期限可以延长30日。劳动能力鉴定结论应当及时送达申请鉴定的单位和个人。

第二十六条 申请鉴定的单位或者个人对设区的市级劳动能力鉴定委员会做出的鉴定结论不服的，可以在收到该鉴定结论之日起 15 日内向省、自治区、直辖市劳动能力鉴定委员会提出再次鉴定申请。省、自治区、直辖市劳动能力鉴定委员会做出的劳动能力鉴定结论为最终结论。

第二十七条 劳动能力鉴定工作应当客观、公正。劳动能力鉴定委员会组成人员或者参加鉴定的专家与当事人有利害关系的，应当回避。

第二十八条 自劳动能力鉴定结论做出之日起 1 年后，工伤职工或者其近亲属、所在单位或者经办机构认为伤残情况发生变化的，可以申请劳动能力复查鉴定。

第二十九条 劳动能力鉴定委员会依照本条例第二十六条和第二十八条的规定进行再次鉴定和复查鉴定的期限，依照本条例第二十五条第二款的规定执行。

五、工伤保险待遇

第三十条 职工因工作遭受事故伤害或者患职业病进行治疗，享受工伤医疗待遇。

职工治疗工伤应当在签订服务协议的医疗机构就医，情况紧急时可以先到就近的医疗机构急救。

治疗工伤所需费用符合工伤保险诊疗项目目录、工伤保险药品目录、工伤保险住院服务标准的，从工伤保险基金支付。工伤保险诊疗项目目录、工伤保险药品目录、工伤保险住院服务标准，由国务院社会保险行政部门会同国务院卫生行政部门、食品药品监督管理部门等部门规定。

职工住院治疗工伤的伙食补助费，以及经医疗机构出具证明，报经办机构同意，工伤职工到统筹地区以外就医所需的交通、食宿费用从工伤保险基金支付，基金支付的具体标准由统筹地区人民政府规定。

工伤职工治疗非工伤引发的疾病，不享受工伤医疗待遇，按照基本医疗保险办法处理。

工伤职工到签订服务协议的医疗机构进行工伤康复的费用，符合规定的，从工伤保险基金支付。

第三十一条 社会保险行政部门做出认定为工伤的决定后发生行政复议、行政诉讼的，行政复议和行政诉讼期间不停止支付工伤职工治疗工伤的医疗费用。

第三十二条 工伤职工因日常生活或者就业需要，经劳动能力鉴定委员会确认，可以安装假肢、矫形器、假眼、假牙和配置轮椅等辅助器具，所需费用按照国家规定的标准从工伤保险基金支付。

第三十三条 职工因工作遭受事故伤害或者患职业病需要暂停工作接受工伤医疗的，在停工留薪期内，原工资福利待遇不变，由所在单位按月支付。

停工留薪期一般不超过 12 个月。伤情严重或者情况特殊，经设区的市级劳动能力鉴定委员会确认，可以适当延长，但延长不得超过 12 个月。工伤职工评定伤残等级后，停发原待遇，按照本章的有关规定享受伤残待遇。工伤职工在停工留薪期满后仍需治疗的，继续享受工伤医疗待遇。

生活不能自理的工伤职工在停工留薪期需要护理的，由所在单位负责。

第三十四条 工伤职工已经评定伤残等级并经劳动能力鉴定委员会确认需要生活护理

的，从工伤保险基金按月支付生活护理费。

生活护理费按照生活完全不能自理、生活大部分不能自理或者生活部分不能自理3个不同等级支付，其标准分别为统筹地区上年度职工月平均工资的50%、40%或者30%。

第三十五条 职工因工致残被鉴定为一级至四级伤残的，保留劳动关系，退出工作岗位，享受以下待遇：

（一）从工伤保险基金按伤残等级支付一次性伤残补助金，标准为：一级伤残为27个月的本人工资，二级伤残为25个月的本人工资，三级伤残为23个月的本人工资，四级伤残为21个月的本人工资；

（二）从工伤保险基金按月支付伤残津贴，标准为：一级伤残为本人工资的90%，二级伤残为本人工资的85%，三级伤残为本人工资的80%，四级伤残为本人工资的75%。伤残津贴实际金额低于当地最低工资标准的，由工伤保险基金补足差额；

（三）工伤职工达到退休年龄并办理退休手续后，停发伤残津贴，按照国家有关规定享受基本养老保险待遇。基本养老保险待遇低于伤残津贴的，由工伤保险基金补足差额。

职工因工致残被鉴定为一级至四级伤残的，由用人单位和职工个人以伤残津贴为基数，缴纳基本医疗保险费。

第三十六条 职工因工致残被鉴定为五级、六级伤残的，享受以下待遇：

（一）从工伤保险基金按伤残等级支付一次性伤残补助金，标准为：五级伤残为18个月的本人工资，六级伤残为16个月的本人工资；

（二）保留与用人单位的劳动关系，由用人单位安排适当工作。难以安排工作的，由用人单位按月发给伤残津贴，标准为：五级伤残为本人工资的70%，六级伤残为本人工资的60%，并由用人单位按照规定为其缴纳应缴纳的各项社会保险费。伤残津贴实际金额低于当地最低工资标准的，由用人单位补足差额。

经工伤职工本人提出，该职工可以与用人单位解除或者终止劳动关系，由工伤保险基金支付一次性工伤医疗补助金，由用人单位支付一次性伤残就业补助金。一次性工伤医疗补助金和一次性伤残就业补助金的具体标准由省、自治区、直辖市人民政府规定。

第三十七条 职工因工致残被鉴定为七级至十级伤残的，享受以下待遇：

（一）从工伤保险基金按伤残等级支付一次性伤残补助金，标准为：七级伤残为13个月的本人工资，八级伤残为11个月的本人工资，九级伤残为9个月的本人工资，十级伤残为7个月的本人工资；

（二）劳动、聘用合同期满终止，或者职工本人提出解除劳动、聘用合同的，由工伤保险基金支付一次性工伤医疗补助金，由用人单位支付一次性伤残就业补助金。一次性工伤医疗补助金和一次性伤残就业补助金的具体标准由省、自治区、直辖市人民政府规定。

第三十八条 工伤职工工伤复发，确认需要治疗的，享受本条例第三十条、第三十二条和第三十三条规定的工伤待遇。

第三十九条 职工因工死亡，其近亲属按照下列规定从工伤保险基金领取丧葬补助金、供养亲属抚恤金和一次性工亡补助金：

（一）丧葬补助金为6个月的统筹地区上年度职工月平均工资；

（二）供养亲属抚恤金按照职工本人工资的一定比例发给由因工死亡职工生前提供主要生活来源、无劳动能力的亲属。标准为：配偶每月40%，其他亲属每人每月30%，孤寡老人或者孤儿每人每月在上述标准的基础上增加10%。核定的各供养亲属的抚恤金之和不应高于因工死亡职工生前的工资。供养亲属的具体范围由国务院社会保险行政部门规定；

（三）一次性工亡补助金标准为上一年度全国城镇居民人均可支配收入的20倍。

伤残职工在停工留薪期内因工伤导致死亡的，其近亲属享受本条第一款规定的待遇。

一级至四级伤残职工在停工留薪期满后死亡的，其近亲属可以享受本条第一款第（一）项、第（二）项规定的待遇。

第四十条　伤残津贴、供养亲属抚恤金、生活护理费由统筹地区社会保险行政部门根据职工平均工资和生活费用变化等情况适时调整。调整办法由省、自治区、直辖市人民政府规定。

第四十一条　职工因工外出期间发生事故或者在抢险救灾中下落不明的，从事故发生当月起3个月内照发工资，从第4个月起停发工资，由工伤保险基金向其供养亲属按月支付供养亲属抚恤金。生活有困难的，可以预支一次性工亡补助金的50%。职工被人民法院宣告死亡的，按照本条例第三十九条职工因工死亡的规定处理。

第四十二条　工伤职工有下列情形之一的，停止享受工伤保险待遇：

（一）丧失享受待遇条件的；

（二）拒不接受劳动能力鉴定的；

（三）拒绝治疗的。

第四十三条　用人单位分立、合并、转让的，承继单位应当承担原用人单位的工伤保险责任；原用人单位已经参加工伤保险的，承继单位应当到当地经办机构办理工伤保险变更登记。

用人单位实行承包经营的，工伤保险责任由职工劳动关系所在单位承担。

职工被借调期间受到工伤事故伤害的，由原用人单位承担工伤保险责任，但原用人单位与借调单位可以约定补偿办法。

企业破产的，在破产清算时依法拨付应当由单位支付的工伤保险待遇费用。

第四十四条　职工被派遣出境工作，依据前往国家或者地区的法律应当参加当地工伤保险的，参加当地工伤保险，其国内工伤保险关系中止；不能参加当地工伤保险的，其国内工伤保险关系不中止。

第四十五条　职工再次发生工伤，根据规定应当享受伤残津贴的，按照新认定的伤残等级享受伤残津贴待遇。

六、监督管理

第四十六条　经办机构具体承办工伤保险事务，履行下列职责：

（一）根据省、自治区、直辖市人民政府规定，征收工伤保险费；

（二）核查用人单位的工资总额和职工人数，办理工伤保险登记，并负责保存用人单位缴费和职工享受工伤保险待遇情况的记录；

（三）进行工伤保险的调查、统计；

（四）按照规定管理工伤保险基金的支出；

（五）按照规定核定工伤保险待遇；

（六）为工伤职工或者其近亲属免费提供咨询服务。

第四十七条 经办机构与医疗机构、辅助器具配置机构在平等协商的基础上签订服务协议，并公布签订服务协议的医疗机构、辅助器具配置机构的名单。具体办法由国务院社会保险行政部门分别会同国务院卫生行政部门、民政部门等部门制定。

第四十八条 经办机构按照协议和国家有关目录、标准对工伤职工医疗费用、康复费用、辅助器具费用的使用情况进行核查，并按时足额结算费用。

第四十九条 经办机构应当定期公布工伤保险基金的收支情况，及时向社会保险行政部门提出调整费率的建议。

第五十条 社会保险行政部门、经办机构应当定期听取工伤职工、医疗机构、辅助器具配置机构以及社会各界对改进工伤保险工作的意见。

第五十一条 社会保险行政部门依法对工伤保险费的征缴和工伤保险基金的支付情况进行监督检查。

财政部门和审计机关依法对工伤保险基金的收支、管理情况进行监督。

第五十二条 任何组织和个人对有关工伤保险的违法行为，有权举报。社会保险行政部门对举报应当及时调查，按照规定处理，并为举报人保密。

第五十三条 工会组织依法维护工伤职工的合法权益，对用人单位的工伤保险工作实行监督。

第五十四条 职工与用人单位发生工伤待遇方面的争议，按照处理劳动争议的有关规定处理。

第五十五条 有下列情形之一的，有关单位或者个人可以依法申请行政复议，也可以依法向人民法院提起行政诉讼：

（一）申请工伤认定的职工或者其近亲属、该职工所在单位对工伤认定申请不予受理的决定不服的；

（二）申请工伤认定的职工或者其近亲属、该职工所在单位对工伤认定结论不服的；

（三）用人单位对经办机构确定的单位缴费费率不服的；

（四）签订服务协议的医疗机构、辅助器具配置机构认为经办机构未履行有关协议或者规定的；

（五）工伤职工或者其近亲属对经办机构核定的工伤保险待遇有异议的。

七、法律责任

第五十六条 单位或者个人违反本条例第十二条规定挪用工伤保险基金，构成犯罪的，依法追究刑事责任；尚不构成犯罪的，依法给予处分或者纪律处分。被挪用的基金由社会保险行政部门追回，并入工伤保险基金；没收的违法所得依法上缴国库。

第五十七条 社会保险行政部门工作人员有下列情形之一的，依法给予处分；情节严重，构成犯罪的，依法追究刑事责任：

（一）无正当理由不受理工伤认定申请，或者弄虚作假将不符合工伤条件的人员认定为工伤职工的；

（二）未妥善保管申请工伤认定的证据材料，致使有关证据灭失的；

（三）收受当事人财物的。

第五十八条 经办机构有下列行为之一的，由社会保险行政部门责令改正，对直接负责的主管人员和其他责任人员依法给予纪律处分；情节严重，构成犯罪的，依法追究刑事责任；造成当事人经济损失的，由经办机构依法承担赔偿责任：

（一）未按规定保存用人单位缴费和职工享受工伤保险待遇情况记录的；

（二）不按规定核定工伤保险待遇的；

（三）收受当事人财物的。

第五十九条　医疗机构、辅助器具配置机构不按服务协议提供服务的，经办机构可以解除服务协议。

经办机构不按时足额结算费用的，由社会保险行政部门责令改正；医疗机构、辅助器具配置机构可以解除服务协议。

第六十条　用人单位、工伤职工或者其近亲属骗取工伤保险待遇，医疗机构、辅助器具配置机构骗取工伤保险基金支出的，由社会保险行政部门责令退还，处骗取金额2倍以上5倍以下的罚款；情节严重，构成犯罪的，依法追究刑事责任。

第六十一条　从事劳动能力鉴定的组织或者个人有下列情形之一的，由社会保险行政部门责令改正，处2000元以上1万元以下的罚款；情节严重，构成犯罪的，依法追究刑事责任：

（一）提供虚假鉴定意见的；

（二）提供虚假诊断证明的；

（三）收受当事人财物的。

第六十二条　用人单位依照本条例规定应当参加工伤保险而未参加的，由社会保险行政部门责令限期参加，补缴应当缴纳的工伤保险费，并自欠缴之日起，按日加收万分之五的滞纳金；逾期仍不缴纳的，处欠缴数额1倍以上3倍以下的罚款。

依照本条例规定应当参加工伤保险而未参加工伤保险的用人单位职工发生工伤的，由该用人单位按照本条例规定的工伤保险待遇项目和标准支付费用。

用人单位参加工伤保险并补缴应当缴纳的工伤保险费、滞纳金后，由工伤保险基金和用人单位依照本条例的规定支付新发生的费用。

第六十三条　用人单位违反本条例第十九条的规定，拒不协助社会保险行政部门对事故进行调查核实的，由社会保险行政部门责令改正，处2000元以上2万元以下的罚款。

八、附则

第六十四条　本条例所称工资总额，是指用人单位直接支付给本单位全部职工的劳动报酬总额。

本条例所称本人工资，是指工伤职工因工作遭受事故伤害或者患职业病前12个月平均月缴费工资。本人工资高于统筹地区职工平均工资300％的，按照统筹地区职工平均工资的300％计算；本人工资低于统筹地区职工平均工资60％的，按照统筹地区职工平均工资的60％计算。

第六十五条　公务员和参照公务员法管理的事业单位、社会团体的工作人员因工作遭受事故伤害或者患职业病的，由所在单位支付费用。具体办法由国务院社会保险行政部门会同国务院财政部门规定。

第六十六条　无营业执照或者未经依法登记、备案的单位以及被依法吊销营业执照或者撤销登记、备案的单位的职工受到事故伤害或者患职业病的，由该单位向伤残职工或者死亡职工的近亲属给予一次性赔偿，赔偿标准不得低于本条例规定的工伤保险待遇；用人单位不得使用童工，用人单位使用童工造成童工伤残、死亡的，由该单位向童工或者童工的近亲属给予一次性赔偿，赔偿标准不得低于本条例规定的工伤保险待遇。具体办法由国务院社会保险行政部门规定。

前款规定的伤残职工或者死亡职工的近亲属就赔偿数额与单位发生争议的，以及前款规定的童工或者童工的近亲属就赔偿数额与单位发生争议的，按照处理劳动争议的有关规定处理。

第六十七条 本条例自2004年1月1日起施行。本条例施行前已受到事故伤害或者患职业病的职工尚未完成工伤认定的，按照本条例的规定执行。

【本章小结】 通过对国家相关法律法规相关内容的学习，增强读者的法律素养，提高自我保护的能力。

【复习思考题】

1. 刑法的主刑、附加刑分别有哪些？
2. 简述劳动者的法律待遇。
3. 安全生产管理的方针是什么？
4. 简述“安全第一，预防为主，综合治理”的主要内容。
5. 施工现场的安全管理责任如何区分？
6. 生产经营单位负责人的安全职责有哪些？
7. 企业取得安全生产许可证的条件有哪些？
8. 《建设工程安全生产管理条例》对建设工程参与各方及相关方的安全责任作了哪些具体规定？
9. 哪些工程需要编制专项施工方案？
10. 安全生产事故如何分类？
11. 国家规定的建筑行业的特种作业人员有哪些？
12. 哪些情况可以认定为工伤？
13. 丧失工伤认定的条件包括哪些？
14. 工伤保险条例所称工资的含义？

第三章　安全风险管理

【学习重点】 安全事故的致因理论；危险源的分类与识别；事故五要素及其引发事故时的七种组合；风险管理的要求和原则。

市政工程施工安全事故的发生都是由于存在事故要素并孕育发展的结果，在未及时发现和消除存在的事故要素，或者阻止其孕育和发展的情况下，则事故必将发生，这就是由其内在规律性所决定的事故发生的必然性。由于相同的事故要素会存在于不同的建筑工地及其施工过程的不同阶段，由其必然性又形成了安全事故的多发（常发）性和反复性。在安全防范意识不强、不能警钟长鸣和居安思危的情况下，或者认为根据当时的安全工作、安全作业条件、安全技术措施和安全工作经验“不会”、“不可能”、“不应当”出事故时，一旦出了事故，就会产生“意外”或者“偶然”的感觉。这种感觉上的“偶然性”和“意外性”，其实都是没有很好地掌握事故发生的内在规律的必然性的表现。

当能够及时发现和消除存在的事故要素，或者及时阻止时，则安全事故就不会发生，这就是生产安全事故的可预防性或可防止性。

因此，只有认真研究和掌握事故发生的内在规律，才能有效地确保生产安全和防止事故的发生。

第一节　安全事故的致因分析理论

为了能够有效地落实《建设工程安全生产管理条例》中规定的安全责任，管理者有必要来认识产生工程安全事故的致因理论，认识和分析事故发生的本质原因及其规律性，为事故的预防及人的安全行为方式，从理论上提供科学的、完整的依据。

一、海因希里事故因果连锁理论

在20世纪初，资本主义工业化大生产飞速发展，机械化的生产方式迫使工人适应机器，包括操作要求和工作节奏，这一时期的工伤事故频发。1936年，美国学者海因希里曾经调查研究了75000件工伤事故，发现其中的98%是可以预防的。在这些可以预防的事故中，以人的不安全行为为主要原因的事故占89.8%，而以设备和物质不安全状态为主要原因的事故只占10.2%。

海因希里在《工业事故预防》一书中提出了著名的“事故因果连锁理论”，海因希里认为伤害事故的发生是一连串的事件，是按照一定的因果关系依次发生的结果。

海因希里把工业伤害事故的发生、发展过程描述为具有一定因果关系的事件的连锁，即：

（1）发生人员伤亡是事故的结果；

（2）事故的发生产生于人的不安全行为和物的不安全状态；

(3) 人的不安全行为或物的不安全状态是由于人的缺点造成的；

(4) 人的缺点是由于不良环境诱发的，或者是由先天的遗传因素造成的。

海因希里最初提出的事故因果连锁过程包括如下五个因素：

1. 遗传及社会环境

遗传因素及社会环境是造成人的性格上缺点的原因。遗传因素可能造成鲁莽、固执等不良性格；社会环境可能妨碍教育、助长性格上的缺点发展。

2. 人的缺点

人的缺点是使人产生不安全行为或造成机械、物质不安全状态的原因，它包括鲁莽、固执、过激、神经质、轻率等性格上的先天的缺点，以及缺乏安全生产知识和技能等后天的缺点。

3. 人的不安全行为或物的不安全状态

所谓人的不安全行为或物的不安全状态是指那些曾经引起过事故，或可能引起事故的人的行为，或机械、物质的状态，它们是造成事故的直接原因。例如，在起重机的吊钩下停留，不发信号就启动机器，工作时间打闹，拆除安全防护装置等都属于人的不安全行为；没有防护的传动齿轮，裸露的带电体，或照明不良等都属于物的不安全状态。

4. 事故

事故是由于物体、物质、人或放射线的作用或反作用，使人员受到伤害或可能受到伤害的、出乎意料的、失去控制的事件。

坠落、物体打击等能使人员受到伤害的事件是典型的事故。

5. 伤害

指直接由于事故产生的人身伤害。

他用多米诺骨牌来形象地描述这种事故因果连锁关系，得到图 3-1 那样的多米诺骨牌系列。在多米诺骨牌系列中，第一块倒下（事故的根本原因发生），会引起后面的连锁反应，其余的几张骨牌相继被碰倒，第五块倒下的就是伤害事故（包括人的伤亡与物的损失）。如果移去连锁中的一张骨牌，则连锁被隔断，发生事故的过程被中止。

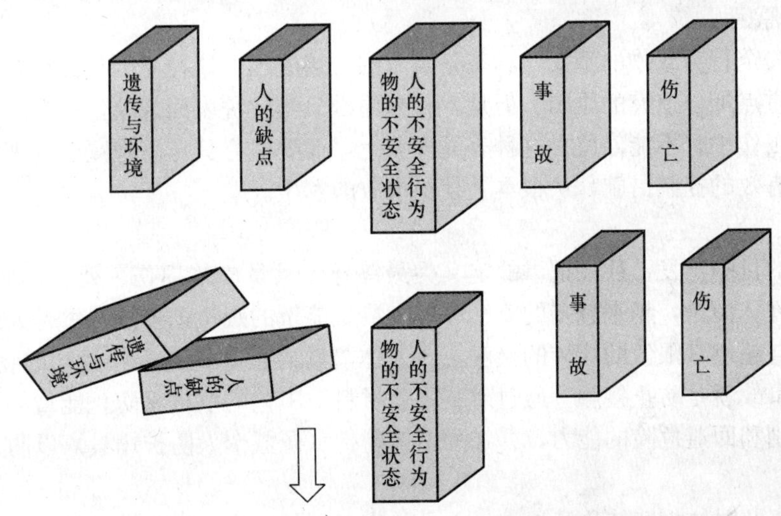

图 3-1　事故因果连锁关系的多米诺骨牌系列

该理论的最大价值在于使人认识到：如果抽出了第三张骨牌，也就是消除了人的不安全行为或物的不安全状态，即可防止事故的发生。企业安全工作的中心就是防止人的不安全行为，消除机械的或物质的不安全状态，中断事故连锁的进程而避免事故发生。

海因希里的工业安全理论阐述了工业事故发生的因果连锁论，人与物的关系，事故发生频率与伤害严重度之间的关系，不安全行为的原因，安全工作与企业其他管理机能之间的关系，以及安全与生产之间的关系等工业安全中最重要、最基本的问题。该理论曾被称作“工业安全公理”。

二、博德事故因果连锁理论

博德在海因希里事故因果连锁理论的基础上，提出了与现代安全观点更加吻合的事故因果连锁理论。

博德的事故因果连锁过程同样为五个因素，但每个因素的含义与海因希里所提出的含义都有所不同。

1. 管理缺陷

对于大多数生产企业来说，由于各种原因，完全依靠工程技术措施预防事故既不经济也不现实，需要具备完善的安全管理工作，才能防止事故的发生。如果安全管理上出现缺陷，就会导致事故基本原因的出现。必须认识到，只要生产没有实现本质安全化，就有发生事故及伤害的可能。因此，安全管理是企业的重要一环。

2. 基本原因

为了从根本上预防事故，必须查明事故的基本原因，并针对查明的基本原因采取对策。基本原因包括个人原因及与工作有关的原因。关键在于找出问题基本的、背后的原因，而不仅仅是停留在表面现象上。这方面的原因是由于上一个环节管理缺陷造成的。个人原因包括缺乏安全知识或技能，行为动机不正确，生理或心理有问题等；工作条件原因包括安全操作规程不健全，设备、材料不合适，以及存在温度、湿度、粉尘、有毒有害气体、噪声、照明、工作场地状况（如打滑的地面、障碍物、不可靠支撑物）等有害作业环境因素。只有找出并控制这些原因，才能有效地防止后续原因的产生，从而防止事故的发生。

3. 直接原因

人的不安全行为或物的不安全状态是事故的直接原因。这种原因是最重要的，在安全管理中必须重点加以追究的原因。但是，直接原因只是一种表面现象，是深层次原因的表征。在实际工作中，不能停留在这种表面现象上，而要追究其背后隐藏的管理上的缺陷原因，并采取有效的控制措施，从根本上杜绝事故的发生。

4. 事故

从实用的目的出发，往往把事故定义为最终导致人员肉体损伤、死亡、财物损失的、不希望的事件。但是，越来越多的安全专业人员从能量的观点把事故看做是人的身体或构筑物、设备与超过其限值的能量的接触，或人体与妨碍正常施工生产活动的物质的接触。因此，防止事故就是防止接触。通过对装置、材料、工艺的改进来防止能量的释放，训练工人提高识别和回避危险的能力，并加强个体防护（佩戴个人防护用具）以防止接触。

5. 损失

人员伤害及财物损坏统称为损失。人员的伤害包括工伤、职业病、精神创伤等。

在许多情况下，可以采取适当的措施，使事故造成的损失最大限度地减少。例如，对受伤者进行迅速正确的抢救，对设备进行抢修以及平时对有关人员进行应急训练等。

三、亚当斯事故因果连锁理论

亚当斯提出了一种与博德事故因果理论类似的因果连锁模型，该模型以表格形式给出，见表 3-1。

该理论中，事故和损失因素与博德理论相似。这里把事故的直接原因，人的不安全行为和物的不安全状态称作“现场失误”，主要目的是在于提醒人们注意人的不安全行为和物的不安全状态的性质。

该理论的核心在于对现场失误的背后原因进行了深入的研究。操作者的不安全行为及生产作业中的不安全状态等现场失误，是由于企业领导者及安全工作人员的管理失误造成的。管理人员在管理工作中的差错或疏忽，企业领导人决策错误或没有做出决策等失误，对企业经营管理及安全工作具有决定性的影响。管理失误反映企业管理系统中的问题。它涉及管理体制，即如何有组织地进行管理工作，确定怎样的管理目标，如何计划、实现确定的目标等方面的问题。管理体制反映作为决策中心的领导人的信念、目标及规范，它决定各级管理人员安排工作的轻重缓急，工作基准及指导方针等重大问题。

亚当斯因果连锁表　　**表 3-1**

管理体系	管　理　失　误		现场失误	事故	伤害或损害
目标	领导者的行为在下述方面决策错误或未做决策：	安全技术人员的行为在下述方面管理失误或疏忽：	不安全行为	伤亡事故	对人
组织	政策	行为			
	目标	责任			
机能	权威	权威		伤害事故	
	责任	规则			
	职责	指导			
	注意规范	主动性	不安全状态		
	权限授予	积极性		损害事故	对物
		业务活动			

四、人机轨迹交叉理论

人的不安全行为和物的不安全状态是导致事故的直接原因，随着现代工业的发展，工程施工中的机械化程度也越来越高，人不可避免地要与机器设备进行协同工作。研究人员根据事故统计资料发现，多数工业伤害事故的发生，既由于物的不安全状态，也由于人的不安全行为。

现在，越来越多的人认识到，一起工业事故之所以能够发生，除了人的不安全行为之外，一定存在着某种不安全条件，并且不安全条件对事故发生作用更大些。反映这种认识的一种理论是人机轨迹交叉理论，只有当两种因素同时出现，才能产生事故。实践证明，消除生产作业中物的不安全状态，可以大幅度地减少伤害事故的发生。例如，美国铁路车辆安装自动连接器之前，每年都有数百名铁路工人死于车辆连接作业事故中。铁路部门的负责人把事故的责任归因于工人的错误或不注意。后来，根据政府法令的要求，把所有铁路车辆都装上了自动连接器，结果车辆连接作业中的死亡事故大大地减少了。

该理论认为，在事故发展过程中，人的因素的运动轨迹与物的因素的运动轨迹的交点，就是事故发生的时间和空间。即人的不安全行为和物的不安全状态发生于同一时间、同一空间，或者说人的不安全行为与物的不安全状态相遇，则将在此时间、空间发生事故。

按照事故致因理论，事故的发生、发展过程可以描述为：基本原因→间接原因→直接原因→事故→伤害。从事物发展运动的角度，这样的过程可以被形容为事故致因因素导致事故的运动轨迹。

如果分别从人的因素和物的因素两个方面考虑，则人的因素的运动轨迹是：

(1) 遗传、社会环境或管理缺陷；

(2) 由于遗传、社会环境或管理缺陷所造成的心理、生理上的弱点，安全意识低下，缺乏安全知识及技能等特点；

(3) 人的不安全行为。

而物的因素的运动轨迹是：

(1) 设计、制造缺陷，如使用有缺陷的或不合要求的材料，设计计算错误或结构不合理，错误的加工方法或操作失误等造成的缺陷；

(2) 使用、维修、保养过程中潜在的或显现的故障、毛病，机械设备等随着时间的延长，由于磨损、老化、腐蚀等原因容易发生故障；超负荷运转、维修保养不良等都会导致物的不安全状态；

(3) 物的不安全状态。

人的因素的运动轨迹与物的因素的运动轨迹的交点，即人的不安全行为与物的不安全状态，在同时、同地出现，则将发生事故。如图 3-2 所示。

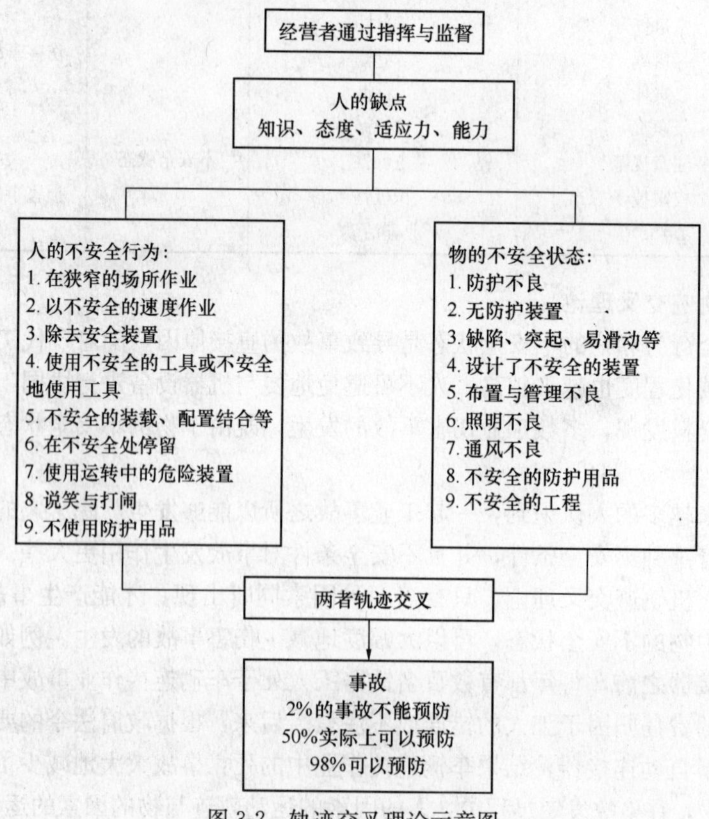

图 3-2　轨迹交叉理论示意图

值得注意的是，许多情况下人与物又互为因果。例如，有时物的不安全状态诱发了人的不安全行为，而人的不安全行为又促进了物的不安全状态的发展，或导致新的不安全状态出现。因而，实际的事故并非简单地按照上述的人、物两条轨迹进行；而是呈现非常复杂的因果关系。轨迹交叉论作为一种事故致因理论，强调人的因素、物的因素在事故致因中占有同样重要的地位。按照该理论，可以通过避免人与物两种因素运动轨迹交叉，即避免人的不安全行为和物的不安全状态的同时、同地出现，来预防事故的发生。

上述4种理论均认为：从直接原因来预防安全事故是最有效和最直接的。也就是控制了生产人员的不安全行为和生产物资与设备的不安全状态就可以预防安全事故。但在消除直接原因之后，还应消除引进直接原因的间接原因，即还要注重消除包括生产管理人员的个人原因及与工作有关的原因在内的管理失误与缺陷，如管理决策层过于强调生产数量、片面追求利益等。

第二节 危险源的分类与识别

一、必须重视危险源

危险源是指导致人身伤害或疾病、财产损失、工作环境破坏或这些情况组合的危险和有害因素。安全管理人员必须给予高度重视，并认真进行识别与控制。

(1) 安全管理人员应了解市政工程施工过程中危险源的识别和评价方法；

(2) 安全管理人员应增加控制危险源的对策方面的知识积累；

(3) 安全管理人员应了解采用现有知识和技术对危险源综合控制对策进行决策的原则；

(4) 监督组合对策、决策实施过程是否有效并持续改进。

二、几个基本概念

1. 安全和危险

安全和危险是一对互为存在前提的术语。

安全是指不会发生损失或伤害的一种状态。安全的实质就是防止事故，消除导致死亡、伤害、急性职业危害及各种财产损失发生的条件。

危险则反之，是指易于受到损害或伤害的一种状态。例如，在生产过程中存在导致灾害性事故的人的误判断、误操作、违章作业，设备缺陷，安全装置失效，防护器具故障，作业方法及作业环境不良等危险因素。危险因素与危险之间存在因果关系。

2. 危险、有害因素

危险、有害因素是指能产生或增加损失或伤害的频率和程度的条件或因素，是意外或偶发事件发生的潜在原因，是造成损失或伤害的内在或间接原因。

3. 事故

事故是造成人员死亡、伤害、职业病、财产损失或其他损失的意外或偶发事件。也即人们在实现其目的的行动过程中，突然发生迫使暂停或永远终止其行动目的的意外或偶发事件。事故是由一种或几种危险因素相互作用导致的，造成人员死亡、伤害、职业危害及各种财产损失的事件都属于事故。这些事件是事故的外在原因或直接原因。事故的发生是由于管理失误、人的不安全行为和物的不安全状态及环境因素等造成的。

4. 损失

损失是指非环境的、非计划的或非预期的经济价值的减少。一般可分为直接损失和间接损失两种。

5. 风险

风险，在现行国家标准《职业健康安全管理体系规范》GB/T 28001—2001 中被定义为“某一特定危险情况发生的可能性和后果的组合”；《建设工程项目管理规范》GB/T 50326—2001 对项目风险的定义是“通过调查、分析、论证，预测其发生频率、后果很可能使项目发生损失的未来不确定性因素”。

鉴于后者的范畴更为宽泛，包含了安全生产风险在内，本教材仅在前者的风险范围内予以展开。

6. 安全风险

安全风险是危险、危害事故发生的可能性与其所造成损失的严重程度的综合度量。

7. 安全系统工程

系统工程是现代管理学的一个最基本的原理，其在工程施工安全管理上的应用，是现代安全管理理论的最新发展。

安全系统工程是以预测和预防事故为中心，以识别、分析、评价和控制系统风险为重点，开发、研究出来的安全理论和方法体系。它将工程和系统的安全问题作为一个整体，作为对整个工程目标系统所实施的管理活动的一个组成部分，应用科学的方法对构成系统的各个要素进行全面分析，判明各种状态下危险因素的特点及其可能导致的灾害性后果，通过定性和定量分析对系统的安全性做出预测和评价，将系统安全风险降低至可接受的程度。

安全系统工程涉及两个系统对象：事故致因系统和安全管理系统。事故致因系统涉及4个要素，通常称“4M”要素：人（Men），人的不安全行为是事故产生的最直接因素；机（Machine），机器的不安全状态也是事故的直接因素；环境（Medium），不良的生产环境影响人的行为，同时对机械设备安全产生不良作用；管理（Management），管理的缺欠。安全管理系统的要素是：人，人的安全素质（心理与生理素质、安全能力素质、文化素质）；物，设备和环境的安全可靠性（设计安全性、制造安全性、使用安全性）；能量，生产过程中能的安全作用（能的有效控制）；信息，充分可靠的安全系统（管理能效的充分发挥）。

认识事故致因系统和建设安全管理系统是辩证统一的。对事故致因系统要素的认识是建立在大量血的教训之上的，是被动和滞后的认知，却对安全管理系统的建设具有超前的和预警的意义；安全管理系统的建设是通过针对性地打破或改变事故致因要素诱因的条件或环境来保障安全的方法和措施，是建立在更具理性和科学性的安全原理指导下的实践。

因此，安全风险管理中，管理者除了要对事故致因系统要素有效充分的了解外，还应对现代安全管理的基本理论和原理进行必要学习和掌握，这对定位安全管理人员在安全管理系统中的合理定位，明确其在该系统中的角色具有重要的意义。

三、危险源的分类

在一般情况下，我们对危险因素和有害因素不加以区分，统称为危险、有害因素。危险、有害因素主要是指客观存在的危险、有害物质或能量超过一定限值的设备、设施和场所，也就是所谓危险源。

尽管危险、有害因素各有其表现形式，但从本质上讲，造成危险、有害的后果的原因无非是：存在危险、有害的物质或能量（称为第一类危险源）；危险、有害的物质或能量可能失去控制（称为第二类危险源），导致危险、有害物质的泄漏、散发或能量的意外释放。因此，存在危险有害物质、能量和危险有害物质、能量失去控制是危险、有害因素转换为事故的根本原因。

一起事故的发生往往是两类危险源共同作用的结果所造成的。两类危险源相互关联、相互依存。第一类危险源的存在是事故发生的前提，在事故发生时释放出的危险、有害物质和能量是导致人员伤害或财物损坏的主体，决定事故后果的严重程度；第二类危险源是第一类危险源造成事故的必要条件，决定事故发生的可能性。因此，危险源识别的首要任务是识别第一类危险源，在此基础上再识别第二类危险源。

危险源的分类是为了便于对其进行识别和分析，危险源的分类方法有多种。

1. 按诱发危险、有害因素失控的条件分类

危险、有害物质和能量失控主要体现在人的不安全行为、物的不安全状态和管理缺陷等3个方面。

在《企业职工伤亡事故分类》GB 6441—1986中，将人的不安全行为分为操作失误、造成安全装置失效、使用不安全设备等13大类；将物的不安全状态分为防护、保险、信号等装置缺乏或有缺陷，设备、设施、工具、附件有缺陷，个人防护用品、用具缺少或有缺陷，以及生产（施工）场地环境不良等四大类。人的不安全行为和物的不安全状态分类见表3-2和表3-3。

人的不安全行为　　　　**表3-2**

分类号	分　　类
01	操作错误、忽视安全、忽视警告
01.1	未经许可开动、关停、移动机器
01.2	开动、关停机器时未给信号
01.3	开关未锁紧，造成意外转动、通电或泄漏等
01.4	忘记关闭设备
01.5	忽视警告标志、警告信号
01.6	操作错误（指按钮、阀门、扳手、把柄等的操作）
01.7	奔跑作业
01.8	供料或送料速度过快
01.9	机器超速运转
01.10	违章驾驶机动车
01.11	酒后作业
01.12	客货混载
01.13	冲压机作业时，手伸进冲压模
01.14	工作坚固不牢
01.15	用压缩空气吹铁屑
01.16	其他
02	造成安全装置失效
02.1	拆除了安全装置
02.2	安全装置堵塞、失掉了作用
02.3	调整的错误造成安全装置失效
02.4	其他
03	使用不安全设备
03.1	临时使用不牢固的设施
03.2	使用无安全装置的设备
03.3	其他
04	手代替工具操作
04.1	用手代替手动工具
04.2	用手清除切屑
04.3	不用夹具固定、用手拿工件进行机加工

续表

分类号	分类	分类号	分类
05	物体（指成品、半成品、材料、工具、切屑和生产用品等）存放不当	09	机器运转时进行加油、修理、检查、调整、焊接、清扫等工作
06	冒险进入危险场所	10	有分散注意力行为
06.1	冒险进入涵洞	11	在必须使用个人防护用品用具的作业或场合中，忽视其使用
06.2	接近漏料处（无安全设施）		
06.3	采伐、集材、运材、装车时，未离危险区	11.1	未戴护目镜或面罩
06.4	未经安全监察人员允许进入油罐或井中	11.2	未戴防护手套
06.5	未“敲帮问顶”，便开始作业	11.3	未穿安全鞋
06.6	冒进信号	11.4	未戴安全帽
06.7	调车场超速上下车	11.5	未佩戴呼吸护具
06.8	易燃易爆场合明火	11.6	未佩戴安全带
06.9	私自搭乘矿车	11.7	未戴工作帽
06.10	在绞车道行车	11.8	其他
06.11	未及时瞭望	12	不安全装束
07	攀、坐不安全位置（如平台护栏、汽车挡板、吊车吊钩）	12.1	在有旋转零部件的设备旁作业穿过肥大服装
		12.2	操纵带有旋转零部件的设备时戴手套
08	在起吊物下作业、停留	13	对易燃、易爆等危险物品处理错误

物的不安全状态 **表 3-3**

分类号	分类	分类号	分类
01	防护、保险、信号等装置缺乏或有缺陷	01.2.3	坑道掘进、隧道开凿支撑不当
01.1	无防护	01.2.4	防爆装置不当
01.1.1	无防护罩	01.2.5	采伐、集材作业安全距离不够
01.1.2	无安全保险装置	01.2.6	爆破作业隐蔽所有缺陷
01.1.3	无报警装置	01.2.7	电气装置带电部分裸露
01.1.4	无安全标志	01.2.8	其他
01.1.5	无护栏或护栏损坏	02	设备、设施、工具、附件有缺陷
01.1.6	（电气）未接地	02.1	设计不当，结构不合安全要求
01.1.7	绝缘不良	02.1.1	通道门遮挡视线
01.1.8	局扇无消声系统、噪声大	02.1.2	制动装置有缺陷
01.1.9	危房内作业	02.1.3	安全间距不够
01.1.10	未安装防止“跑车”的挡车器或挡车栏	02.1.4	拦车网有缺陷
01.1.11	其他	02.1.5	工件有锋利毛刺、毛边
01.2	防护不当	02.1.6	设施上有锋利倒棱
01.2.1	防护罩未在适当位置	02.1.7	其他
01.2.2	防护装置调整不当	02.2	强度不够

续表

分类号	分　　类	分类号	分　　类
02.2.1	机械强度不够	04.2	通风不良
02.2.2	绝缘强度不够	04.2.1	无通风
02.2.3	起吊重物的绳索不合安全要求	04.2.2	通风系统效率低
02.2.4	其他	04.2.3	风流短路
02.3	设备在非正常状态下运行	04.2.4	停电停风时爆破作业
02.3.1	设备带“病”运转	04.2.5	瓦斯排放未达到安全浓度时爆破作业
02.3.2	超负荷运转	04.2.6	瓦斯超限
02.3.3	其他	04.2.7	其他
02.4	维修、调整不良	04.3	作业场所狭窄
02.4.1	设备失修	04.4	作业场地杂乱
02.4.2	地面不平	04.4.1	工具、制品、材料堆放不安全
02.4.3	保养不当、设备失灵	04.4.2	采伐时，未开“安全道”
02.4.4	其他	04.4.3	迎门树、坐殿树、搭挂树未作处理
03	个人防护用品用具——防护服、手套、护目镜及面罩、呼吸器官护具、听力护具、安全带、安全帽、安全鞋等缺少或有缺陷	04.4.4	其他
		04.5	交通线路的配置不安全
03.1	无个人防护用品、用具	04.6	操作工序设计或配置不安全
03.2	所用防护用品、用具不符合安全要求	04.7	地面滑
04	生产（施工）场地环境不良	04.7.1	地面有油或其他液体
04.1	照明光线不良	04.7.2	冰雪覆盖
04.1.1	照度不足	04.7.3	地面有其他易滑物
04.1.2	作业场地烟雾尘弥漫、视物不清	04.8	贮存方法不安全
04.1.3	光线过强	04.9	环境温度、湿度不当

管理缺陷方面可参考以下分类：

（1）对物（含作业环境）性能控制的缺陷，如设计、监测和不符合处置方面要求的缺陷。

（2）对人的失误控制的缺陷，如教育、培训、指示、雇佣选择、行为监测方面的缺陷。

（3）工艺过程、作业程序的缺陷，如工艺、技术错误或不当，无作业程序或作业程序有错误。

（4）用人单位的缺陷，如人事安排不合理、负荷超限、无必要的监督和联络、禁忌作业等。

(5) 对来自相关方（供应商、施工单位等）的风险管理的缺陷，如合同签订、采购等活动，忽略了其中安全健康方面的要求。

(6) 违反安全人机工程原理，如使用的机器不适合人的生理或心理特点。此外一些客观因素，如温度、湿度、风雨雪、照明、视野、噪声、振动、通风换气、色彩等也会引起设备故障或人员失误，是导致危险、有害物质和能量失控的间接因素。

2. 按导致事故和职业危害的直接原因进行分类

根据《生产过程危险和有害因素分类与代码》GB/T 13861—1992 的规定，将生产过程中的危险、有害因素分为 6 类。此种分类方法所列危险、危害因素具体、详细、科学合理，适用于安全管理人员对危险源识别和分析，经过适当的选择调整后，可作为危险源提示表使用。

(1) 物理性危险、有害因素。

1) 设备、设施缺陷，诸如：强度不够、刚度不够、稳定性差、密封不良、应力集中、外形缺陷、外露运动件缺陷、制动器缺陷、控制器缺陷、设备设施其他缺陷等；

2) 防护缺陷，诸如：无防护、防护装置和设施缺陷、防护不当、支撑不当、防护距离不够及其他防护缺陷等；

3) 电危害，诸如：带电部位裸露、漏电、雷电、静电、电火花及其他电危害等；

4) 噪声危害，诸如：机械性噪声、电磁性噪声、流体动力性噪声及其他噪声等；

5) 振动危害，诸如：机械性振动、电磁性振动、流体动力性振动及其他振动等；

6) 电磁辐射，诸如：电离辐射，包括 X 射线、γ 射线、α 粒子、β 粒子、质子、中子、高能电子束等；非电离辐射，包括紫外线、激光、射频辐射、超高压电场等；

7) 运动物危害，诸如：固体抛射物、液体飞溅物、反弹物、岩土滑动、料堆垛滑动、气流卷动、冲击地压及其他运动物危害等；

8) 明火；

9) 能造成灼伤的高温物质，诸如：高温气体、固体、液体及其他高温物质等；

10) 能造成冻伤的低温物质，诸如：低温气体、固体、液体及其他低温物质等；

11) 粉尘与气溶胶，不包括爆炸性、有毒性粉尘与气溶胶；

12) 作业环境不良，诸如：基础下沉、安全过道缺陷、采光照明不良、有害光照、通风不良、缺氧、空气质量不良、给水排水不良、涌水、强迫体位、气温过高或过低、气压过高或过低、高温高湿、自然灾害及其他作业环境不良等；

13) 信号缺陷，诸如：无信号设施、信号选用不当、信号位置不当、信号不清、信号显示不准及其他信号缺陷等；

14) 标志缺陷，诸如：无标志、标志不清楚、标志不规范、标志选用不当、标志位置缺陷及其他标志缺陷等；

15) 其他物理性危险、有害因素。

(2) 化学性危险、有害因素。

1) 易燃易爆性物质，诸如：易燃易爆性气体、液体、固体，易燃易爆性粉尘与气溶胶及其他易燃易爆性物质等；

2) 自燃性物质；

3）有毒物质，诸如：有毒气体、液体、固体，有毒粉尘与气溶胶及其他有毒物质等；

4）腐蚀性物质，诸如：腐蚀性气体、液体、固体及其他腐蚀性物质等；

5）其他化学性危险、有害因素。

(3) 生物性危害危险、有害因素。

1）致病微生物，诸如：细菌、病毒及其他致病性微生物等；

2）传染病媒介物；

3）致害动物；

4）致害植物；

5）其他生物性危险、有害因素。

(4) 心理、生理性危险、有害因素。

1）负荷超限，诸如：体力、听力、视力及其他负荷超限；

2）健康状况异常；

3）从事禁忌作业；

4）心理异常，诸如：情绪异常、冒险心理、过度紧张及其他心理异常；

5）辨识功能缺陷，诸如：感知延迟、辨识错误及其他辨识功能缺陷；

6）其他心理、生理性危害因素。

(5) 行为性危险、有害因素。

1）指挥错误，诸如：指挥失误、违章指挥及其他指挥错误；

2）操作错误，诸如：误操作、违章作业及其他操作错误；

3）监护错误；

4）其他错误；

5）其他行为性危险、有害因素。

(6) 其他危险、有害因素。

1）搬举重物；

2）作业空间；

3）工具不合适；

4）标识不清。

3. 按引起的事故类型分类

参照《企业职工伤亡事故分类标准》GB 6441—1986，综合考虑事故的起因物、致害物、伤害方式等特点，将危险源及危险源造成的事故分为16类。此种分类方法所列的危险源与企业职工伤亡事故处理调查、分析、统计、职业病处理及职工安全教育的口径基本一致，也易于接受和理解，便于实际应用。

(1) 物体打击，指落物、滚石、锤击、碎裂崩块、碰伤等伤害，包括因爆炸而引起的物体打击；

(2) 车辆伤害，是指企业机动车辆在行驶中引起的人体坠落和物体倒塌、飞落、挤压伤亡事故，不包括起重设备提升、牵引车辆和车辆停驶时发生的事故；

(3) 机械伤害，是指机械设备运动（静止）部件、工具、加工件直接与人体接触引起的夹击、碰撞、剪切、卷入、绞、碾、割、刺等伤害，不包括车辆、起重机械引起的机械伤害；

（4）起重伤害，是指各种起重作用（包括起重机安装、检修、试验）中发生的挤压、坠落、（吊具、吊重）物体打击和触电；

（5）触电，包括雷击伤害；

（6）淹溺，包括高处坠落淹溺，不包括矿山、井下透水淹溺；

（7）灼烫，指火焰烧伤、高温物体烫伤、化学灼伤（酸、碱、盐、有机物引起的体内外灼伤）、物理灼伤（光、放射性物质引起的体内外灼伤），不包括电灼伤和火灾引起的烧伤；

（8）火灾；

（9）高处坠落，是指在高处作业中发生坠落造成的伤亡事故，不包括触电坠落事故；

（10）坍塌，是指物体在外力或重力作用下，超过自身的强度极限或因结构稳定性破坏而造成的事故，如挖沟时的土石塌方、脚手架坍塌、堆置物倒塌等，不适用于矿山冒顶片帮和车辆、起重机械、爆破引起的坍塌；

（11）放炮，是指爆破作业中发生的伤亡事故；

（12）火药爆炸，指生产、运输、储藏过程中发生的爆炸；

（13）化学性爆炸，是指可燃性气体、粉尘等与空气混合形成爆炸性混合物，接触引爆能源时，发生的爆炸事故（包括气体分解、喷雾爆炸）；

（14）物理性爆炸，包括锅炉爆炸、容器超压爆炸、轮胎爆炸等；

（15）中毒和窒息，包括中毒、缺氧窒息、中毒性窒息；

（16）其他伤害，是指除上述以外的危险因素，如摔、扭、挫、擦、刺、割伤和非机动车碰撞、轧伤等。（矿山、井下、坑道作业还有冒顶片帮、透水、瓦斯爆炸危险因素。）

4. 按职业健康分类

参照卫生部、劳动与社会保障部、总工会等颁发的《职业病范围和职业病患者处理办法的规定》和《职业病目录》，将生产性粉尘、毒物、噪声和振动、高温、低温、辐射（电离辐射、非电离辐射）及其他危险、有害因素分为7类。

四、危险源的识别

1. 危险源识别的方法

识别施工现场危险源方法有许多，如现场调查、工作任务分析、安全检查表、危险与可操作性研究、事件树分析、故障树分析等，现场调查法是安全管理人员采取的主要方法。

（1）现场调查方法。通过询问交谈、现场观察、查阅有关记录，获取外部信息，加以分析研究，可识别有关的危险源。

（2）工作任务分析。通过分析施工现场人员工作任务中所涉及的危害，可识别出有关的危险源。

（3）安全检查表。运用编制好的安全检查表，对施工现场和工作人员进行系统的安全检查，可识别出存在的危险源。

（4）危险与可操作性研究。危险与可操作性研究是一种对工艺过程中的危险源实行严格审查和控制的技术。它是通过指导语句和标准格式寻找工艺偏差，以识别系统存在的危险源，并确定控制危险源风险的对策。

(5) 事件树分析。事件树分析是一种从初始原因事件起，分析各环节事件“成功（正常)”或“失败（失效)”的发展变化过程，并预测各种可能结果的方法，即时逻辑分析判断方法。应用这种方法，通过对系统各环节事件的分析，可识别出系统的危险源。

(6) 故障树分析。故障树分析是一种根据系统可能发生的或已经发生的事故结果，去寻找与事故发生有关的原因、条件和规律。通过这样一个过程分析，可识别出系统中导致事故的有关危险源。

上述几种危险源识别方法从着眼点和分析过程上，都有其各自特点，也有各自的适用范围或局限性。因此，安全管理人员在识别危险源的过程中，往往使用一种方法，还不足以全面地识别其所存在的危险源，必须综合地运用两种或两种以上方法。

2. 危险源辨识的步骤

危险源辨识的步骤可分为以下几步：

(1) 划分作业活动；

(2) 危险源辨识；

(3) 风险评价；

(4) 判断风险是否容许；

(5) 制定风险控制措施计划。

3. 危险源识别应注意事项

(1) 应充分了解危险源的分布。

1) 从范围上讲，应包括施工现场内受到影响的全部人员、活动与场所，以及受到影响的社区、排水系统等，也包括分包商、供应商等相关方的人员、活动与场所可施加的影响。

2) 从状态上，应考虑以下 3 种状态：

正常状态，指固定、例行性且计划中的作业与程序；

异常状态，指在计划中，但不是例行性的作业；

紧急状态，指可能或已发生的紧急事件。

3) 从时态上，应考虑到以下 3 种时态：

过去，以往发生或遗留的问题；

现在，现在正在发生的，并持续到未来的问题；

将来，不可预见什么时候发生且对安全和环境造成较大的影响。

4) 从内容上，应包括涉及所有可能的伤害与影响，包括人为失误，物料与设备过期、老化、性能下降造成的问题。

(2) 弄清危险源伤害与影响的方式或途径。

(3) 确认危险源伤害与影响的范围。

(4) 要特别关注重大危险源与重大环境因素，防止遗漏。

(5) 对危险源与环境因素保持高度警觉，持续进行动态识别。

(6) 充分发挥全体员工对危险源识别的作用，广泛听取意见和建议。

【例】 某工地上拆除钢管脚手架施工中的危险源辨识

某施工队在城市一条街道旁的一个旅馆工地拆除钢管脚手架。钢管紧靠建筑物，临街面架设有10 kV的高压线，离建筑物只有2m。由于街道狭窄，暂无法解决距离过近的问题。而由于某些原因，又不能切断对高压线的供电。由于上午下过雨，下午墙上仍比较湿。虽然上午安全员向施工工人讲过操作方式，要求立杆不要往上拉，应该向下放，但下午上班后在工地二楼屋面女儿墙内继续工作的泥工马某和普工刘某在屋顶上往上拉已拆除的一根钢管脚手架立杆。向上拉开一段距离后，马某、刘某以墙棱为支点，将管子压成斜向，欲将管子斜拉后置于屋顶上。由于斜度过大，钢管临街一端触及高压线，当时墙上比较湿，管与墙棱交点处发出火花，将靠墙的管子烧弯25°。马某的胸口靠近管子烧弯处，身上穿着化纤衣服，当即燃烧起来，身体被烧伤。刘某手触管子，手指也被烧伤。

楼下工友及时跑上楼将火扑灭，将受伤者送至医院。马某烧伤面积达50%，由于呼吸循环衰竭、抢救无效，死于医院。刘某烧伤面积达15%，3根手指残疾。

依据上述作业活动信息，对照危害的分类，可以发现存在如下危害：

1）物的不安全状态：设计不良——高压线距建筑物过近。

2）人的不安全行动：

①不采取安全措施：钢管距高压线过近而未采取隔离措施；

②不按规定的方法操作：把立杆往斜上方拉；

③使用保护用具的缺陷：不穿安全服装。

3）作业环境的缺陷：工作场所间隔不足。

4）安全管理的缺陷：

①没有危险作业的作业程序；

②作业组织不合理：

人事安排不合理：工人不具备安全生产的知识和能力；

从事危险作业任务而无现场监督。

在上述危险源中，1）、3）两点是“先天”造成的，而其余的危害是可以避免的。

第三节　事故五要素及其引发事故时的七种组合

一、引发事故的五个基本因素及其存在与表现形式

不安全状态、不安全行为、起因物、致害物和伤害方式是引发生产安全事故的五个基本因素，简称“事故五要素”，其存在与表现形式分述于下：

1. 不安全状态

在市政工程施工中存在的不安全状态，是指在施工场所和作业项目之中存在事故的起因物和致害物，或者能使起因物和致害物起作用（造成事故和伤害）的状态。

施工场所状态为施工场所提供的工作（作业）与生活条件的状态，包括涉及安全要求的场地（地面、地下、空中）、周围环境、原有和临时设施以及使用安排状态；作业项目状态为分项分部工程进行施工时的状态，包括施工中的工程状态，脚手架、模板和其他施工设施的设置状态和各项施工作业的进行状态等。

一般说来，凡是违反或者不符合安全生产法律、法规、工程建设标准和企业（单位）安全生产制度规定的状态，都是不安全状态。但建设工程安全生产法律、法规、标准和制

度没有或未予规定的状态，也会成为不安全状态。因此，应当针对具体的工程条件、现场安排和施工措施情况，研究、认识可能存在的不安全状态，并及时予以排除。

不安全状态有4个属性：事故属性（属于何种事故）；场所属性（在何种场所存在）；状态属性（属于何种状态）和作业属性（属于何种施工作业项目），并可按这4个属性划分相应不安全状态的类型，列入表3-4中。从表中可以看出，4种划分方法从4个不同的侧面反映出不安全状态的存在与表现形式，且在它们之间存在着相互补充、交叉、渗透、作用和影响的关系。由于其中的任何一个侧面都不能全面和完整地反映在建筑施工中可能存在的不安全状态，因此，不应只按一种划分去研究和把握，而应将其综合起来，并根据主管工作的范围有所重点地去实施管理（即消除不安全状态的安全管理工作），使相应的侧面成为主要负责人、管理部门和有关管理人员分抓的重点，或者作为企业（单位）在某一时期、某一工程项目、某一施工场所或某种作业的安全生产工作中的重点。

一般情况下，负责全面工作的企业主要负责人和大的、综合性工程项目负责人，宜以其事故属性为主（为核心）并兼顾其他属性抓好消除不安全状态的工作；企业安全管理部门和从事安全措施技术与设计工作的人员宜以其状态属性为主兼顾其他属性做好相应工作；而现场管理和施工指挥人员则应以其场所和作业属性并兼顾其他属性做好工作。所谓“兼顾”，就是将主抓属性中未能涉及的或直接涉及的其他属性的项目与要求考虑进来。

市政工程施工不安全状态的类型　　**表3-4**

划分方法（不同属性）	不安全状态的类型
按引发事故的类型划分（事故属性）	1）引发坍塌和倒塌事故的不安全状态；2）引发倾倒和倾翻事故的不安全状态；3）引发冒水、透水和坍陷事故的不安全状态；4）引发触电事故的不安全状态；5）引发断电和其他电气事故的不安全状态；6）引发爆炸事故的不安全状态；7）引发火灾事故的不安全状态；8）引发坠落事故的不安全状态；9）引发高空落物伤人事故的不安全状态；10）引发起重安装事故的不安全状态；11）引发机械设备事故的不安全状态；12）引发物体打击事故的不安全状态；13）引发中毒和窒息事故的不安全状态；14）引发其他事故的不安全状态
按施工场所的安全条件划分（场所属性）	1）现场周边围挡防护的不安全状态；2）周边毗邻建筑、通道保护的不安全状态；3）对现场内原高压线和地下管线保护的不安全状态；4）现场功能区块划分及设施情况的不安全状态；5）现场场地和障碍物处理的不安全状态；6）现场道路、排水和消防设施设置的不安全状态；7）现场临时建筑和施工设施设置的不安全状态；8）现场施工临电线路、电气装置和照明设置的不安全状态；9）洞口、通道口、楼电梯口和临边防护设施的不安全状态；10）现场警戒区和警示牌设置的不安全状态；11）深基坑、深沟槽和毗邻建（构）筑物坑槽开挖场所的不安全状态；12）起重吊装施工区域的不安全状态；13）预应力张拉施工区域的不安全状态；14）试压和高压作业区域的不安全状态；15）安装和拆除施工区域的不安全状态；16）整体式施工设施升降作业区域的不安全状态；17）爆破作业安全警戒区域的不安全状态；18）特种和危险作业场所的不安全状态；19）生活区域、设备及材料存放区域设置的不安全状态；20）其他的场所不安全状态

续表

划分方法 （不同属性）	不安全状态的类型
按设置和工作状态划分 （状态属性）	1）施工用临时建筑自身结构构造和设置中的不安全状态；2）脚手架、模板和其他支架结构构造和设置中的不安全状态；3）施工中的工程结构、脚手架、支架等承受施工荷载的不安全状态；4）附着升降脚手架、滑模、提模等升降式施工设施在升降和固定工况下的不安全状态；5）塔式起重机、施工升降机、垂直运输设施（井架、泵送混凝土管道等）设置的不安全状态；6）起重、垂直和水平运输机械工作和受载的不安全状态；7）现场材料、模板、机具和设备堆（存）放的不安全状态；8）易燃、易爆、有毒材料保管的不安全状态；9）缺氧、有毒（气）作业场所安全保障和监控措施设置的不安全状态；10）高处作业、水下作业安全防护措施设置的不安全状态；11）施工机械、电动工具和其他施工设施安全防护、保险装置设置的不安全状态；12）坑槽上口边侧土方堆置的不安全状态；13）采用新工艺、改变工程结构正常形成程序措施执行中的不安全状态；14）施工措施执行中出现某种问题和障碍时所形成的不安全状态；15）其他设置和工作状态中的不安全状态
按施工作业划分 （作业属性）	1）立体交叉作业的不安全状态；2）夜间作业的不安全状态；3）冬期、雨期、风期作业的不安全状态；4）应急救援作业的不安全状态；5）爆破作业的不安全状态；6）降水、排水、堵漏、止流沙、抗滑坡作业的不安全状态；7）土石方挖掘和运输作业的不安全状态；8）材料、设备、物品装卸作业的不安全状态；9）洞室作业的不安全状态；10）起重和安装作业的不安全状态；11）整体升降作业的不安全状态；12）拆除作业的不安全状态；13）电气作业的不安全状态；14）电热法作业的不安全状态；15）电、气焊作业的不安全状态；16）压力容器和狭窄场地作业的不安全状态；17）高处和架上作业的不安全状态；18）预应力作业的不安全状态；19）脚手架、支架装拆作业的不安全状态；20）模板及支架装拆作业的不安全状态；21）钢筋加工和安装作业的不安全状态；22）试验作业的不安全状态；23）水平和垂直运输作业的不安全状态；24）顶进和整体移位作业的不安全状态；25）深基坑支护作业的不安全状态；26）混凝土浇筑作业的不安全状态；27）维修、检修作业的不安全状态；28）水上、水下作业的不安全状态；29）其他作业的不安全状态

消除不安全状态的工作关系示于图 3-3 中。

2. 不安全行为

在市政工程施工中存在的不安全行为，是指在施工作业中存在的违章指挥、违章作业以及其他可能引发和招致生产安全事故发生的行为。

不安全行为可以分成以下 4 类：

（1）违章指挥——施工作业中，违反安全生产法律、法规、工程建设和安全技术标准、安全生产制度和规定的指挥；

（2）违章作业——违反安全生产法律、法规、标准、制度和规定的作业；

（3）其他主动性不安全行为——其他由当事人发出的不安全行为；

（4）其他被动性不安全行为——当事人缺乏自我保护意识和素质的行为（会受到伤害物或主动不安全行为的伤害）。

其中的“其他主动性不安全行为”包括违反上岗身体条件、违反上岗规定和不按规定使用安全护品 3 种行为，故共有 6 种（类）不安全行为，列于表 3-5 中。

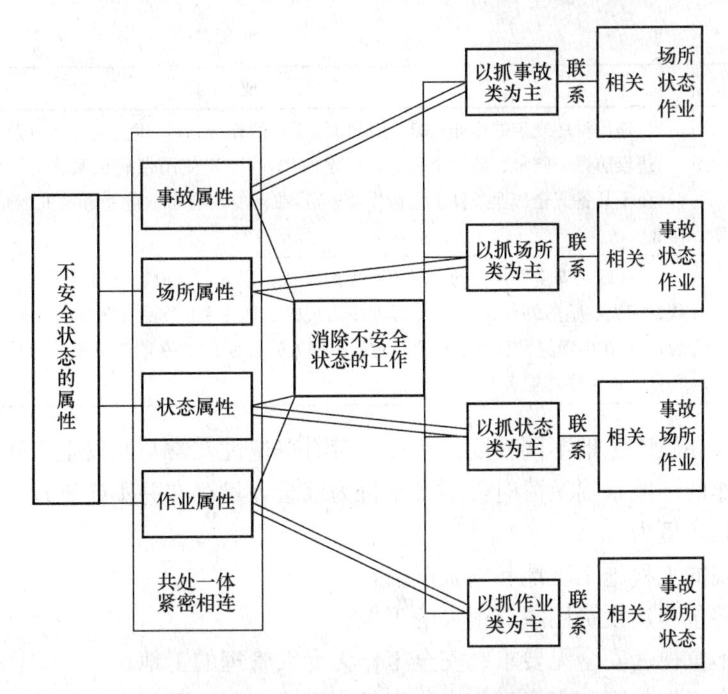

图 3-3　消除不安全状态的工作关系

市政工程常见不安全行为的表现形式　　**表 3-5**

类别	常见表现形式
违反上岗身体条件规定	1）患有不适合从事高空和其他施工作业相应的疾病（精神病、癫痫病、高血压、心脏病等）；2）未经过严格的身体检查，不具备从事高空、井下、高温、高压、水下等相应施工作业规定的身体条件；3）妇女在经期、孕期、哺乳期间从事禁止和不适合的作业；4）未成年工从事禁止和不适合的作业；5）疲劳作业和带病作业；6）情绪异常状态下作业
违反上岗规定	1）无证人员从事需证岗位作业；2）非定机、定岗人员擅自操作；3）单人在无人辅助、轮换和监护情况下进行高、深、重、险等不安全作业；4）在无人监管电闸的情况下从事检修、调试高压、电气设备作业；5）在无人辅助拖线情况下从事易扯断动力线的电动机具作业
不按规定使用安全护品	1）进入施工现场不戴安全帽、不穿安全鞋；2）高空作业不佩挂安全带或挂置不可靠；3）进行高压电气作业或在雨天、潮湿环境中进行有电作业不使用绝缘护品；4）进入有毒气环境作业不使用防毒用具；5）电气焊作业不使用电焊帽、电焊手套、防护镜；6）在潮湿环境不使用安全（电压）灯和在有可燃气体环境作业不使用防爆灯；7）水上作业不穿救生衣；8）其他不使用相应安全护品的行为
违章指挥	1）在作业条件未达到规范、设计和施工要求的情况下，组织和指挥施工；2）在已出现不能保证作业安全的天气变化和其他情况时，坚持继续进行施工；3）在已发现事故隐患或不安全征兆、未予消除和排除的情况下继续指挥冒险施工；4）在安全设施不合格，工人未使用安全护品和其他安全施工措施不落实的情况下，强行组织和指挥施工；5）违反有关规范规定（包括修改、降低或取消）的指挥；6）违反施工方案和技术措施的指挥；7）在施工中出现异常情况时，做出了不当的处置（可能导致出现事故或使事态扩大）决定；8）在技术人员、安全人员和工人提出对施工中不安全问题的意见和建议时，未予重视、研究并做出相应的处置，不顾安全地继续指挥施工

续表

类别	常见表现形式
违章作业	1）违反程序规定的作业；2）违反操作规程的作业；3）违反安全防（监）护规定的作业；4）违反防爆、防毒、防触电和防火规定的作业；5）使用带病机械、工具和设备进行作业；6）在不具备安全作业条件下进行作业；7）在已发现有事故隐患和征兆的情况下，继续进行作业
缺乏安全意识，不注意自我保护和保护他人的行为	1）在缺乏安全警惕性的情况下发生的误扶、误入、误碰、误触、误食、误闻情况以及滑、跌、闪失、坠落的行为；2）在作业中出现的工具脱手、物品飞溅掉落、碰撞和拖拉别人等行为；3）在出现异常和险情时不及时通知别人的行为；4）在前道工序中留下隐患而未予消除或转告下道工序作业者的行为

不安全行为在施工工地不同程度的存在，带有普遍性，常与其安全工作的环境氛围有关。当安全工作的环境氛围淡薄时，不安全行为就会大量存在并不断滋长。适于不安全行为存在并滋长的环境为：

（1）不正规的工程施工工地和施工队伍；

（2）违法转包和建设费用缺口很大的工地；

（3）领导不重视、安全无要求、安全工作无专人管理的工地；

（4）无安全工作制度和安全工作岗位责任制度或者制度不健全的工地；

（5）不按规定进行集中和日常安全教育培训的工地；

（6）在一段时间内未出生产安全事故，思想麻痹、安全工作放松的工地。

因此，营造良好的安全工作氛围是减少和消除不安全行为存在和滋长的重要条件。

3. 事故的起因物、致害物和伤害方式

直接引发生产安全事故的物体（品），称为“起因物”；在生产安全事故中直接招致（造成）伤害发生的物体（品），称为“致害物”；致害物作用于被伤害者（人和物）的方式，称为“伤害方式”。

在某一特定的生产安全事故中，起因物可能是惟一的或者为多个。当有多个起因物存在时，按其作用情况会有主次和前后（序次）之分、组合和单独作用之分。在某一特定的伤害事故中，致害物也可能是一个或多个。在同一生产安全事故中，起因物和致害物可能是不同的物体（品）或同一物体（品）。

起因物和致害物的存在构成了不安全状态和安全（事故）隐患，不及时发现并消除它们，就有可能引发或发展成为事故。而一旦发生生产安全事故时，对起因物和致害物的分析确定工作，又是判定事故性质和确定事故责任的重要依据。

起因物和致害物的类别有两种划分方法：一种为按其自身的特征划分，见表3-6所列，表中同时注出了其变为起因物和致害物的条件；另一种按其引发的事故划分，见表3-7，并分别列出了相应事故的起因物和致害物。

伤害方式包括伤害作用发生的方式、部位和后果。对人员伤害的部位为身体的各部(包括内脏器官)，伤害的后果分为轻伤、重伤和死亡。而伤害作用发生的方式则有以下18种：1）碰撞；2）击打；3）冲击；4）砸压；5）切割；6）绞缠；7）掩埋；8）坠落；9）滑跌；10）滚压；11）电击；12）灼（烧）伤；13）爆炸；14）射入；15）弹出；16）中毒；17）窒息；18）穿透。

按其自身特征划分的起因物和致害物　　**表 3-6**

自身特征	可成为起因物和致害物的物体（品）
单件硬物	1）工程结构件；2）脚手架的杆（构）配件；3）模板及其支撑件；4）机械设备的传动件、工作件和其他零部件；5）附着固定件；6）支撑（顶）和拉结件；7）围挡防护件；8）底座和支垫件；9）连（拼）平衡（配重）件；10）安全限控、保险件；11）平衡（配重）件；12）电器件；13）吊具、索具和吊物；14）梯笼、吊盘、吊斗；15）手持和电动工具；16）照明器材；17）钢材、管件、铁件、铁钉及其他硬物件；18）阀门和压力控制设备
线路管道	1）电气线路；2）控制线路和系统；3）泵送混凝土管道；4）煤气和压缩空气管道；5）氧气和乙炔气管道；6）液压和油品管道；7）压力水管道；8）其他管线
机械设备	1）塔吊和起重机械（具）；2）土方机械；3）运输车辆；4）泵车；5）搅拌机；6）其他机械设备；7）附着升降脚手架；8）脚手架和支架；9）生产和建筑设备；10）整体提（滑、倒）升模板；11）其他机械和整体式施工设施
易燃和危险物品	1）易燃的材料、物品；2）易爆的材料、物品；3）外露带电物体；4）亚硝酸钠和其他有毒化学品；5）一氧化碳、瓦斯和其他有毒气体；6）炸药、雷管
作业场所、地物和地层状态	1）高温、高湿作业环境；2）密闭容器、洞室和狭窄、通风不畅作业环境；3）地基；4）毗邻开挖坑槽的房屋和墙体等地物；5）涌水层、滑坡层、流砂层等不稳定地层；6）临时施工设施；7）挡水、挡土、护坡措施；8）各种地面堆物
其他	1）飓风、暴雨、大雪、雷电等恶劣和灾害天气；2）突然停、断电；3）爆炸的冲击波和抛射物；4）地震作用；5）其他突发的不可抗力事态
注释（成为起因物和致害物的诱发条件）	当表列物体（品）有以下情况之一时，就有可能成为事故的起因物、致害物：1）本身的规格、材质和加工不符合标准（或规定）要求；2）本身已发生变形、损伤或磨损；3）设计缺陷；4）安装和维修缺陷；5）各种带病使用情况；6）超额定状态（超载、超速、超位、超时等）或设计要求工作；7）超检（维）修期工作；8）出现各种不正常工作状态；9）杆构件和零部件脱离正常工作位置；10）出现变形、沉降和失衡状态；11）发生超出设计考虑的意外事态；12）任意改变施工方案和安全施工措施的规定；13）出现不安全行为；14）安全防（保）护措施和安全装置失效情况；15）出现破断、下坠事态；16）危险场所和危险作业的安全保障、监控工作不到位；17）其他诱发条件

部分常见伤害事故的起因物和致害物　　**表 3-7**

事故类型	起　因　物	致　害　物
物体（击）打击	由各种原因引起的同一落物、崩块、冲击物、滚动体、摆动体以及其他足以产生打击伤害的运动硬物	
	引发其他物体状态突变（弹出、倾倒、掉落、滚动、扭转等）的物体，如撬杠、绳索、拉曳物和障碍物等	产生状态突变的模板、支撑、钢筋、块体材料和器具等，以及作业人员

续表

事故类型	起因物	致害物
高处坠落	由于不当操作或其他原因造成失稳、倾倒、掉落并拖带施工人员发生高空坠落的手推车和其他器物	
	脚手架面未满铺脚手板，脚手架侧面和“临边”未按规定设防护	掉落的施工人员受自身重力运动伤害
	洞口、电梯口未加设盖板或其他覆盖物	
	失控掉落的梯笼和其他载人设备	
	高处作业未佩挂安全带	
机械和起重伤害	进行车、刨、钻、铣、锻、磨、镗加工时的工作部件	
	未上紧的夹持件	脱（飞）出的加工件
	没有、拆去或质量与装设不符合要求的安全罩	机械的转动和工作部件
	超重的吊物	失稳、倾翻的起重机
	软弱和受力不均衡的地基、支垫物	
	变形、破坏的吊具（架）	倾翻、掉落、折断、前冲的吊物
	破断、松脱、失控的索具	
	失控、失效的限控、保险和操作装置	失控的臂杆、起重小车，索具吊钩、吊笼（盘）和机械的其他部件
	滑脱、折断的撬杠	失控、倾翻、掉落的重物和安装物
	失稳、破坏的支架	
	启闭失控的料笼、容器	掉落、散落的材料、物品
	拴挂不平衡的吊索	严重摆动、不稳定回转和下落的吊物
	失控的回转和限速机构	
触电伤害	未加可靠保护、破皮损伤的电线、电缆	
	架空高压裸线	误触高压线的起重机臂杆和其他运动中的导电物体
	未设或设置不合格的接零（地）、漏电保护设施	带（漏）电的电动工具和设备
	未设门或未上锁的电闸箱	易发生误触的电器开关
坍塌伤害	由流沙、涌水、沉陷和滑坡引起的塌方	
	过高、过陡和基地不牢的堆置物	
	停于坑槽边的机械、车辆和过重堆物	坍落的土方、机械、车辆和堆物
	没有或不符合要求的降水和支护措施	
	受坑槽开挖伤害的建（构）筑物的基础和地基	整体或局部沉降、倾斜、倒塌的建（构）筑物

续表

<table>
<tr><th>事故类型</th><th>起　因　物</th><th>致　害　物</th></tr>
<tr><td rowspan="6">坍塌伤害</td><td>设计和施工存在不安全问题的临时建筑和设施</td><td rowspan="5">整体或局部坍塌、破坏的工程建筑、临时设施及其杆部件和载存物品</td></tr>
<tr><td>发生不均匀沉降和显著变形的地基</td></tr>
<tr><td>附近有强烈的振动和冲击源</td></tr>
<tr><td>强劲的自然力（风、雨、雪等）</td></tr>
<tr><td>因违规拆除结构件、拉结件或其他原因造成破坏的局部杆件和结构</td></tr>
<tr><td>受载后发生变形、失稳或破坏的支架或支撑杆件</td><td>发生倾倒、坍塌的现浇结构、模板、设备和材料物品</td></tr>
<tr><td rowspan="3">火灾伤害</td><td colspan="2">火源与靠近火源的易燃物</td></tr>
<tr><td colspan="2">雷击、导电物体与易燃物</td></tr>
<tr><td colspan="2">爆炸引起的溢漏的易燃物（液体、气体）和火源</td></tr>
<tr><td rowspan="6">中毒、窒息和爆炸伤害</td><td colspan="2">一氧化碳、瓦斯和其他有毒气体</td></tr>
<tr><td colspan="2">亚硝酸钠和其他有毒化学品</td></tr>
<tr><td colspan="2">密闭容器，洞室和其他高温、不通风作业场所</td></tr>
<tr><td colspan="2">爆炸（破）引起的飞石和冲击波</td></tr>
<tr><td>保管不当的雷管和其他引爆源</td><td>爆炸的雷管和炸药</td></tr>
<tr><td>“瞎炮”与引起其爆炸的引爆物</td><td>飞溅块体和气浪</td></tr>
<tr><td>其他</td><td colspan="2">朝天的钉子、突出的铁件、散落的钢筋、管子和其他硬物以及伸入作业空间的杆件和其他硬物</td></tr>
</table>

对伤害方式的研究，一可改进和完善劳动（安全）保护用品的品种和使用；二可相应加强针对那些没有适用安全护品的伤害方式的安全预防和保护措施。

二、事故要素作用的七种组合

在发生的生产安全事故中，5 种事故要素可能同时存在，或者部分存在。某些由人为作用引起的事故，其不安全行为同时也是起因物和致害物，而起因物和致害物有时是同一个，因此形成引发事故的七种作用组合，见表 3-8 所列。

事故要素在引发事故时的七种组合　　**表 3-8**

类型	事故要素的组合
E 型	不安全状态、不安全行为、起因物、致害物、伤害方式
D-1 型	不安全状态、起因物、致害物、伤害方式
D-2 型	不安全行为、起因物、致害物、伤害方式
D-3 型	不安全状态、不安全行为、起因（致害）物、伤害方式
C-1 型	不安全状态、起因（致害物）、伤害方式
C-2 型	不安全行为、起因（致害物）、伤害方式
B 型	不安全行为（起因、致害物）、伤害方式

不安全状态或不安全行为的存在（或者二者同时存在）是事故的“起因”，伤害方式直接导致“后果”，而起因物和致害物则是“事故的载体”，它将起因和后果连接起来。当没有不安全状态和不安全行为存在时，也就没有起因物和致害物的存在，或者即使存在，也不能起作用而引发事故（例如架空的高压裸线是起因物，没有不安全状态和不安全行为造成触及高压线时，就不会引发触电事故）；而当有效地控制起因物和致害物，使其不能起作用时，即使有不安全状态和不安全行为存在，也不会导致伤害事故的发生（但不安全行为又是起因物和致害物的情况除外）。

三、防止建设工程安全事故的最基本方法

通过前文关于安全事故的致因理论的介绍，基本可以得出一个一致的结论，人的不安全行为与物的不安全状态是产生事故的直接原因，只要能够消除人的不安全行为与物的不安全状态，可以预防98%的事故。而事故的间接原因对于不同的国家、不同的行业及不同的企业则有不同的情况。

因此，从理论上来说，防止安全事故有4种最基本的有效方法：

（1）对工程技术方案进行审查与改进，强化安全防护技术；

（2）对作业工人进行安全教育，强化他们的安全意识；

（3）对不适宜从事某种作业的人员进行调整；

（4）必要的惩戒。

这4种最基本的安全对策后来被归纳为众所周知的3E原则，即：

（1）Engineering-对工程技术进行层层把关，确保技术的安全可靠性，运用工程技术手段消除不安全因素，实现生产工艺、机械设备等生产条件的安全；

（2）Education-教育：利用各种形式的教育和训练，使职工树立“安全第一”的思想，掌握安全生产所必需的知识和技能；

（3）Enforcement-强制：借助于规章制度、法规等必要的行政乃至法律的手段约束人们的行为。

一般地讲，在选择安全对策时应该首先考虑工程安全技术措施，如电气设备的接地装置、起重机挂钩的防脱落保险装置等，然后是教育训练。实际工作中，应该针对不安全行为和不安全状态的产生原因，灵活地采取对策。例如：针对职工的不正确态度问题，应该考虑工作安排上的心理学和医学方面的要求，对关键岗位上的人员要认真挑选，并且加强教育和训练；如能从工程技术上采取措施，则应优先考虑。对于职工技术不足的问题，应该加强教育和训练，提高其知识水平和操作技能；尽可能地根据人机工程学的原理进行工程技术方面的改进，降低操作的复杂程度。为了解决职工身体不适的问题，在分配工作任务时要考虑心理学和医学方面的要求，并尽可能从工程技术上改进，降低对人员素质的要求。对于不良的物理环境，则应采取恰当的工程技术措施来改进。

消除人的不安全行为可避免事故。但是应该注意到，人与机械设备不同，机器在人们规定的约束条件下运转，自由度较小；而人的行为受各自思想的支配，有较大的行为自由性。这种行为自由性一方面使人具有搞好安全生产的能动性；另一方面也可能使人的行为偏离预定的目标，发生不安全行为。由于人的行为受到许多因素的影响，控制人的行为是一件较为困难的工作。

消除物的不安全状态也可以避免事故。通过改进生产工艺，设置有效安全防护装置，根除生产过程中的危险条件，使得即使人员产生了不安全行为也不致酿成事故。在安全工程中，把机械设备、物理环境等生产条件的安全称作本质安全。在所有的安全措施中，首先应该考虑的就是实现生产过程、生产条件的安全。但是，受实际的技术、经济条件等客观条件的限制，完全杜绝生产过程中的危险因素几乎是不可能的，我们只能努力减少、控制不安全因素，使事故不容易发生。

即使在采用了工程技术措施，减少、控制了不安全因素的情况下，仍然要通过教育、训练和规章制度来规范人的行为，避免不安全行为的发生。

在人机协调作业的建设工程施工过程中，人与机器在一定的管理和环境条件下，为完成一定的任务，既各自发挥自己的作用，又必须相互联系、相互配合。这一系统的安全性和可靠性不仅取决于人的行为，还取决于物的状态。一般说来，大部分安全事故发生在人和机械的交互界面上，人的不安全行为和机械的不安全状态是导致意外伤害事故的直接原因。因此，工程建设中存在的风险不仅取决于物的可靠性，还取决于人的“可靠性”。根据统计数据，由于人的不安全行为导致的事故大约占事故总数的88%。预防和避免事故发生的关键是从工程项目施工开始，就应用人机工程学的原理和方法，通过正确的管理，努力消除各种不安全因素，建立“人—机—环境”相协调工作及操作的机制。

因此，预防建设工程安全事故的最基本的方法有：

(1) 建立健全安全生产管理制度。从制度上来减少人的不安全行为和物的不安全状态。通过制度来提高人们的安全防护意识，强化安全防护技术的应用，保证必要的安全设施与措施费用，杜绝只强调生产而忽视安全的行为，同时也通过制度对违反规定的行为进行必要的惩戒。

(2) 强化安全教育。安全教育可以提高施工人员的安全操作技能与人们的安全意识，对防止人的不安全行为有非常重要的作用。专业安全人员及施工队长、班组长是预防事故的关键，他们工作的好坏对能否做好预防事故工作有重要影响。

(3) 统一管理生产与安全工作，不断审查和改进技术方案和安全防护技术。通过安全防护技术的应用既消除物的不安全状态，还可以消除人的不安全行为。施工生产企业应有足够的安全投入来实施安全防护措施，把安全技术费用纳入到成本管理之中。

(4) 必要的安全防护装置与工具。

(5) 必要的检查与监督。

第四节　风险管理的基本要求和遵循原则

由于工程建设项目的特点，决定了项目实施过程中存在着大量的不确定因素，这些因素无疑会给项目的目标实现带来影响。其中有些影响甚至是灾难性的，工程项目的风险就是指那些在项目实施过程中可能出现的灾难性事件或不满意的结果。任何风险都包括两个基本要素：一是风险因素发生的不确定性；二是风险发生带来的损失。

风险事件发生的不确定性，是由于外部环境千变万化，也因为项目本身的复杂性和人们预测能力的局限性。风险事件是一种潜在性的可能事件，风险的大小可用风险量表示，一般采用定量计值的评价方法（作业条件危险评价法）分析每个危险源导致风险发生的可能性和后果，确定危险程度的大小。这种评价方法大致按照如下程序进行：

用与系统危险性有关的3个因素指标之积来评价风险量的大小，其简化公式是

$$D=L\times E\times C$$

式中　L——发生事故的可能性；

E——暴露于危险环境的频繁程度；

C——发生事故的后果；

D——危险性分值。

1. 发生事故的可能性大小

事故或危险事件发生的可能性，当用概率来表示时，绝对不可能的事件发生概率为0，而必然发生的事件概率为1。但在考虑系统安全时，绝对不发生的事故是不可能的，所以人为地将“发生事故可能性小”的分数定为0.1，而必然要发生的事件分数定为10，介于这两种情况之间的情况指定为若干个中间值，如表3-9所示。

事故发生的可能性（L）　　**表3-9**

分数值	事故发生的可能性	分数值	事故发生的可能性
10	完全可以预料	0.5	很不可能，可以设想
6	相当可能	0.2	极不可能
3	可能，但不经常	0.1	实际不可能
1	可能性小，完全意外		

2. 暴露于危险环境的频繁程度

人员出现在危险环境中的时间越长，危险性越大。因此将人员连续出现在危险环境的情况定为10，将非常罕见出现在危险环境中定为0.5，而介于两者之间的各种情况分别规定出若干中间值，如表3-10所示。

暴露于危险环境的频繁程度（E）　　**表3-10**

分数值	暴露于危险环境的频繁程度	分数值	暴露于危险环境的频繁程度
10	连续暴露	2	每月1次暴露
6	每天工作时间内暴露	1	每年几次暴露
3	每周1次或偶然暴露	0.5	非常罕见暴露

3. 发生事故的后果

在所有的工程活动过程中，因各种过失酿成机械设备损坏和安全设施失当造成人身伤亡或重大经济损失的事故，按其可能产生的后果即人员受到伤害的程度、经济损失额度的变化范围进行界定（经济损失系指直接经济损失，泛指因事故造成人身伤亡及善后处理支出的费用和损坏财产的价值）。由于范围广阔，所以依据《企业职工伤亡事故分类》GB 6441—86规定分数值为1～100，如表3-11所示。

发生事故的后果（C）　　**表3-11**

分数值	发生事故产生的后果	分数值	发生事故产生的后果
100	10人以上死亡/直接经济损失100万～300万元	7	伤残/经济损失1万～10万元
40	3～9人死亡/直接经济损失30万～100万元	3	重伤/经济损失1万元以下
15	1～2人死亡/直接经济损失10万～30万元	1	轻伤（损失1～105工日的失能伤害）

4. 危险性程度

根据公式 $D=L\times E\times C$ 就可以计算作业的危险性程度，但关键是如何确定各分值和根据总分来划分风险等级。一般来说，总分在 70 以下，认为是低度风险，可采用加强培训提高意识和能力、建立健全有关规章制度、强化安全检查等方法进行管理。如果总分在 70 以上，则是要采取措施进行整改的重大风险，如表 3-12 所示。

风险等级划分　　　　**表 3-12**

D 值	危　险　程　度	风险等级	备　注
＞320	极其危险，不能继续操作	5	重大风险
160～320	高度危险，要立即整改	4	
70～160	显著危险，需整改	3	
20～70	一般危险，需注意	2	低度风险
＜20	稍有危险，可以接受	1	

需要指出的是上述风险等级的划分是凭经验判断的，难免带有局限性，不能认为是普遍适用的，各个单位、各个地区可以根据具体情况予以修改。

市政工程项目在实施过程中存在风险是必然的、不可避免的，各级管理人员必须有强烈的风险意识。

一、风险管理

风险管理是一个识别和度量项目风险，制定、选择和管理风险处理方案的系列过程。风险管理的流程如图 3-4 所示。

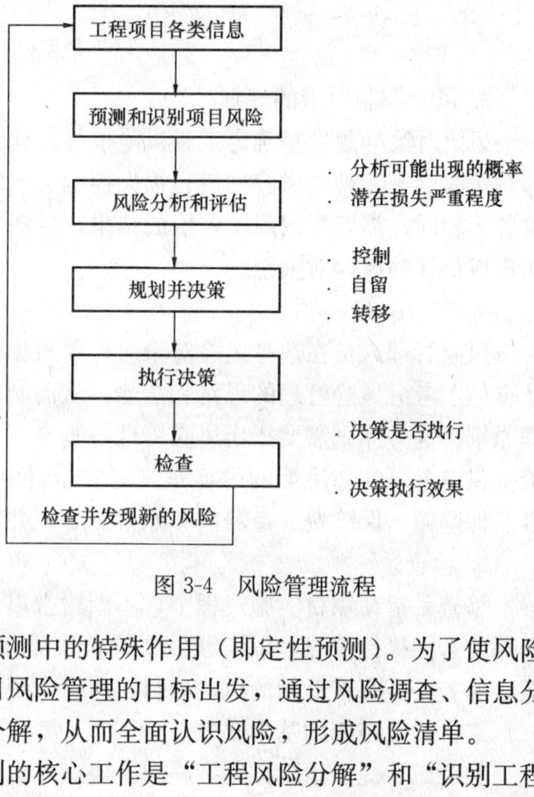

图 3-4　风险管理流程

1. 风险的预测和识别

风险的预测和识别是指通过一定的方式，系统而全面地识别出影响建设工程目标实现的风险事件并加以适当归类的过程，必要时，还需要对风险事件的后果做出定性的估计。

风险的预测和识别的过程主要立足于数据收集、分析和预测。要重视经验在预测中的特殊作用（即定性预测）。为了使风险识别做到准确、完善和有系统性，应从项目风险管理的目标出发，通过风险调查、信息分析、专家咨询及实验论证等手段进行多维分解，从而全面认识风险，形成风险清单。

风险识别的结果是建立风险清单，识别的核心工作是“工程风险分解”和“识别工程风险因素、风险事件及后果”。

2. 风险分析和评估

这一过程将工程风险事件发生的可能性和损失后果进行定量化，评价其潜在的影响。它包括的内容是：确定风险事件发生的概率和对项目目标影响的严重程度，如经济损失量、工期迟延量等；评价所有风险的潜在影响，得到项目的风险决策变量值，作为项目决策的重要依据。风险分析的评估可以采用定性和定量两类方法。定性风险评价方法有专家打分法、层次分析法等，其作用是区分不同风险的相对严重程度以及根据预先确定的可接受的风险水平做出相应的决策。从广义上讲，定量风险评价方法也有许多，如敏感性分析、盈亏平衡分析、决策树、随机网络等。风险分析与评价流程如图 3-5 所示。

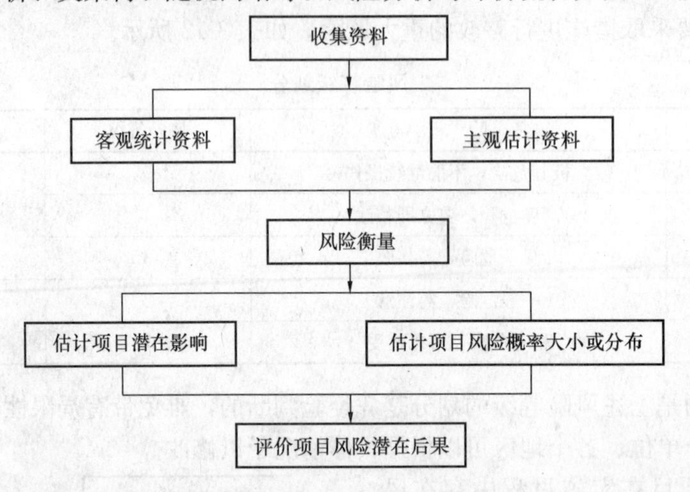

图 3-5　风险分析与评价流程

3. 风险控制对策的规划

风险对策的规划是确定工程风险事件最佳组合的过程。一般来说，风险管理中所运用的对策有以下 4 种：风险回避、损失控制、风险自留和风险转移。这些风险对策的适用对象各不相同，需要根据风险评价的结果，针对不同的风险事件选择最适宜的风险对策，从而形成最佳的风险对策组合。

4. 实施决策

风险管理人员在选择风险对策时，要根据建设工程的自身特点，从系统的观点出发，从整体上考虑风险管理的思路和步骤，从而制定一个与建设工程总体目标相一致的风险管理原则。这一原则需要指出风险管理各基本对策之间的联系，为风险管理人员进行风险对策提供参考。实施决策的内容是制定安全计划、损失控制计划、应急计划，确定保险内容、保险额、保险费、免赔额和赔偿额等，并签订保险合同。

5. 检查

检查是指在项目实施过程中，不断检查以上 4 个步骤的实施情况，包括计划执行情况及保险合同执行情况，以实践效果评价决策效果。还要确定在条件变化时的风险处理方案，检查是否有被遗漏的风险项目。对新发现的风险应及时提出对策。

二、风险控制的基本要求

在考虑、提出风险控制措施时，应满足以下基本要求。

（1）能消除或减弱生产过程中生产的危险、危害；

（2）处置危险和有害物质，并降低到国家规定的限值内；

（3）预防生产装置失灵和操作失误生产的危险、危害；

（4）能有效的预防重大事故和职业危害的发生；

（5）发生意外事故时，能为遇险人员提供自救和互救条件。

三、制定风险控制措施应遵循的原则

在制定风险控制措施时，应遵守如下原则。

1. 安全技术措施等级顺序

当安全技术措施与经济效益发生矛盾时，应优先考虑安全技术措施上的要求，并应按下列安全技术措施等级顺序选择安全技术措施。

（1）直接安全技术措施。生产设备本身应具有本质安全性能，不出现任何事故和危害。

（2）间接安全技术措施。若不能或不完全能实现直接安全技术措施时，必须为生产设备设计出一种或多种安全防护装置（不得留给用户去承担），最大限度地预防、控制事故或危害的发生。

（3）指示性安全技术措施。间接安全技术措施也无法实现或实施时，须采用检测报警装置、警示标志等措施，警告、提醒作业人员注意，以便采取相应的对策措施或紧急撤离危险场所。

（4）若间接、指示性安全技术措施仍然不能避免事故、危害发生，则应采用安全操作规程、安全教育、安全培训和个体防护用品等措施来预防，减弱系统的危险、危害程度。

2. 根据安全技术措施等级顺序的要求应遵循的具体原则

（1）消除。通过合理的设计和科学的管理，尽可能从根本上消除危险、有害因素，如采用无害化工艺技术，生产中以无害物质代替有害物质，实现自动化、遥控作业等。

（2）预防。当消除危险、有害因素有困难时，可采取预防性技术措施，预防危险、危害的发生，如使用安全阀、安全屏护、漏电保护装置、安全电压、熔断器、防爆膜、事故排放装置等。

（3）减弱。在无法消除危险、有害因素和难以预防的情况下，可采取降低危险、危害的措施，如加设局部通风排毒装置，生产中以低毒性物质代替高毒性物质，采取降温措施，设置避雷、消除静电、减振、消声等装置。

（4）隔绝。在无法消除、预防、减弱的情况下，应将人员与危险、有害因素隔开以及将不能共存的物质分开。如遥控作业、设安全罩、防护屏、隔离操作室、安全距离、事故发生时的自救装置（如防护服、各类防毒面具）等。

（5）连锁。当操作者失误或设备运行一旦达到危险状态时，应通过连锁装置终止危险、危害的发生。

（6）警告。在易发生故障和危险性较大的地方，应设置醒目的安全色、安全标志；必要时设置声、光或声光组合报警装置。

3. 风险控制措施应具有针对性、可操作性和经济合理性

（1）针对性是指针对不同项目的特点和通过评价得出的主要危险、有害因素及其后果，提出对策（风险控制）措施。由于危险、有害因素及其后果具有隐蔽性、随机性、交叉影响性，对策措施不仅要针对某项危险、有害因素孤立地采取措施，而且为使系统达到安全的目的，应采取优化组合的综合措施。

（2）提出的风险控制措施是设计单位、建设单位、生产经营单位进行设计、生产、管理的重要依据，因而风险控制措施应在经济、技术、时间上是可行的，能够落实和实施的。此外，应尽可能具体指明风险控制措施所依据的法规、标准，说明应采取的具体对策

措施，以便于应用和操作；不宜笼统地以“按某某标准有关规定执行”作为对策措施提出。

(3) 经济合理性是指不应超越国家及建设项目、生产经营单位的经济、技术水平，按过高的安全要求提出安全对策措施，即在采用先进技术的基础上，考虑到进一步发展的需要，以安全法规、标准和规范为依据，结合评价对象的经济、技术状况，使安全技术装备水平与工艺装备水平相适应，求得经济、技术、安全的合理统一。

4. 风险控制措施应符合国家有关法规、标准及设计规范的规定

应严格按有关设计规定的要求提出安全风险控制措施。

四、安全风险控制措施的内容

安全风险控制措施的内容主要包括：项目场址及场区平面布局的对策措施；防火、防爆对策措施；电气安全对策措施；机械伤害对策措施；其他安全对策措施（包括高处坠落、物体打击、安全色、安全标志、特种设备等方面）；有害因素控制对策措施（包括粉尘、毒、窒息、噪声和振动等）；安全管理对策措施。

【本章小结】 通过对安全事故的致因理论分析，对导致事故5要素及其引发事故时的七种组合进行探讨；进而对安全事故危险源进行分类与识别，最终实现风险管理和控制。

【复习思考题】

1. 简述人机轨迹交叉理论的内容，什么状态下容易发生安全事故？
2. 什么是安全风险？
3. 安全系统工程涉及的“4M”要素具体指的什么？
4. 导致事故和职业危害的直接原因可分为哪些危险源？
5. 引发事故的五个基本因素是什么？
6. 引发事故的主要基本要素是什么；由五种要素引发的安全事故可以分成几种组合？
7. 安全员正常安全检查时应把重点放在伤害事故易发、多发部位，请问易发、多发部位指的是哪些部位？
8. 从理论上来说，防止安全事故有哪些基本方法？
9. 引发安全生产事故的不安全行为因素可以分为哪几类？
10. 预防建筑工程安全事故的最基本的方法包括哪些方面？
11. 风险自留的原因有哪些？

第四章　市政工程施工安全管理

【学习重点】 安全生产的方针与原则；安全生产管理的对象与内容；安全管理的组织及各方主体的管理责任；安全保障体系；事故应急救援与调查；安全工作的科学性。

第一节　市政工程安全生产管理的方针与原则

一、我国安全生产的工作格局

安全生产关系人民群众的生命财产安全，关系改革发展和社会稳定大局。2004 年 1 月 9 日，国务院颁发了《关于进一步加强安全生产工作的决定》，指出了我国要努力构建"政府统一领导、部门依法监管、企业全面负责、群众参与监督、全社会广泛支持"的全社会齐抓共管的安全生产工作格局。

在安全生产管理工作中，地方各级人民政府每季度至少召开一次安全生产例会，分析、部署、督促和检查本地区的安全生产工作；大力支持并帮助解决安全生产监管部门在行政执法中遇到的困难和问题。各级安全生产委员会及其办公室要积极发挥综合协调作用。安全生产综合监管及其他负有安全生产监督管理职责的部门要在政府的统一领导下，依照有关法律法规的规定，各负其责、密切配合、切实履行安全监管职能。各级工会、共青团组织要围绕安全生产，发挥各自优势，开展群众性安全生产活动。充分发挥各类协会、学会、中心等中介机构和社团组织的作用，构建信息、法律、技术装备、宣传教育、培训和应急救援等安全生产支撑体系。强化社会监督、群众监督和新闻媒体监督，丰富全国"安全生产月"、"安全生产万里行"等活动内容，为安全生产工作格局的构建提供全社会、全方位、各层次的支持。

二、我国安全生产的方针与原则

1. 我国安全生产方针的演变

我国安全生产的方针经历了从"安全第一"到"安全第一、预防为主"再到现在的"安全第一、预防为主、综合治理"的产生和发展过程。

1981 年 3 月，国家经委、劳动总局等 9 个部门《关于开展安全活动的通知》中提出："进一步贯彻安全生产方针，树立安全第一思想"，同时要求"预防为主"。

1983 年 4 月 20 日，劳动人事部、国家经委、全国总工会在《关于加强安全生产和劳动安全监察工作的报告》中提出"必须树立'安全第一'的思想，坚决贯彻预防为主的方针。"

1987 年，在全国劳动安全监察会议上，进一步明确提出"安全第一、预防为主的方针"。

2006 年 3 月 27 号胡锦涛同志在中共中央政治局第三十次集体学习时提出安全生产"安全第一、预防为主、综合治理"的方针。

2. 安全生产方针的含义

“安全第一、预防为主、综合治理”的方针体现了我国安全生产的基本思想。

(1) 坚持以人为本。把安全生产作为经济工作中的首要任务来抓，消除“安全为了生产”等错误思想。

(2) 安全是生产经营活动的基本条件。不允许以生命为代价来换取经济的发展。不具备安全生产条件或达不到安全生产要求的，不得从事生产经营活动。

(3) 把预防生产安全事故的发生放在安全生产工作的首位。从事故的源头来防范安全事故的发生。

(4) 要依法追究生产安全事故责任人的责任。

3. 安全生产方针体现的原则

(1) 管生产必须管安全的原则（“五同时”原则）

“管生产必须管安全”的原则即参与工程项目建设的各级领导或管理者以及全体员工，在生产过程中必须坚持抓生产的同时抓好安全工作。这里的生产过程包括计划、布置、检查、总结、评价等五个环节，也就是安全生产的“五同时”原则。

(2) 安全具有否决权原则

“安全具有否决权”的原则充分体现了“安全第一”的方针。安全生产工作是衡量工程项目管理的一项基本内容，对各项指标的考核，对管理业绩进行评价时，首先应考虑安全指标的完成情况，安全具有一票否决的作用。

(3)“三同时”原则

“三同时”原则是指基本建设和技术改造工程项目中的职业安全与卫生技术措施和设施，必须与主体工程同时设计、同时施工、同时投产使用。

(4)“四不放过”原则

国务院《关于加强安全生产工作的通知》（国务院【1993】50号文）要求，对伤亡事故和职业病处理时，必须坚持和实施“四不放过”原则，即：事故原因没有查清不放过；事故责任者没有严肃处理不放过；广大群众没有受到教育不放过；防范措施没有落实不放过。

三、安全生产需处理好的五种关系

在市政工程施工安全生产管理过程中，由于各种因素的影响，在各环节都存在一些矛盾的对立体，必须处理好相互之间的关系。

1. 安全及危险的相对性

安全和危险都是相对的。事物在运动过程中，不可能存在绝对的安全，也不会有绝对的危险。危险因素客观地存在于事物运动之中，只有当条件触发时，才会产生危险。安全生产管理的目的就是对条件的产生进行控制乃至消除。因此，在项目施工管理过程中，通过对危险因素触发条件的预先识别和防范，采取可靠的保障措施，完全可以有效地控制危险因素。

2. 安全与生产的关系

人类社会因为生产而得以存在和发展，生产是人类社会存在和发展的基础。工程建设过程中，如果脱离了安全因素，使得人、物、环境都处于危险状态，那生产如期进行也无从谈起。只有有效控制了安全，生产才可能得以最高效率地进行。

3. 安全与质量的关系

质量管理强调“人、机、料、法、环、测”，因此，绝对的质量是不存在安全这一课题的。广义的质量本身就包涵了安全工作质量。生产要素的安全得到保障才能确保质量目标的实现，安全服务于质量，质量需要安全来保证。安全和质量应是有机的统一。

4. 安全与进度的关系

企业从事生产的最终目的就是为了获得最大的利润，求取更好的发展。工程建设安全事故案例的教训证明了一味抓进度、忽视安全，反而会因为安全事故的发生造成人身伤害和经济损失，并对企业的信誉造成影响、阻碍企业发展的“进度”。

5. 安全与效益的关系

安全与效益是不可分割的，必须同时考虑。安全促进效益的增长，安全与效益是一致的。在安全管理中，安全技术措施的投入要统筹安排、适度有效。没有绝对的安全，企业必须寻求合理的平衡点。

四、安全生产要坚持的六项原则

1. 法制原则

所有安全管理的措施、规章、制度以及施工管理行为都应当符合国家的有关法律和地方政府制订的相关法规及文件。依法施工，依法做好环境保护、交通管理、征地拆迁等工作，只有这样，才能最大程度低降低安全风险，提高安全管理的有效性；

2. 管生产同时管安全的原则

安全寓于生产过程中，并对生产发挥促进与保证作用。在工程建设过程中，没有生产就不可能谈及安全事故，安全不可能脱离生产而存在，安全管理是生产管理的重要组成部分。因此，安全应是生产管理中的一项基本要素，同步进行管理。生产管理人员必须对生产安全负责。

3. 坚持目标管理原则

安全管理的内容是对生产的人、物、环境因素状态的管理，有效地控制人的不安全行为和物的不安全状态，达到保护人身和财产安全的目的。因此，安全管理也是相对的，既不可能无限制地投入安全费用，也不能放任不管。没有目标的安全管理是盲目的，也无法评价对危害因素控制的有效程度。因此，安全生产应坚持目标管理原则。

4. 坚持预防为主的原则

从安全管理的性质上来讲，就是针对生产的特点，对生产因素采取管理措施，有效地控制不安全因素的产生、发展和扩大，把可能的安全事故消除在萌芽状态，确保人身和财产安全。这正是预防为主原则的体现。只有做好了预防工作，才可能最大限度地消除安全隐患，使得安全成本降到最佳限度，使企业获得最佳经济利益。

5. 坚持全面动态管理的原则

全面动态管理，就是落实“全员、全过程、全方位、全天候”的管理。生产不是一个人或者少数人的事情，同样，寓于生产过程中的安全也不仅仅是一个人或少数人的责任。安全管理涉及生产活动的各个环节，也受到各种外界环境的影响。因此，安全生产活动中必须坚持全员、全过程、全方位、全天候的全面动态管理。

6. 坚持持续改进的原则

最佳安全技术措施、最佳安全成本不是一个项目、一个环节就可以确定的，也不是一成不变的。对企业来说，寻求最佳的投入点、投入量和投入方式是一个不断探索、不断改进的过程。企业施工管理本身也就是一种动态管理，需要不断地探索和总结管理控制的方法和经验，通过持续的改进来不断提高施工安全管理水平。

第二节　市政工程安全管理的对象

市政工程安全管理的内容、形式依据工程的实际情况而发生调整，但其管理的基本对象是不变的。生产过程中的各类危害因素导致了安全生产事故的发生，因此，市政工程安全管理的对象其实质就是引发安全生产事故的危害因素及其触发条件。狭义上讲，主要是以人身安全和工程安全作为管理对象，广义上讲，是围绕人的不安全行为、物的不安全状态以及不安全的作业环境及管理缺陷来进行的。

一、人的不安全行为的管理

人是施工生产活动的主体，也是工程项目建设的决策者、管理者、操作者，工程建设施工全过程都是通过人来完成。人员的基本素质，即：文化水平、学习能力、专业技能、决策能力、管理能力、组织能力、身体素质、职业道德、安全识别能力等，都会对施工安全生产产生直接或是间接的影响。

作为施工生产活动主体，人的各种不安全行为：管理行为、作业行为、反应能力等都是影响工程施工安全的重要因素。所以，必须对“人”加以管理和控制。我国建设行业实行建设市场准入管理，包括建筑业企业资质管理、建筑施工企业安全生产许可证管理、三类人员考核任职制度以及特种作业人员持证上岗制度等措施，都是为了保证人员素质的重要管理措施。

在市政工程施工安全管理中，尚需协调一些不可预见的非安全行为，如施工地段通行的车辆及行人、施工周边居民与施工安全的交叉影响，上级管理人员盲目的逼抢工期和违章指挥行为等。

1. 施工各方管理人员。施工各方管理人员的不安全行为集中体现在违章指挥，强行指令工程施工单位缩短工期，提供不符合要求的安全构件等。管理人员的不安全行为直接影响整个施工安全管理的有效性。应当建立各项规章制度、落实安全生产责任，对各方管理人员的施工管理行为予以有效约束，消除管理人员的不安全行为。

2. 施工作业人员。施工作业人员的不安全行为集中体现在违章作业，不听从指挥。施工作业人员的不安全行为直接导致了生产安全事故的发生。安全管理中强调安全生产教育和专业技术培训管理的首要目的就是消除施工作业人员的不安全行为。

3. 过往车辆和行人。市政工程施工过程中，由于无法对过往车辆和行人进行有效的控制，因此而导致的人身伤害事故不在少数。在安全生产管理过程中，涉及交通车辆和行人的管理应当要做好预先考虑，以合理地设置围挡和安排监护。

4. 施工范围影响到的城市居民。市政工程战线长的特性影响了较大范围内的环境。扬尘、噪声等都是对周围环境的污染。因此市政工程在管理过程中，应当充分考虑到城市居民因素，安排好拆迁工作，降低和消除施工对环境的污染。

二、物的不安全状态的管理

物的不安全状态是一个需要综合考虑的因素，其不安全状态既可能由内部因素触发、也可能由外部环境或是人的不安全行为触发，从而转变为生产安全事故。物的管理主要包括施工车辆、机械、设备、安全材料、安全防护用具等。导致物的不安全状态触发的主要内部原因可以归结为物的有效度、物的安全度和物的可操作度。

1. 物的有效度。

物的有效度，也就是物的保持原有状态的可靠性。当物受到内部或是外部因素影响而导致其状态发生了非预期的改变，就可能处于不安全的状态。如钢管扣件式脚手架作业。当扣件在外力作用下发生崩裂、脱扣情况而不能保证其初始的扣紧效果时，就可能导致脚手架处于不安全状态。因此，施工前就必须对扣件进行测试，验证其可靠性。

2. 物的安全度。

物的安全度，也就是物本身的安全性。如果安全性达不到要求，本身就产生了物的不安全状态。如施工常见的木工圆盘锯，往往存在没有防护挡板的情况，这些本身就是导致安全事故发生的危害因素。此时，圆盘锯显然就已经处于不安全状态，作为一个危害因素而存在了。

3. 物的可操作度。

安全事故的发生往往同时存在人的不安全行为和物的不安全状态。物体的可操作性也是其是否会成为危险源的一个重要因素。如道路人行道板的铺设，改小尺寸的道板为大尺寸的道板时，就有可能带来搬运上的困难，产生人身伤害或是道板破损的危害。再如设备旋转部件的控制采用倒顺开关的，由于识别上可能存在的疏忽就可能因为转向的错误而造成伤害。

三、不安全环境

环境是市政工程施工不可忽视的一个环节。作业环境的变化往往会引发安全生产事故的发生。对市政工程施工安全产生影响的环境因素包括：

1. 工程技术环境，如地质、水文、气象等；
2. 工程作业环境，如施工环境作业面大小、防护设施、通风照明和通信条件等；
3. 工程管理环境，如组织体制、合同条件、安全管理制度等；
4. 工程周边环境，如毗邻的地下管线、建（构）筑物、交通状况、山坡河流等。

四、管理缺陷

施工安全必须坚持持续改进的原则，很重要的一个目的就是消除管理缺陷。管理上的问题往往是安全事故发生的诱因。

1. 管理条件。

管理条件，广义来说就是管理的前置基础，包括工程造价和合同工期。

（1）工程造价。由于我国目前建设市场、招投标市场管理尚未规范，建设单位严重压价的情况屡见不鲜。施工单位为了追求自身的经济效益，势必会减少施工安全费用的投入，这直接导致了安全生产管理水平的不足和安全事故的高发。为此，《建设工程安全生产条例》第八条规定：“建设单位在编制工程概算时，应当确定建设工程安全作业环境及安全施工措施所需费用”“施工单位对列入建设工程概算的安全作业环境及安全施工措施所需费用，应当用于施工安全防护用具及设施的采购和更新、安全施工措施的落实、安全生产条件的改善，不得挪作他用”。原建设部《关于印发〈建筑工程安全防护、文明施工措施费用及使用规定〉的通知》（建办［2005］89号文）也要求："建设单位在编制工程概（预）算时，应当依据工程所在地工程造价管理机构测定的相应费率，合理确定工程安全防护、文明施工措施费"。

（2）合同工期。合同工期是从开工至竣工验收交付使用的全过程所需的时间。市政工程最突出的特点就是施工工期变化大。由于受征地拆迁工作的影响，很多工程边施工边拆迁，严重影响了工期。而施工收尾时间往往因为各种原因而受到限制，建设单位为了确保工程的按期完工，对工期提出不合理要求，盲目压缩工期，抢进度，长时间加班加点，打乱了施工节奏，造成人员和设备的疲劳，导致安全事故的发生。

《建设工程安全生产管理条例》第七条规定："建设单位不得压缩合同约定的工期"。

2. 管理行为。

管理行为主要指施工单位根据工程特点，建立健全各类安全生产规章制度和操作规程，以消除人和物之间不安全因素的交叉影响，确保施工安全的一系列管理行为。

五、安全生产技术资料

安全生产技术资料是工程项目施工安全生产管理的重要内容，它既体现了安全生产责任和各项规章制度的落实情况，也是其的记录。

1. 安全生产保证相关体系资料。

（1）企业资质、安全生产许可证、三类人员及特殊工种上岗证；

（2）各级人员安全生产责任及岗位责任制；

（3）企业及项目部各项规章制度及各类安全技术操作规程；

（4）项目安全生产保证计划；

（5）合同及人身意外伤害保险资料；

（6）施工组织设计；

（7）专项施工方案；

（8）安全生产事故应急救援预案；

（9）安全生产组织机构设置；

（10）安全生产措施费用清单。

2. 安全预控记录。

（1）项目危险源及控制措施清单；

（2）相关单位协调记录：交通方案、排污许可证、夜间施工许可证等；

（3）重大危险源控制目标及管理方案；

（4）安全设备、材料清单；

（5）安全记录清单；

（6）专项施工方案（安全技术措施）清单。

3. 施工过程安全生产记录。

（1）分包单位安全资质及安全责任；

（2）项目人员名册及各类安全教育培训记录；

（3）特种作业人员名册及资质证书；

（4）文件收发记录；

（5）班组活动记录；

(6) 物资进场报验及检测记录；

(7) 安全材料、大型设备、临时设施设施进场验收、交底、安装验收、检测及拆除记录；

(8) 分包单位安全交底、验收记录；

(9) 分部、分项、分工种及专项施工方案安全技术交底记录；

(10) 机械设备及施工机具维护保养及检查验收记录；

(11) 各类专项施工方案实施验收记录；

(12) 内外部安全检查记录；

(13) 工伤事故月报记录；

(14) 安全评估记录；

(15) 内部审核记录。

第三节　安全管理组织

建立以企业厂长（经理）为领导，总工程师为技术总负责，由各职能部门参加的，以项目经理（或主任、总工长）为项目安全生产总责任人，以班组长和安全员为执行人的安全管理网络体系，是保障安全生产的重要组织手段。没有规章制度，就没有准绳，就无章可循。有管理制度，没有组织保证体系，制度就是一纸空文，没有任何意义。

一、施工安全管理组织

施工安全管理网络可以分为两大体系：一是以企业厂长（经理）为安全第一责任人、由各职能部门参加的安全生产管理体系；二是以项目经理（或主任、总共长）为项目安全生产总责任人的安全生产管理制度执行系统，各自的组织系统见图 4-1、图 4-2。

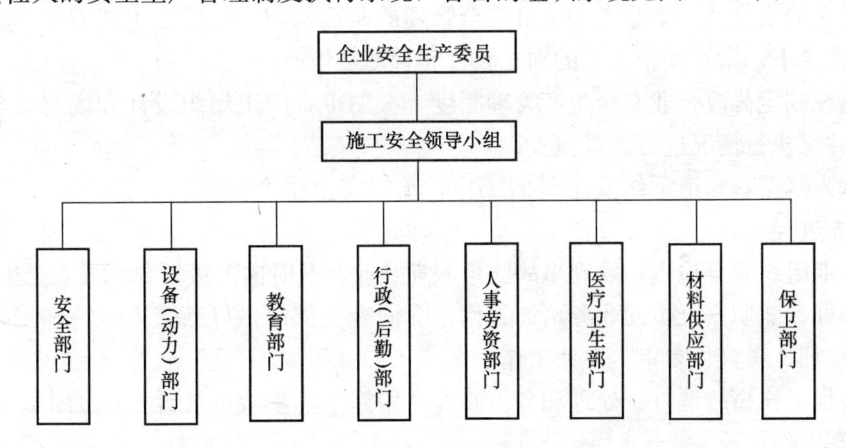

图 4-1　企业安全生产管理组织

二、安全生产管理责任制

1. 职能部门安全管理职责

(1) 安全生产管理委员会暨安全领导小组安全管理职责。

1) 认真贯彻执行国家有关安全生产的法律、法令、法规、条例以及操作规程等，并根据国家有关规定，主持制定本企业安全生产管理制度，组织编写安全技术措施；

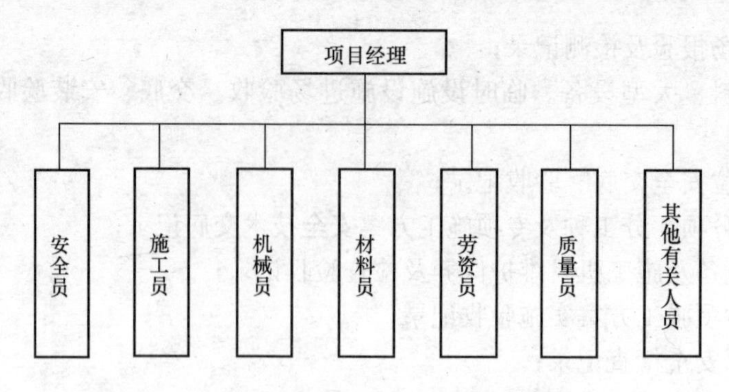

图 4-2　工程项目安全生产管理组织

2）建立和完善基层安全管理组织体系，选拔业务好、责任心强的同志担任各级安全管理工作；

3）定期组织安全教育培训，使各级干部和广大职工都懂得国家有关政策，懂操作规程，并按照操作规程办事；

4）定期组织安全检查和总结评比，发现事故苗头及时纠正，对安全规程做得好的工地和个人给予表彰和奖励；

5）负责对伤亡事故的调查和处理，主持安全事故分析会，总结经验教训，对于相互间有问题的环节，积极采取补救措施，把事故消灭在萌芽状态。

安全领导小组由企业经理、主管安全工作的副经理、安全部门负责人等构成，代替安全委员会行使日常管理职能，是安全生产委员会的执行机构，负责安全委员会的重大决策以及日常安全检查工作的贯彻落实，负责伤亡事故的调查和处理。

(2) 安全部门安全管理职责。

1）企业的安全科、室是专职从事安全管理的职能部门，在安全生产委员会和安全领导小组的领导下，做好安全生产的领导教育和管理工作；

2）组织制定修改企业安全生产管理制度，参加审查施工组织设计和编制安全技术措施计划，并对执行情况进行监督检查；

3）深入基层，知道下级安全员的工作，掌握安全生产情况，调查研究，组织评比，总结推广先进经验；

4）定期组织安全检查，发现事故隐患限期整改，及时向上级领导汇报安全生产情况；

5）抓好专兼职安全员的业务培训工作，会同有关部门做好新工人、特殊工种工人的安全技术培训、考核、复审、发证工作；

6）参加工伤事故调查、处理和分析研究，做好工伤事故的统计上报工作，做好事故档案的管理工作；

7）制止违章指挥和违章作业，遇到严重违章并出现险情时，有权决定暂停生产，并报告上级处理，在必要的情况下，有权越级上报。

(3) 设备（动力）部门安全管理职责。

1）认真贯彻国家关于机械、电气、起重设备、锅炉、受压容器等设备的安全操作规程，并根据国家有关规定制定本单位安全运行制度，负责该制度的检查落实；

2）各类机械设备必须配备齐安全保护装置，按规定严格执行维修保养制度，易损零部件定时更换制度，确保机械设备安全运转；

3）负责机械、电气、起重、锅炉、受压容器等设备的安全管理，按照安全技术规范的要求，定期检查安全防护装置及一切附件，保证全部设备处于良好状态；

4）新购置的机械、锅炉、受压容器等，必须符合安全技术要求。负责组织投产使用前的检查验收。新设备（包括自制设备）使用前都要按照国家有关规定制定安全操作规程并严格按照操作规程办事。操作新设备的工人，上岗前要进行岗位培训；

5）负责对机械、电气、起重设备的操作人员，锅炉、受压容器的运行人员定期培训、考核，成绩合格者，按有关规定发给技能培训合格证，杜绝无证上岗；

6）参与机电设备事故的调查处理，在调查研究的基础上提出技术与管理方面的改进措施．对违章作业人员要严肃处理。

（4）教育部门安全管理职能。

1）凡举办各种技能培训班时，都必须安排相关的安全教育课程，通过职工教育渠道广泛开展安全生产宣传教育活动，普及安全知识，增加职工的安全意识；

2）将安全教育纳入职工培训计划，定期举办安全技术培训班，通过理论学习和现场演练，使施工人员都能自觉的遵守安全生产规章制度，按操作规程办事。教育部门有责任配合有关部门做好新工人入场，老工人换岗：临时工、合同工、农民工、机械操作工，特种作业人员的培训、考核、发证工作。

（5）行政（后勤）部门安全管理职责。

1）后勤部门岗位多、人员复杂，也是安全问题多发区。行政（后勤）部门领导要经常对本单位职工进行安全教育，转变那种只有工地才有安全问题的错误观念，使后勤职工都能增强安全意识，自觉做好安全工作；

2）对行政（后勤）部门管理的机电设备、炊事机具、取暖设备，要指定专人负责，定期检查维修，保证安全防护措施齐全、灵敏、有效；

3）夏季要向工地足额供应符合卫生要求的清凉饮料，做好防暑降温工作，保证饭菜质量，防止食物中毒，冬季要做好防寒保温工作；

4）督促有关部门做好劳动保护，防暑降温用品以及防寒保暖材料的采购、保管、加工、发放工作；

5）会同保卫部门定期组织对宿舍、食堂、仓库的安全工作大检查。防止垮塌、爆炸、食物中毒和交通事故的发生；食堂和仓库要重点防止火灾。

（6）人事劳动部门安全管理职能。

1）负责新人招工、体格检查与干部职工的教育，会同有关部门做好新工人入场安全教育；

2）负责对实习培训人员、临时工、合同工的安全教育、考核发证工作，未经考核或考核不及格者不予分配工作；

3）负责对劳动用品发放标准的执行情况进行监督检查，并根据上级有关规定，修改和制订劳动保护用品发放标准实施细则；

4）负责审查认证外来民工队的安全技术资质证书，审查不合格者不予签定劳动承包合同；

5）会同安全部门共同做好特殊作业人员的技术培训工作，保持特殊作业人员的稳定，对不适宜从事特殊作业的人员负责另行安排工作。合理安排劳动组合，严格控制加班加点。加强女工劳动保护，禁止使用童工；

6）加强职工劳动教育，对严重违反劳动纪律的职工及违章指挥的干部，经说服教育仍屡教不改者，应提出处理意见。参加重大伤亡事故的调查，对工伤者提出鉴定意见和善后处理意见。

（7）医疗卫生部门安全管理职责。

1）经常深入施工现场，对职工进行安全卫生教育。定期聘请卫生技术部门对施工现场进行测毒、测尘工作，提出预防措施，降低职业病发生率；

2）定期组织从事有毒、有害、高温、高空作业的人员以及新工人进行健康检查，做好职业病的治疗工作和建档、建卡工作；

3）普及现场急救知识，做好食品卫生的质量检查和炊事人员、清凉饮料制作人员的体检工作；

4）发生工伤事故后，积极采取抢救、治疗措施，并向事故调查部门提供工伤人员的伤残程度鉴定。

（8）材料供应部门安全管理职责。

1）供应施工现场使用的各种防护用品、机具和附件等，在购入时必须有出厂合格证明，发放时必须保证符合安全要求，回收后必须检修；

2）对危险品的发放，应建立严格的管理制度并认真执行；

3）施工现场提供的一切机电设备都要符合安全要求，复杂的、容易发生事故的设备、机具购买时应与厂家订立安全协议，并要求厂家派人定期检查；

4）施工现场安全设施所用材料应纳入计划，及时供应。超过使用期限、老化的设施应纳入计划，及时更换。

（9）保卫部门安全管理职责。

1）协同有关部门对职工进行安全防火教育，开展群众性安全生产活动；

2）主动配合有关部门开产安全大检查，狠抓事故苗头，消除事故隐患；

3）重点抓好防火、防爆、防毒工作。对已发生的重大事故，协同有关部门组织抢救，查明性质。对性质不明的事故要参与调查，一查到底。对破坏和嫌疑破坏事故，要协助公安部门调查处理。

（10）总包和分包单位安全管理职责。

总包单位管理职责如下：

1）总包单位对整个工程施工过程中的安全问题负领导和管理责任；

2）负责审查分包单位的施工方案中是否具备安全生产保证体系，安全生产设施是否到位，不具备安全生产条件的，不予发包工程；

3）负责向分包工程单位进行详细的技术交底，提出明确的安全要求，并认真监督检查；

4）在承包合同中要明确总、分包单位各自应承担的安全责任，发现分包单位有违反安全对冒险蛮干或安全设施偷工减料等现象，总包单位有权勒令其停产；

5）对施工中发生的伤亡事故负管理责任，并参与处理分包单位的伤亡事故。

分包单位安全管理职责如下：

1）承担合同规定的安全生产责任，负责搞好本单位的安全生产管理工作；

2）服从总包单位的安全生产管理，执行总包单位有关安全生产的规章制度；

3）定期向总包单位汇报合同规定的安全措施落实情况，及时报告伤亡事故，并按承包合同规定处理伤亡事故。

2. 项目主要相关人员的安全生产职责

“安全生产，人人有责”，施工单位各级人员都应承担相应的安全生产责任。

(1) 施工单位主要负责人的安全生产责任。

1）施工单位主要负责人依法对本单位的安全生产工作全面负责；

2）建立健全安全生产责任制度和安全生产教育培训制度，制定安全生产规章制度和操作规程；

3）保证本单位安全生产条件所需资金的投入；

4）对所承担的建设工程进行定期和专项安全检查，并做好安全检查记录。

(2) 施工单位主管生产负责人的安全职责。

1）对本单位的安全生产工作负直接领导责任；

2）协助企业负责人认真贯彻落实安全生产方针、政策、法规，落实各项规章制度；

3）组织和实施落实安全生产责任制；

4）参与编制和审核施工组织设计及专项施工方案。审批项目安全技术管理措施，制定施工生产中安全技术措施费用的使用计划；

5）组织落实安全生产教育培训和考核工作；

6）组织安全生产检查工作，及时解决施工过程中的安全生产隐患；

7）组织事故调查、分析及处理中的具体工作；

8）组织保证企业安全生产保障体系的正常运转。

(3) 技术负责人的安全生产责任。

1）组织制定安全技术规章制度及批准专项施工方案的实施，对生产安全技术负全面责任；

2）组织及时研究并解决安全技术问题；

3）组织或参与安全生产检查及事故调查；

4）组织新产品、新材料、新设备的安全技术管理。

(4) 项目经理的安全责任。

1）落实安全生产责任制度、安全生产规章制度和操作规程；

2）确保安全生产费用的有效使用；

3）根据工程的特点组织制定安全施工措施，消除安全事故隐患；

4）及时、如实报告生产安全事故。

(5) 项目工程技术负责人的安全职责。

1）对项目安全生产负技术责任；

2）主持安全技术交底，贯彻、落实安全技术规程；

3）组织或参加施工组织设计和专项方案的编制工作，审查施工方案中安全技术措施的制定和执行情况；

4）及时解决安全技术问题；

5）参加安全生产检查和事故调查，分析和纠正安全技术隐患；

6）组织安全防护设施和设备的验收。

（6）安全员安全职责。

1）负责对安全生产进行现场监督检查；

2）发现安全事故隐患，应当及时向项目负责人和安全生产管理机构报告；

3）对违章指挥、违章操作的，应当立即制止。

（7）施工员安全职责。

1）认真实施安全生产技术措施及安全操作规程，对安全生产负直接责任；

2）经常对现场安全措施执行情况进行检查并及时纠正违章作业；

3）对作业人员进行安全培训、安全技术措施交底；

4）发生安全事故时及时上报，组织抢救并保护好现场。

（8）班组长的安全职责。

1）组织班组认真学习执行各项安全生产规章制度，对本班组成员安全和健康负责；

2）认真落实安全技术交底内容，组织班前检查工作；

3）做好新工人岗位教育，发现事故及隐患及时上报。

（9）分包队伍负责人的安全职责。

1）认真履行安全生产责任，对本施工现场安全工作负责；

2）服从承包人安全生产管理，遵守各项安全生产规章制度；

3）及时向承包人报告安全生产情况及安全事故。

（10）操作工的安全职责。

1）认真学习和执行各项安全生产规章制度，不违章作业；

2）做好自我防护，正确使用防护用具；

3）认真参与培训及安全技术交底；

4）发现安全隐患及时提出，拒绝违章作业。

第四节　市政工程安全生产责任体系

不同于房屋建筑工程，市政工程由于受政府行为的影响，管理难度远远大于房屋建筑工程，因此，安全生产管理的深度和力度也往往难于落实。《建设工程安全生产管理条例》的出台，为市政工程安全生产管理提供了明确的法律依据，同时，也明确了建设工程安全生产责任体系。

一、建设单位的安全责任

（1）建设单位应当向施工单位提供施工现场及毗邻区域内供水、排水、供电、供气、供热、通信、广播电视等地下管线资料，气象和水文观测资料，相邻建筑物和构筑物、地下工程的有关资料，并保证资料的真实、准确、完整。建设单位因建设工程需要，向有关部门或者单位查询前款规定的资料时，有关部门或者单位应当及时提供。

（2）建设单位不得对勘察、设计、施工、工程监理等单位提出不符合建设工程安全生产法律、法规和强制性标准规定的要求，不得压缩合同约定的工期。

（3）建设单位在编制工程概算时，应当确定建设工程安全作业环境及安全施工措施所需费用。

（4）建设单位不得明示或者暗示施工单位购买、租赁、使用不符合安全施工要求的安全防护用具、机械设备、施工机具及配件、消防设施和器材。

（5）建设单位在申请领取施工许可证时，应当提供建设工程有关安全施工措施的资料。依法批准开工报告的建设工程，建设单位应当自开工报告批准之日起15日内，将保证安全施工的措施报送建设工程所在地的县级以上地方人民政府建设行政主管部门或者其他有关部门备案。

（6）建设单位应当将拆除工程发包给具有相应资质等级的施工单位。

建设单位应当在拆除工程施工15日前，将下列资料报送建设工程所在地的县级以上地方人民政府建设行政主管部门或者其他有关部门备案：

1）施工单位资质等级证明；

2）拟拆除建筑物、构筑物及可能危及毗邻建筑的说明；

3）拆除施工组织方案；

4）堆放、清除废弃物的措施。

实施爆破作业的，应当遵守国家有关民用爆炸物品管理的规定。

二、勘察、设计单位的安全责任

（1）勘察单位应当按照法律、法规和工程建设强制性标准进行勘察，提供的勘察文件应当真实、准确，满足建设工程安全生产的需要。勘察单位在勘察作业时，应当严格执行操作规程，采取措施保证各类管线、设施和周边建筑物、构筑物的安全。

（2）设计单位应当按照法律、法规和工程建设强制性标准进行设计，防止因设计不合理导致生产安全事故的发生。设计单位应当考虑施工安全操作和防护的需要，对涉及施工安全的重点部位和环节在设计文件中注明，并对防范生产安全事故提出指导意见。采用新结构、新材料、新工艺的建设工程和特殊结构的建设工程，设计单位应当在设计中提出保障施工作业人员安全和预防生产安全事故的措施建议。设计单位和注册建筑师等注册执业人员应当对其设计负责。

三、工程监理单位的安全责任

工程监理单位应当审查施工组织设计中的安全技术措施或者专项施工方案是否符合工程建设强制性标准。工程监理单位在实施监理过程中，发现存在安全事故隐患的，应当要求施工单位整改；情况严重的，应当要求施工单位暂时停止施工，并及时报告建设单位。施工单位拒不整改或者不停止施工的，工程监理单位应当及时向有关主管部门报告。工程监理单位和监理工程师应当按照法律、法规和工程建设强制性标准实施监理，并对建设工程安全生产承担监理责任。

四、施工单位的安全责任

（1）施工单位从事建设工程的新建、扩建、改建和拆除等活动，应当具备国家规定的注册资本、专业技术人员、技术装备和安全生产等条件，依法取得相应等级的资质证书，并在其资质等级许可的范围内承揽工程。

（2）施工单位主要负责人依法对本单位的安全生产工作全面负责。施工单位应当建立健全安全生产责任制度和安全生产教育培训制度，制定安全生产规章制度和操作规程，保证本单位安全生产条件所需资金的投入，对所承担的建设工程进行定期和专项安全检查，并做好安全检查记录。施工单位的项目负责人应当由取得相应执业资格的人员担任，对建设工程项目的安全施工负责，落实安全生产责任制度、安全生产规章制度和操作规程，确保安全生产费用的有效使用，并根据工程的特点组织制定安全施工措施，消除安全事故隐患，及时、如实报告生产安全事故。

（3）施工单位对列入建设工程概算的安全作业环境及安全施工措施所需费用，应当用于施工安全防护用具及设施的采购和更新、安全施工措施的落实、安全生产条件的改善，不得挪作他用。

（4）施工单位应当设立安全生产管理机构，配备专职安全生产管理人员。专职安全生产管理人员负责对安全生产进行现场监督检查。发现安全事故隐患，应当及时向项目负责人和安全生产管理机构报告；对违章指挥、违章操作的，应当立即制止。

（5）建设工程实行施工总承包的，由总承包单位对施工现场的安全生产负总责。总承包单位应当自行完成建设工程主体结构的施工。总承包单位依法将建设工程分包给其他单位的，分包合同中应当明确各自在安全生产方面的权利、义务。总承包单位和分包单位对分包工程的安全生产承担连带责任。分包单位应当服从总承包单位的安全生产管理，分包单位不服从管理导致生产安全事故的，由分包单位承担主要责任。

（6）垂直运输机械作业人员、安装拆卸工、爆破作业人员、起重信号工、登高架设作业人员等特种作业人员，必须按照国家有关规定经过专门的安全作业培训，并取得特种作业操作资格证书后，方可上岗作业。

（7）施工单位应当在施工组织设计中编制安全技术措施和施工现场临时用电方案，对下列达到一定规模的危险性较大的分部分项工程编制专项施工方案，并附具安全验算结果，经施工单位技术负责人、总监理工程师签字后实施，由专职安全生产管理人员进行现场监督：

1）基坑支护与降水工程；

2）土方开挖工程；

3）模板工程；

4）起重吊装工程；

5）脚手架工程；

6）拆除、爆破工程；

7）国务院建设行政主管部门或者其他有关部门规定的其他危险性较大的工程。

（8）对如下涉及深基坑、地下暗挖工程、高大模板工程的专项施工方案，施工单位应当组织专家进行论证、审查：

1）基坑支护与降水工程：基坑支护工程是指开挖深度超过5m（含5m）的基坑（槽）并采用支护结构施工的工程；或基坑虽未超过5m，但地质条件和周围环境复杂、地下水位在坑底以上等工程。

2）土方开挖工程：土方开挖工程是指开挖深度超过5m（含5m）的基坑、槽的土方开挖。

3）模板工程：各类工具式模板工程，包括滑模、爬模、大模板等；水平混凝土构件模板支撑系统及特殊结构模板工程。

4）起重吊装工程。

5）脚手架工程：高度超过24m的落地式钢管脚手架；附着式升降脚手架，包括整体提升与分片式提升；悬挑式脚手架；门型脚手架；挂脚手架；吊篮脚手架；卸料平台。

6）拆除、爆破工程

采用人工、机械拆除或爆破拆除的工程。

7）其他危险性较大的工程：建筑幕墙的安装施工；预应力结构张拉施工；隧道工程施工；桥梁工程施工（含架桥）；特种设备施工；网架和索膜结构施工；6m以上的边坡施工；大江、大河的导流、截流施工；港口工程、航道工程；采用新技术、新工艺、新材料，可能影响建设工程质量安全，已经行政许可，尚无技术标准的施工。

（9）建设工程施工前，施工单位负责项目管理的技术人员应当对有关安全施工的技术要求向施工作业班组、作业人员作出详细说明，并由双方签字确认。

（10）施工单位应当在施工现场入口处、施工起重机械、临时用电设施、脚手架、出入通道口、楼梯口、电梯井口、孔洞口、桥梁口、隧道口、基坑边沿、爆破物及有害危险气体和液体存放处等危险部位，设置明显的安全警示标志。安全警示标志必须符合国家标准。施工单位应当根据不同施工阶段和周围环境及季节、气候的变化，在施工现场采取相应的安全施工措施。施工现场暂时停止施工的，施工单位应当做好现场防护，所需费用由责任方承担，或者按照合同约定执行。

（11）施工单位应当将施工现场的办公、生活区与作业区分开设置，并保持安全距离；办公、生活区的选址应当符合安全性要求。职工的膳食、饮水、休息场所等应当符合卫生标准。施工单位不得在尚未竣工的建筑物内设置员工集体宿舍。施工现场临时搭建的建筑物应当符合安全使用要求。施工现场使用的装配式活动房屋应当具有产品合格证。

（12）施工单位对因建设工程施工可能造成损害的毗邻建筑物、构筑物和地下管线等，应当采取专项防护措施。施工单位应当遵守有关环境保护法律、法规的规定，在施工现场采取措施，防止或者减少粉尘、废气、废水、固体废物、噪声、振动和施工照明对人和环境的危害和污染。在城市市区内的建设工程，施工单位应当对施工现场实行封闭围挡。

（13）施工单位应当在施工现场建立消防安全责任制度，确定消防安全责任人，制定用火、用电、使用易燃易爆材料等各项消防安全管理制度和操作规程，设置消防通道、消防水源，配备消防设施和灭火器材，并在施工现场入口处设置明显标志。

（14）施工单位应当向作业人员提供安全防护用具和安全防护服装，并书面告知危险岗位的操作规程和违章操作的危害。作业人员有权对施工现场的作业条件、作业程序和作业方式中存在的安全问题提出批评、检举和控告，有权拒绝违章指挥和强令冒险作业。在施工中发生危及人身安全的紧急情况时，作业人员有权立即停止作业或者在采取必要的应急措施后撤离危险区域。

（15）作业人员应当遵守安全施工的强制性标准、规章制度和操作规程，正确使用安全防护用具、机械设备等。

（16）施工单位采购、租赁的安全防护用具、机械设备、施工机具及配件，应当具有生产（制造）许可证、产品合格证，并在进入施工现场前进行查验。

施工现场的安全防护用具、机械设备、施工机具及配件必须由专人管理，定期进行检查、维修和保养，建立相应的资料档案，并按照国家有关规定及时报废。

(17) 施工单位在使用施工起重机械和整体提升脚手架、模板等自升式架设设施前，应当组织有关单位进行验收，也可以委托具有相应资质的检验检测机构进行验收；使用承租的机械设备和施工机具及配件的，由施工总承包单位、分包单位、出租单位和安装单位共同进行验收。验收合格的方可使用。《特种设备安全监察条例》规定的施工起重机械，在验收前应当经有相应资质的检验检测机构监督检验合格。施工单位应当自施工起重机械和整体提升脚手架、模板等自升式架设设施验收合格之日起30日内，向建设行政主管部门或者其他有关部门登记。登记标志应当置于或者附着于该设备的显著位置。

(18) 施工单位的主要负责人、项目负责人、专职安全生产管理人员应当经建设行政主管部门或者其他有关部门考核合格后方可任职。施工单位应当对管理人员和作业人员每年至少进行一次安全生产教育培训，其教育培训情况记入个人工作档案。安全生产教育培训考核不合格的人员，不得上岗。

(19) 作业人员进入新的岗位或者新的施工现场前，应当接受安全生产教育培训。未经教育培训或者教育培训考核不合格的人员，不得上岗作业。施工单位在采用新技术、新工艺、新设备、新材料时，应当对作业人员进行相应的安全生产教育培训。

(20) 施工单位应当为施工现场从事危险作业的人员办理意外伤害保险。意外伤害保险费由施工单位支付。实行施工总承包的，由总承包单位支付意外伤害保险费。意外伤害保险期限自建设工程开工之日起至竣工验收合格止。

五、其他单位的安全责任

(1) 为建设工程提供机械设备和配件的单位，应当按照安全施工的要求配备齐全有效的保险、限位等安全设施和装置。

(2) 出租的机械设备和施工机具及配件，应当具有生产（制造）许可证、产品合格证。出租单位应当对出租的机械设备和施工机具及配件的安全性能进行检测，在签订租赁协议时，应当出具检测合格证明。禁止出租检测不合格的机械设备和施工机具及配件。

(3) 在施工现场安装、拆卸施工起重机械和整体提升脚手架、模板等自升式架设设施，必须由具有相应资质的单位承担。安装、拆卸施工起重机械和整体提升脚手架、模板等自升式架设设施，应当编制拆装方案、制定安全施工措施，并由专业技术人员现场监督。施工起重机械和整体提升脚手架、模板等自升式架设设施安装完毕后，安装单位应当自检，出具自检合格证明，并向施工单位进行安全使用说明，办理验收手续并签字。

(4) 施工起重机械和整体提升脚手架、模板等自升式架设设施的使用达到国家规定的检验检测期限的，必须经具有专业资质的检验检测机构检测。经检测不合格的，不得继续使用。

(5) 检验检测机构对检测合格的施工起重机械和整体提升脚手架、模板等自升式架设设施，应当出具安全合格证明文件，并对检测结果负责。

六、市政工程安全生产的政府监督管理

1. 市政建设工程安全生产的政府监督管理体制

国务院负责安全生产监督管理的部门依照《中华人民共和国安全生产法》的规定，对全国建设工程安全生产工作实施综合监督管理，其职责主要体现在对安全生产工作的指导、协调和监督上。

国务院建设行政主管部门对全国的建设工程安全生产实施监督管理，国务院铁路、交通、水利等有关部门按照国务院规定的职责分工，负责有关专业建设工程安全生产的监督管理，其监督管理主要体现在结合行业特点制定相关的规章制度和标准并实施行政监管上。这样，形成统一管理与分级管理、综合管理与专门管理相结合的管理体制。

政府的建设工程安全生产监督管理具有权威性、强制性、综合性的特点。

2. 市政工程安全生产管理制度

市政工程安全生产管理属于建设工程安全生产管理的一部分，它同样依照《建设工程安全生产管理条例》等法律、法规实施管理。根据条例，主要监管制度如下：

(1) 三类人员考核任职制度。

施工单位的主要负责人、项目负责人、专职安全生产管理人员应当经建设行政主管部门或者其他有关部门考核合格后方可任职。

施工企业的主要负责人是指对企业日常生产经营活动和安全生产工作全面负责、有生产经营决策权的人员，包括企业法定代表人、经理、企业分管安全生产工作的副经理等。施工企业项目负责人，是指由企业法定代表人授权，负责工程项目管理的负责人等。施工企业专职安全生产管理人员，是指在企业专职从事安全生产管理工作的人员，包括企业管理机构的负责人及其工作人员和施工现场专职安全生产管理人员。

国务院建设行政主管部门负责全国建筑施工企业管理人员安全生产的考核工作，并负责中央管理的建筑施工企业管理人员安全生产考核和发证工作。省、自治区、直辖市人民政府建设行政主管部门负责本行政区域内中央管理以外的建筑施工企业管理人员安全生产考核和发证工作。

(2) 依法批准开工报告的建设工程和拆除工程备案制度。

建设单位应当自开工报告批准之日起 15 日内，将保证安全施工的措施报送建设工程所在地的县级以上地方人民政府建设行政主管部门或者其他有关部门备案。

建设单位应当在拆除工程施工 15 日前，将施工单位资质等级证明，拟拆除建筑物、构筑物以及可能危及毗邻建筑的说明，拆除施工组织方案，以及堆放、清除废弃物的措施报送建设工程所在地的县级以上地方人民政府建设行政主管部门或其他有关部门备案。

(3) 特种作业人员持证上岗制度。

《建设工程安全生产管理条例》第 25 条规定，垂直运输机械作业人员、起重机械安装拆卸工、爆破作业人员、起重信号工、登高架设作业人员等特种作业人员，必须按照国家有关规定经过专门的安全作业业务培训，并取得特种作业操作资格证书后，方可上岗作业。

根据《特种作业人员安全技术培训考核管理办法》规定，特种作业是指容易发生人员伤亡事故，对操作者本人、他人及周围设施的安全有重大危害的作业。特种作业人员具备的基本条件是：年满 18 周岁；身体健康、无妨碍从事相应工种作业的疾病和生理缺陷；初中以上文化程度，具备相应工程的安全技术知识，参加国家规定的安全技术理论和实际操作考核并合格；符合相应工种作业特点需要的其他条件。

(4) 政府安全监督检查制度。

县级以上人民政府负有建设工程安全生产监督管理职责的部门在各自的职责范围内履行安全监督检查职责时，有权纠正施工中违反安全生产要求的行为，责令立即排除检查中发现的安全事故隐患，对重大安全事故隐患可以责令暂时停止施工。建设行政主管部门或者其他有关部门可以将施工现场的安全监督检查委托给建设工程安全监督机构具体实施。

（5）危及施工安全的工艺、设备、材料淘汰制度。

《建设工程安全生产管理条例》规定国家对严重危及施工安全的工艺、设备、材料实行淘汰制度。

（6）安全生产事故报告制度。

《建设工程安全生产管理条例》第五十条规定“施工单位发生生产安全事故，应当按照国家有关伤亡事故报告和调查处理的规定，及时如实地向负责安全生产监督管理的部门、建设行政主管部门或者其他有关部门报告；特种设备发生事故的，还应当同时向特种设备安全监督管理部门报告。接到报告的部门应当按照国家有关规定，如实上报。”

（7）施工起重机械使用登记制度。

《建设工程安全生产管理条例》第三十五条规定“施工单位应当自施工起重机械和整体提升脚手架、模板等自升式架设设施验收合格之日起30日内，向建设行政主管部门或者其他有关部门登记。登记标志应当置于或者附着于该设备的显著位置。”

当前市政施工项目施工过程中，不少企业使用自制产品或是非定型产品，也有的起重设施多次使用，缺乏检查和维护。因此，通过登记备案制度的实施，能有效地提高企业的安全责任，落实管理程序，保障施工安全。

（8）专项施工方案专家论证制度。

建设部《危险性较大工程安全专项施工方案编制及专家论证审查办法》（【2004】213号文）规定，建筑施工企业应当组织专家组进行论证审查的工程：

1）深基坑工程。

开挖深度超过5m（含5m）或地下室3层以上（含3层），或深度虽未超过5m（含5m），但地质条件和周围环境及地下管线极其复杂的工程。

2）地下暗挖工程。

地下暗挖及遇有溶洞、暗河、瓦斯、岩爆、涌泥、断层等地质复杂的隧道工程。

3）高大模板工程。水平混凝土构件模板支撑系统高度超过8m，或跨度超过18m，施工总荷载大于$10kN/m^2$，或集中线荷载大于15kN/m的模板支撑系统。

4）30m及以上高空作业的工程。

5）大江、大河中深水作业的工程。

6）城市房屋拆除爆破和其他土石方大爆破工程。

专家论证审查需符合如下要求：

1）建筑施工企业应当组织不少于5人的专家组，对已编制的安全专项施工方案进行论证审查。

2）安全专项施工方案专家组必须提出书面论证审查报告，施工企业应根据论证审查报告进行完善，施工企业技术负责人、总监理工程师签字后，方可实施。

3）专家组书面论证审查报告应作为安全专项施工方案的附件，在实施过程中，施工企业应严格按照安全专项方案组织施工。

3. 安全生产教育培训制度

《建设工程安全生产管理条例》规定“施工单位应当建立健全安全生产责任制度和安全生产教育培训制度”、“施工单位应当对管理人员和作业人员每年至少进行一次安全生产教育培训，其教育培训情况记入个人工作档案。安全生产教育培训考核不合格的人员，不得上岗”、“作业人员进入新的岗位或者新的施工现场前，应当接受安全生教育培训。未经教育培训或者培训考核不合格的人员，不得上岗作业。施工单位在采用新技术、新工艺、新设备、新材料时，应当对作业人员进行相应的安全生产教育培训。”

市政工程由于规范性建设起步迟，在标准规范及安全技术能力上存在诸多不足，因而人员的教育培训愈加重要。应通过安全教育培训，尽可能地消除人员的不安全行为。

4. 施工现场消防安全责任制度

《建设工程安全生产管理条例》第三十一条规定“施工单位应当在施工现场建立消防安全责任制度，确定消防安全责任人，制定用火、用电、使用易燃易爆材料等各项消防安全管理制度和操作规程，设置消防通道、消防水源，配备消防设施和灭火器材，并在施工现场入口处设置明显标志。”

5. 意外伤害保险制度

《建设工程安全生产管理条例》第三十八条规定“施工企业应当为现场从事危险作业的人员办理人身意外伤害保险。”

《建筑法》第四十八条对建筑施工意外伤害提出了强制性保险的规定。

6. 生产安全事故应急救援预案

《建设工程安全生产管理条例》第六章规定

(1) 县级以上地方人民政府建设行政主管部门应当根据本级人民政府的要求，制定本行政区域内建设工程特大生产安全事故应急救援预案。

(2) 施工单位应当制定本单位生产安全事故应急救援预案，建立应急救援组织或者配备应急救援人员，配备必要的应急救援器材、设备，并定期组织演练。

(3) 施工单位应当根据建设工程施工的特点、范围，对施工现场易发生重大事故的部位、环节进行监控，制定施工现场生产安全事故应急救援预案。实行施工总承包的，由总承包单位统一组织编制建设工程生产安全事故应急救援预案，工程总承包单位和分包单位按照应急救援预案，各自建立应急救援组织或者配备应急救援人员，配备救援器材、设备，并定期组织演练。

生产安全事故应急救援预案能有效地提高事故处理的效率，防止事故的扩大，降低事故损失。

7. 依法批准开工报告的建设工程和拆除工程备案制度

依法批准开工报告的建设工程，建设单位应当自开工报告批准之日起 15 日内，将保证安全施工的措施报送建设工程所在地的县级以上地方人民政府建设行政主管部门或者其他有关部门备案。

建设单位应当在拆除工程施工 15 日前，将下列资料报送建设工程所在地的县级以上地方人民政府建设行政主管部门或者其他有关部门备案：

(1) 施工单位资质等级证明；

(2) 拟拆除建筑物、构筑物及可能危及毗邻建筑的说明；

(3) 拆除施工组织方案；

(4) 堆放、清除废弃物的措施。

实施爆破作业的，应当遵守国家有关民用爆炸物品管理的规定。

8. 安全生产责任制度

建设单位、勘察单位、设计单位、施工单位、工程监理单位及其他与建设工程安全生产有关的单位，必须遵守安全生产法律、法规的规定，保证建设工程安全生产，依法承担建设工程安全生产责任。

施工企业的安全责任主要包括：

(1) 企业主要负责人、企业项目负责人、企业技术负责人、专职安全生产管理人员、各层次管理及作业人员等各级人员的安全责任。安全责任制应落实到与生产相关的每个人；

(2) 企业对分包单位的安全生产责任以及分包单位的安全生产责任；

(3) 配置安全管理机构和落实专职安全生产管理人员的责任。

第五节　建立企业项目安全保证体系

一、市政工程建立安全保证体系概述

1. 市政工程建立安全保证体系的目的

市政工程安全保证体系的建立目的：

(1) 通过管理和控制影响施工现场所有可能的人员（包括工作人员、临时工作人员、合同方人员、访问者和其他人员）健康与安全的条件和因素，保护施工现场工作人员和其他可能受工程项目影响的人的健康和安全。

(2) 通过管理和控制施工现场的各种材料、机械、设备、设施、作业方法和施工环境，防止财产损失的发生，同时避免物和环境的不安全因素对人员健康和安全产生危害。

2. 当前市政工程项目安全管理的特点

(1) 复杂性。市政工程项目往往受外部交叉影响较多。施工生产的流动性大，受外部环境影响因素也多。往往一个工程数公里的战线牵涉大量人员和环境。这使得市政工程项目安全保证体系具有相对唯一性。

(2) 多样性。市政产品形式较多，项目生产具有唯一性。因此，每个市政工程项目都要根据其实际情况制定不同的安全保证体系及实施计划。

(3) 协调性。市政工程项目各内容施工内容分工明确，现场交叉作业情况较多，必须加强各参与单位之间的配合和协调。同时，对施工影响的居民、行人也必须做好沟通，争取社会广泛的支持，共同做好市政工程施工生产过程中安全保证工作。

(4) 不规范性。当前市政行业管理水平不高，招投标市场不规范，这些都造成了施工单位在安全保证的投入方面不够。

(5) 持续性。市政工程各阶段的安全保证工作都不同程度地受上阶段安全保证能力的影响，因此，必须全阶段，持续地考虑人、物和环境的安全。

3. 市政工程安全管理的基本因素

(1) 企业安全政策

任何一个施工企业要想成功建立和运行安全保证体系，都必须有明确的安全政策。这种政策不仅要满足法律法规的要求，还要最大限度地满足雇员和全社会的要求。施工企业的安全政策必须有效并有明确的目标，政策的目标应保证现有的人力、物力资源的有效利

用，并且减少发生经济损失和承担责任的风险。安全政策直接影响施工企业及其项目现场的很多决策和行为，包括资源和信息的选择、产品的设计和施工、现场废弃物的处理以及对员工、环境和社会的承诺。

（2）组织机构与职责

施工企业的安全保证体系应包括一定的组织结构和系统，以确保安全管理目标的顺利实现。建立积极的安全文化，将施工企业各阶层人员都融入到安全管理中，有助于施工企业组织系统的安全运转。施工单位应注意有效的信息交流和员工能力的培养，营造一个安全管理的文化氛围，使企业安全意识、价值观和信念为每一个员工（包括分包单位）所认可。

（3）策划和运作

有效的体系能使施工企业有策划、系统地运作所制定的安全政策。策划和运作的目标是最大限度地减少施工过程中的事故损失。策划和运作的重点是使用风险管理的方法确定消除危险和规避风险的目标以及应该采取的步骤和先后顺序，建立有关标准以规范各种管理行为和作业操作。对于必须采取的预防事故和规避风险的措施应该预先加以策划。要尽可能通过对机、料、法、测的选择和设计，来消除和减少人为不安全因素，降低风险。

（4）健康安全绩效测量和监视

施工企业的安全绩效，即施工企业对安全生产管理成功与否，应该由事先订立的评价标准进行测量和监视，以寻找和发现不安全因素，从而实施改进。其目的不仅仅是为了评价各种标准中所规定的行为本身，更重要的是找出存在于安全管理系统的设计和实施过程中存在的问题，提高安全保证能力，避免事故和损失，规避安全生产责任。

（5）绩效评估

施工企业应评估安全生产管理的绩效，要对安全生产管理记录进行系统的分析总结，并用于改进和安全保证能力的持续提高，这是安全生产管理的重要工作环节。

二、建立安全保证体系的原则

尽管安全生产事故的发生有其不确定性和偶然性，但根本原因是人的不安全行为和物的不安全状态。而建立安全保证体系的根本目的就是通过一个系统的体系来对人的不安全行为进行约束，对物的不安全状态予以预防和消除，从而降低安全生产事故发生的概率。安全生产保证体系的建立应当保证以下原则。

1. 系统性原则

任何事故的发生都不可能是绝对的，不可预防的。对市政施工现场而言，事故的防范应当考虑到施工的各个过程、各个环节以及施工范围内相应的人或物。对一起生产安全事故来说，它不可能仅仅和伤害对象有关，必定会与相关环境、人员、作业的程序和监护措施发生关联。安全保证体系的建立应当从系统的角度进行考虑。

2. 以人为本的原则

人是安全生产主体，同时也是安全生产的客体之一。作为实施的主体或控制者，需要有适宜的生产和生活环境，以确保其人身安全和健康，消除不利的身体因素影响，提高工作效率。作为实施的客体或被控制者，需要通过教育和培训，使其具备安全意识和安全知识，以及遵章守纪、自我保护和提高防范事故及其隐患的能力，从而形成规范的行为以满足安全文明管理的要求。

市政工程涉及人员广，涉及环境多，牵涉面也往往比较复杂。同时，随着人们对环境、健康的日趋关注，市政工程建设中“以人为本”的观念也日益加深。工程施工过程中，不仅要求施工现场在施工过程中规范施工作业人员的安全生产行为，同时也要为作业人员创造适宜的生产、生活环境，减少和降低施工过程中对周边的城市居民的不利的干扰因素。所以，安全保证体系的建立应当贯穿“以人为本”的思想。

3. 预防为主的原则

我国安全生产的方针是“安全第一，预防为主，综合治理”，充分说明了政府在安全管理中对预防重要性的认识。

安全生产预防的对象，就是潜在的事故隐患源。所谓事故隐患源，是指可能导致伤害发生的人的不安全行为、物的不安全状态。潜在的事故隐患源，可能来自于影响施工的各个操作者、机械设备、施工工艺、安全防护和施工环境等，也可能来自被施工影响的社会车辆、行人和城市居民。预防潜在的事故隐患源，首先要建立和完善安全管理规定和安全技术规范与措施，从制度上控制事故隐患乃至事故的发生；其次，从制度出发，对人的不安全行为和物的不安全状态两个方面实施全过程的控制，人的不安全行为可以通过预先的培训和教育和过程的监护进行消除，物的不安全状态可以通过预先的弥补或是改正来减少或消除。

总之，“预防为主”就要在制度的建立和实施上针对潜在的事故隐患，从源头抓起，防止隐患的产生和发展，以保证体系的正常运行，防患于未然。

4. 重点防范的原则

安全生产管理中，潜在的事故隐患源是非常多的。企业应当合理地配置资源，重点进行防范，达到经济效益与安全管理投入的最佳平衡。

5. 持续改进的原则

建立 PDCA 循环，通过持续有效地改进来完善安全保证体系。在体系的运行中，持续改进就是指施工现场安全生产管理的活动、过程、结果和体系运行的有效性和效率的持续提高。因此，持续改进是企业安全生产管理得以完善和提高的根本前提。

要满足持续改进的要求，就要进行包括了解现状，建立目标，寻找、评价和实施解决办法，测量、验证和分析结果。实施持续改进，并不仅仅是对存在的和潜在的不合格采取纠正和预防措施，避免事故和事故隐患的发生与再发生，更主要的是对符合要求的活动和过程通过有效的方法得到持续改进和提高，从而实现体系运行的有效性和效率的持续提高。

三、安全保证体系的结构

安全保证体系是以安全生产为目的，由确定的组织结构形式，明确的安全生产责任和内容，规范的活动程序，合理的人员、资金、设施和设备等资源配给，按规定的技术要求和方法，去完成安全生产目标的一个系统的整体。施工企业应当根据实际情况和工程项目的特点，在建立企业安全保证体系的过程中落实以下体系的建设。

1. 组织保证体系

安全保证体系必须要求全员参与。企业在建立安全保证体系时不应仅仅把安全生产放在工程部门和安全部门，应当从工程招投标至竣工交付的各个环节进行考虑。组织中各级人员都应落实相应的安全职责。

企业负责人是安全生产的第一责任人，对安全工作全面负责。安全保证体系必须得到企业负责人的绝对支持，企业负责人应当明确相应的目标和责任。企业内部管理人员及施工作业人员都应承担相应的安全责任，遵循规定的规章制度，确保安全指令的顺利下达，安全措施的落实以及安全防护设施的到位。做到分工管理、逐级负责、全面监督、层层考核。

施工企业对施工管理过程的体系建设应当全面考虑必要的因素，做到全员、全过程、全方位、全天候实施管理，突出系统管理的思维方法。

2. 程序保证体系

施工企业在项目施工安全管理过程包括策划过程和施工过程两个主要阶段，在这两个阶段的管理过程中必须落实安全保证体系文件的建立、实施和评价。

3. 监督保证体系

安全管理必须有明确的规章制度予以保证。监督保证体系包括3个方面的内容：一是规章制度，通过规章制度的建立和实施来减少安全风险；二是安全检查，安全检查是安全管理中，事故隐患发现和排除的有效手段，也是PDCA循环中的重要阶段，只有通过不断的安全检查，才能发现安全隐患，从而进行改进。

四、项目安全保证体系的实施与运作

1. 识别施工主要过程的危险源

根据企业安全管理方针和目标，项目施工安全管理必须首先确定施工现场的危险源。

（1）土方工程。

土方工程的特点是使用机械的频率比较高、场地狭窄、地质情况变化较大，因而容易发生土方坍塌和机械伤害事故。

（2）钢筋工程。

现代建设工程大多数为钢筋混凝土结构，钢筋在这种结构中占有及其重要的地位，钢筋施工中包括钢筋加工制作和钢筋绑扎两个方面。在施工过程中一般都要使用钢筋加工机械，进行钢筋的调直、切断、弯曲、除锈、冷拉、焊接。因而在实际操作中会经常发生机械伤害事故和触电事故。

（3）模板工程。

模板是工程施工中必须使用的工具材料之一。随着现代工程建设中现浇结构的数量越来越多，模板使用的数量和频率也越来越大。模板系统包括模板和支架系统两大部分，这两部分承受了新浇混凝土的重量和侧压力，以及在施工过程中产生的各种荷载。由于模板的大量使用，模板施工中所发生的事故越来越多，诸如模板整体倒塌、炸模等事故也经常发生。

（4）混凝土工程。

包括钢筋混凝土、沥青混凝土等。混凝土工程包括配料、拌制、运输、浇筑、养护、拆模等一系列施工过程，机械化和半机械化施工也容易产生安全事故。特别是道路沥青摊铺，不仅对施工人员安全健康产生影响，对过往行人的安全也产生了很多不确定因素。

（5）预制构件吊装工程。

预制构件吊装是用各种起重机械将预制的结构构件安装到设计位置的施工过程，由于该施工过程涉及构件的运输、大型起重机械的使用、起重期间的监护，各环节都有可能发生安全事故。

（6）其他重要施工工程。

不同的施工类型以及不同施工部位都可能产生安全隐患源。如桥梁工程、隧道工程、砌筑工程、脚手架工程、钢结构施工等。施工现场直接使劳动者受到伤害的原因较多，主要有：①高处坠落；②物体打击；③车辆、机械伤害；④触电；⑤基坑坍塌；⑥中毒和窒息；⑦火灾、灼烫、刺割伤；⑧起重伤害；⑨冒顶片帮；⑩淹溺；⑪透水；⑫爆破施工；⑬高压容器、易燃易爆物质爆炸；⑭其他伤害。

2. 设置安全生产管理机构

安全管理机构的设置必须体现全员参与的思想。

（1）公司级安全管理机构。

当前一些公司安全管理机构往往未承担项目现场的安全管理责任，造成公司与项目部安全管理的脱节，公司安全管理机构必须实施对项目现场的安全管理：

1）对项目现场实施安全检查，督促项目现场实施安全隐患的整改；

2）核查项目现场安全技术措施的落实情况，向管理者进行汇报；

3）协助项目现场进行培训管理。

（2）工程项目部安全管理机构。

工程项目部是施工第一线的管理机构，必须依据工程特点，建立以项目经理为首的安全生产领导小组，并建立和落实安全生产责任制，对工程现场实施安全检查，督促项目部解决和处理安全隐患和安全技术问题。

（3）分包单位安全管理机构。

分包单位的安全行为往往影响到整个项目的安全保证能力。因此，分包单位必须设置安全管理机构和专职安全管理人员，配合总包单位实施安全管理。

（4）生产班组安全管理。

加强班组安全管理能力是安全保证体系得以顺利实施的基础。班组应设置兼职安全员，协助班组长搞好安全生产管理。

3. 建立安全技术资料

安全技术资料是对项目施工安全行为的指导和安全行为的记录。通过安全技术资料的健全和规范，使得安全保证体系系统、有效，具备较强的可操作性和可评价性，为持续改进提供了依据。施工企业应当对各个环节制定书面化的内容，形成文件并加以实施。

4. 安全教育与培训

安全教育的目的和作用是使项目各级管理和施工人员真正认识到安全生产的重要性、必要性，懂得项目施工管理的安全生产、文明施工的相关知识，牢固树立安全第一的思想，自觉地遵守各项安全生产规章制度。

安全生产教育与培训包括如下内容：

（1）安全生产教育制度；

（2）新工人入场安全教育；

（3）特种作业人员安全生产教育；

（4）企业各级管理人员的安全生产培训；

（5）经常性的安全教育；

（6）项目风险预制培训；

（7）项目应急救援预案演练。

5. 专项施工方案（安全技术措施）的管理

专项施工方案是施工重要环节生产安全保证的前提和基础。它包括 5 个基本控制环节：

（1）编制环节。专项施工方案的编制应由专业技术人员进行，并落实相应的安全技术措施；

（2）审核环节。专项施工方案的审核应由生产技术部门进行审核，确保针对性和可操作性；

（3）批准环节。企业技术负责人对安全技术负总责，专项施工方案必须经过企业技术负责人的批准；

（4）交底环节。专项施工方案在实施前必须得到明确交底，确保相关人员知晓；

（5）验收环节。施工企业必须对专项施工方案中涉及的安全技术措施组织验收，确保专项施工方案得到有效实施。

6. 安全检查和评价

安全检查是安全保证体系重要的环节，项目安全保证体系通过安全检查来对现有安全技术落实情况进行核查。安全检查包括：

（1）定期安全生产检查；

（2）经常性安全生产检查；

（3）专业安全检查；

（4）季节性、节假日安全生产检查；

（5）自检、交接检查；

（6）整改和复查。

安全生产评价是对安全保证能力的验证。

7. 伤亡事故处理

（1）伤亡事故定义

伤亡事故是指职工在劳动过程中发生的人身伤害、急性中毒事故。即职工在本岗位劳动，或虽不在本岗位劳动，但由于企业的设备和设施不安全，劳动条件和作业环境不良、管理不善，以及企业领导指派到企业外从事本企业活动，所发生的人身伤害和急性中毒事故。

（2）工程建设过程伤亡事故的分类

建设部按程度不同，把工程建设过程中的重大事故分为 4 个等级。

1）一级重大事故。死亡 30 人以上或直接经济损失 300 万元以上的；

2）二级重大事故。死亡 10 人以上，29 人以下或直接经济损失 100 万元以上，不满 300 万元的；

3）三级重大事故。死亡 3 人以上，9 人以下，重伤 20 人以上或直接经济损失 30 万元以上，不满 100 万元的；

4）四级重大事故。死亡 2 人以下，重伤 3 人以上，19 人以下或直接经济损失 10 万元以上，不满 30 万元。

（3）伤亡事故的处理。

1）组织营救受害人员，组织撤离或采取其他措施保护危害区域内的其他人员；

2）迅速控制事态及时控制造成事故的危险源，防止事故的继续扩展；

3）消除危害后果，做好现场恢复；

4）查清事故原因，评估危害程度；

5）安全事故处理必须坚持“四不放过”原则：事故原因不清楚不放过；事故责任者和员工没有受到教育不放过；事故责任人没有得到严肃认真的处理不放过；没有制定出防范措施不放过。

第六节　建设工程安全生产事故的应急救援与调查处理

一、概述

对建设工程生产安全事故发生之后的应急救援和调查处理，是安全生产管理工作中的最后一个环节，同时又是接受教训、重新开始的环节。及时投入应急救援工作，可以减轻伤亡及损害程度，避免事态的扩大与恶化；应认真、仔细地进行调查处理事故，并在过程中严格要求、严肃法纪、严格管理和严肃教育，以达到更好的效果。生产安全事故的应急救援和调查处理规定的主要内容如下：

1. 编制应急救援方案

（1）县级以上地方人民政府建设行政主管部门应当根据本级人民政府的要求，制定本行政区域内建设工程特大生产安全事故应急救援预案；

（2）施工单位应当制定本单位生产安全事故应急救援预案，建立应急救援组织或者备应急救援人员，配备必要的应急救援器材、设备，并定期组织演练；

（3）施工单位应当根据建设工程（项目）施工的特点、范围，对施工现场易发生重大事故的部位、环节进行监控，制定施工现场生产安全事故应急救援预案；

（4）实行施工总承包的，由施工总承包统一组织编制建设工程生产安全事故应急救援预案。工程总承包和分包单位按照应急救援预案各自建立应急救援组织或配备应急救援人员，配备救援器材、设备，并定期组织演练。

2. 报告生产安全事故

（1）施工单位发生生产安全事故，应当按照国家有关伤亡事故报告和调查处理的规定，及时、如实地向负责安全生产监督管理的部门、建设行政主管部门或者其他有关部门报告；

（2）特种设备发生事故的，还应当向特种设备安全监督管理部门报告；

（3）实行施工总承包的建设工程，由总承包单位负责上报事故；

（4）接到报告的部门应当按照国家有关规定，如实上报。

3. 防止事故扩大和现场保护

（1）发生安全事故后，施工单位应当采取措施防止事故扩大，保护施工现场；

（2）需要移动现场物品时，应当作出标记和书面记录，妥善保管有关证物。

4. 对事故的调查处理

建设工程生产安全事故的调查、对事故责任单位责任人的处罚按照有关法律、法规的规定执行。

二、安全事故应急救援预案的编制

1. 概念

应急救援预案，是指事先制定的、应对可能发生的需要进行紧急救援工作的生产安全事故，以便及时救助受伤的和处于危险境况下的人员、防止事态和伤害扩大、并为善后工作创造较好条件的组织、程序、措施和协调工作及其责任的方案。

应急救援预案分为三级，即政府级、企业级和项目级，预案的适应范围逐级缩小。政府级预案为县级以上地方人民政府建设行政主管部门制定的本行政区域内建设工程特大生产安全事故应急救援预案。因为是针对危险性大、救援难度大、事态严重、时间紧急、社会影响和震动大、群众和上级高度关注的特大事故，所以需要迅速调集和投入巨大的应急救援资源（人力、物力、财力），并在强有力的统一组织和指挥下进行抢险救援工作，以实现迅速排除险情、抢救人员和减轻损失的要求。企业级预案为具有法人资格的施工企业制定的本企业发生生产安全事故的应急救援预案。因为常限于企业可能出现的生产安全事故的情况和自身的条件，所以企业需针对事故的严重程度和救援难度，分别采取企业全部承担（或基本上承担）、大部承担和先行抢险救助求援、而后服从上级统一指挥的预案。项目级预案为施工单位针对在施工工程项目情况和条件制定的特定施工现场生产安全事故的应急救援预案。

虽然我国不乏对建设工程特大、重大生产安全事故实施应急抢险救助的例子，但大多是在没有应急救援预案或者应急救援措施并不完善的情况下进行的，因此比较被动，在一定程度上影响了抢险救援的效果。

依照《安全生产法》和《建筑安全生产监督管理条例》的要求，各地建设行政主管部门和施工企业已开始研究和着手编制工作，相信此项工作定能促进一些很好的应急救援预案问世，并在此基础上形成指导意见、规定和标准，使应急救援预案的编制工作走向成熟和标准化，在生产安全事故的抢险救援工作中，发挥出它应有的巨大作用。

2. 编制应急救援预案的作用

应急救援预案为“应急抢险和排险救援预案”的简称，它既不同于应急撤离（在出现异常情况或危险征兆时，紧急撤离人员），也不同于应急抢险和排险（抢险为在险情降临之前撤出人员、物资和财产，或作防险加固保护；排险为排除已出现的险情和潜在危险），它是在事故发生或者险情出现之后迅速救助受伤和遇险人员的预案。当编制的应急救援预案比较到位并可基本上实施时，将起到以下 6 大作用：

（1）通过实现迅速反应（事故发生后及时向上级和安全生产监督管理部门报告，立即启动应急救援机制）、迅速调集（救援人力和物资）、迅速组织（救援指挥、协调系统）和迅速投入（救援），争得最为宝贵的抢险救援时机和时间；

（2）通过将事故发生时的各种情况与预案所考虑的各种危险事态进行对比分析，可以迅速确定实施的应急救援方案（包括对预案进行必要的调整和补充），立即开展救援。

（3）因为已有预案对抢险和排险救援措施的安排，包括对不稳定部位和危险物的临时支撑稳固措施等，且事先已有对救援设备和物资的准备，在进行救援工作时即可使用，所以可以保障救援人员进入危险区域后的安全，可基本上避免对救援人员的可能伤害和对被救援人员的二次伤害。

(4) 因为预案已对救援和救治受伤人员的工作作了周密的安排，可保证受伤和遇险人员尽快地被救出后及时送往医院，得到全力以赴的救治，因而有利于实现更好的救援效果。

(5) 事故的预案已对救援工作的组织、指挥系统、工作程序要求、协调配合要求和可能出现问题的处理方法等作了详细安排（条件许可时可进行一次演练），因而可以实现紧张有序、处置得当、快速高效的要求，避免出现仓促上阵、指挥混乱、贻误时机等问题。

(6) 由于预案已对解决救援所需资源（人力、设备、物资和通信等）作了详细的计划安排，包括在特大事故出现后，紧急调集救助资源的安排，因而可以避免出现救助资源短缺、调集延误等问题。

编制好应急救援预案需要进行一系列的调查研究工作，其主要内容包括：

1) 有应急救援要求的建设工程生产安全事故的类型；

2) 特大、重大事故应急救援工作繁重和困难程度的级别；

3) 可供调用的现有应急救援资源的情况，不足部分的解决办法；

4) 抢险、排险措施和确保救援工作安全要求的中需要解决的技术和管理保证问题；

5) 涉及解决加快应对反应和投入抢（排）险救援工作的速度，避免在某些工作环节上发生滞阻的问题。对涉及抢险救援方案的筛选、优化要求和抢险救援资源的优化配置问题；

6) 涉及抢险救援工作机制与日常工作机制的协调，即如何建立起既保证救援工作、又不误日常工作的“应急机制”的问题。

以上调查研究工作是编制预案的基础和依据资料，不但可填补长期以来在应急救援工作中存在的不足，而且也会对促进建设工程安全生产科技的发展和管理工作水平的提高具有重大的作用。

3. 应急救援预案的编制要求

(1) 把握好“应急救援”的核心要求。

预案的核心是应急救援，且在确保安全的前提下，争分夺秒实施紧急的抢险和排险救援工作，实施“安、急、抢、排、救”的5字应急救援要求。

(2) 突出重点。

对纳入预案的突发事态及其急迫和困难程度类别界定的阐述；各类事态下进行安全抢（排）险救援工作的总体方案、各环节的工作要求和技术措施；抢（排）险救援工作的机制、组织和指挥系统；抢（排）险救援工作总体和分项的工作（作业）程序与监控要求；应急救援所需人力、设备、物资的配备、调集和供应安排。

预案应突出上述5项重点内容，在各项中又应突出起控制作用的、要求严格实施（即禁止随意更改、变通）的、在各项之间有紧密联系和配合关系以及本行政区域、本企业和本工程的特定情况、条件和要求的内容。

(3) 加强针对性。

密切结合本行政区域、本行业、本企业和本工程在安全生产方面的实际情况、基础条件和存在问题，分析可能发生事故的类型、级别及引起原因，有针对性地制定预案，力争达到以下2个要求：确定纳入预案考虑的事故类型及其险情程度和救援任务出现的实际可能性；应急救援预案的措施和工作安排符合实际条件的可能性，即在事态出现以后能够基本上实施。

(4) 确保反应迅速、启动及时。

在预案中，必须建立起通畅的、保证不会发生贻误和阻滞、不会影响及时启动应急救援工作的迅速反应系统，包括事故上报（以最快的速度上报安全生产监督管理部门和上级主要负责人与安全生产管理部门）系统、应急救援机制启动系统、战时（应急救援期间）人员上岗就位系统和应急救援资源调配系统等，以实现在事故发生后，及时上报和启动救援工作的要求。

(5) 确保操作程序简单、工作要求明确，并可以实现快速调整。

1) 预案规定的操作程序应简单、工作要求应明确，以便各级指挥和工作人员能按照预案紧张有序地开展应急救援工作；

2) 预案可以实现快速调整，一般说来，在实施中往往需要对预案进行这样或那样的调整，应避免因调整造成程序的紊乱和配合的脱节。

因此，在编制预案时，应同时编制修改调节程序，根据情况和安排的变化，可以迅速完成对预案的修改；亦可采用在编制中多考虑几种可能性及相应的安排。

(6) 确保分工合理、责任明确、协调配合顺畅。

1) 预案能否顺利实施并达到快速、高效的要求，除方案合理、措施得当外，还需要有统一的指挥与各部门各司其职、各尽其责；

2) 预案必须解决好实现分工合理、责任明确和协调配合通畅要求的各项有关问题；

3) 在政府级预案中，应当明确政府行政主管部门、施工单位及其他有关方面的分工、配合和协调要求及相应的责任；在企业级和项目级预案中，也需要考虑政府行政主管部门介入后的相应安排。

4. 应急救援预案的编制

(1) 应予考虑编制应急救援预案的生产安全事故。

在建设工程施工期间，有应急救援需要的生产安全事故共有由各种原因引起而呈现各种危险事（状）态的火灾事故、坍塌和倒塌事故、电气事故、起重吊装和安装事故、机械和设备事故以及中毒和窒息事故等 6 大类。这 6 类有应急救援需要的事故中，电气事故与火灾事故之间有较多关联，可以合到一起编制《火灾与电气事故应急救援预案》，起重吊装和安装事故与机械和设备事故之间也有较多联系，也可合在一起编制《机械设备和起重安装事故应急救援预案》，再加上《坍塌和倒塌事故应急救援预案》和《中毒和窒息事故应急救援预案》共有 4 种专项应急救援预案。

应急救援预案除应有上述 4 类应急救援预案内容外，还应有一节《其他类型事故应急救援工作安排的要点》。"其他类型事故"包括爆炸、天灾（暴风、暴雨、暴雪、龙卷风）、特种工程事故和其他不可预见事件等。行政主管部门和施工单位应根据地区或单位安全生产的条件、水平以及过去发生事故和查出隐患的情况，按针对性要求确定编入预案的生产安全事故项目，亦可适当的增项。

编制预案的目的是应对可能出现事故的应急救援需要，虽要求预案的编制应简明，但必要的内容不能缺少，并应周到具体。

(2) 应急救援措施的编制安排。

应急救援措施，就是及时抢救在事故中受伤和被困人员，使被困人员安全脱险、受伤人员及时送往医院救治的措施。措施的时段从进入现场救援人员（包括在现场未受伤和撤出并参与抢险救助工作的人员）进行救援工作开始，到使全部被困人员平安脱险和将全部受伤人员交给医院人员进行急救处置后送往医院为止。在这个过程中，必须采取措施控制事态的进一步发展，排除或消除救援通道的险情，确保救援人员的安全与受伤和遇险人员不受二次伤害。因此，纳入预案的应急救援措施，实际上就是以可靠的技术保障，实现安全抢险、安全排险和安全施救工作的措施，亦可称其为“三安措施”，抢（时）、排（险）、救（助）是其核心内容。

应急救援措施应依事故及其事态情况和“三安”要求进行编制，并在执行时常需依实际的情况及变化作必要的调整。因此，在编制时应深入考虑和研究可能出现的事态变化、纳入预案，使其具有对实际情况的较好的适应性。因为救援措施决定了应急救援工作的资源投入和组织实施，所以，应急救援措施在预案编制中占有极为重要的位置，并需要早些确定下来。

火灾和坍（倒）塌事故应急救援措施的内容一般包括以下 9 个部分：事故的险情判断和救援任务；救援工作程序；控制事态的发展和变化；开辟救援的工作面或通道；移开或吊运阻碍救援工作的大、重物件的措施；清除或稳固影响救援安全的危险物的措施；需要及时处置新出现的事态；安全救出遇险和受伤人员的措施；对救出人员的现场急救处置的措施。

(3) 应急反应系统的考虑事项。

1)“3 个快速”。包括快速报告事故、快速上岗就位和快速展开救援。

2)“4 个有备”。包括救援组织和指挥系统有准备；救援方案、措施和工作程序有准备；第一批投入的救援资源（人力、物力、设备）有准备；救援资源的后续投入有准备。

3)“2 个准确”。包括传递信息要准确和传达指令要准确。为了使应急反应系统达到切实可行和真正有效，还应注意两点：一是建立生产安全事故救援热线，确保每日 24h 畅通，无论任何时刻发生事故，都可以立即呈报给主要负责人，马上启动应急救援机制；二是必须定期组织演练。《条例》对组织演练的规定，主要就是演练预案的应急反应系统是否完善有效，是否可以达到快速反应、以最大限度地拯救生命和减少伤亡。

5. 应急预案的主要内容

(1) 综合应急预案的主要内容。

1) 总则。

① 编制目的：简述应急预案编制的目的、作用等。

② 编制依据。简述应急预案编制所依据的法律法规、规章，以及有关行业管理规定、技术规范和标准等。

③ 适用范围。说明应急预案适用的区域范围，以及事故的类型、级别。

④ 应急预案体系。说明本单位应急预案体系的构成情况。

⑤ 应急工作原则。说明本单位应急工作的原则，内容应简明扼要、明确具体。

2) 生产经营单位的危险性分析。

① 生产经营单位概况。主要包括单位地址、从业人数、隶属关系、主要原材料、主要产品、产量等内容，以及周边重大危险源、重要设施、目标、场所和周边布局情况。必要时，可附平面图进行说明。

② 危险源与风险分析。主要阐述本单位存在的危险源及风险分析结果。

3）组织机构及职责

① 应急组织体系。明确应急组织形式，构成单位或人员，并尽可能以结构图的形式表示出来。

② 指挥机构及职责。明确应急救援指挥机构总指挥、副总指挥、各成员单位及其相应职责。应急救援指挥机构根据事故类型和应急工作需要，可以设置相应的应急救援工作小组，并明确各小组的工作任务及职责。

4）预防与预警。

① 危险源监控。明确本单位对危险源监测监控的方式、方法，以及采取的预防措施。

② 预警行动。明确事故预警的条件、方式、方法和信息的发布程序。

③ 信息报告与处置。按照有关规定，明确事故及未遂伤亡事故信息报告与处置办法。

A. 信息报告与通知。明确 24 小时应急值守电话、事故信息接收和通报程序。

B. 信息上报。明确事故发生后向上级主管部门和地方人民政府报告事故信息的流程、内容和时限。

C. 信息传递。明确事故发生后向有关部门或单位通报事故信息的方法和程序。

5）应急响应。

① 响应分级。针对事故危害程度、影响范围和单位控制事态的能力，将事故分为不同的等级。按照分级负责的原则，明确应急响应级别。

② 响应程序。根据事故的大小和发展态势，明确应急指挥、应急行动、资源调配、应急避险、扩大应急等响应程序。

③ 应急结束。明确应急终止的条件。事故现场得以控制，环境符合有关标准，导致次生、衍生事故的隐患消除后，经事故现场应急指挥机构批准后，现场应急结束。应急结束后，应明确：

A. 事故情况上报事项；

B. 需向事故调查处理小组移交的相关事项；

C. 事故应急救援工作总结报告；

D. 信息发布。

明确事故信息发布的部门、发布原则。事故信息应由事故现场指挥部及时准确地向新闻媒体通报事故信息。

6）后期处置。

主要包括污染物处理、事故后果影响消除、生产秩序恢复、善后赔偿、抢险过程和应急救援能力评估及应急预案的修订等内容。

7）保障措施。

① 通信与信息保障。明确与应急工作相关联的单位或人员通信联系方式和方法，并提供备用方案。建立信息通信系统及维护方案，确保应急期间信息通畅。

② 应急队伍保障。明确各类应急响应的人力资源，包括专业应急队伍、兼职应急队伍的组织与保障方案。

③ 应急物资装备保障。明确应急救援需要使用的应急物资和装备的类型、数量、性能、存放位置、管理责任人及其联系方式等内容。

④ 经费保障。明确应急专项经费来源、使用范围、数量和监督管理措施，保障应急状态时生产经营单位应急经费的及时到位。

⑤ 其他保障。根据本单位应急工作需求而确定的其他相关保障措施（如：交通运输保障、治安保障、技术保障、医疗保障、后勤保障等）。

8）培训与演练。

① 培训。明确对本单位人员开展的应急培训计划、方式和要求。如果预案涉及社区和居民，要做好宣传教育和告知等工作。

② 演练。明确应急演练的规模、方式、频次、范围、内容、组织、评估、总结等内容。

9）奖惩。

明确事故应急救援工作中奖励和处罚的条件和内容。

10）附则

① 术语和定义。对应急预案涉及的一些术语进行定义。

② 应急预案备案。明确本应急预案的报备部门。

③ 维护和更新。明确应急预案维护和更新的基本要求，定期进行评审，实现可持续改进。

④ 制定与解释。明确应急预案负责制定与解释的部门。

⑤ 应急预案实施。明确应急预案实施的具体时间。

（2）专项应急预案的主要内容。

1）事故类型和危害程度分析。在危险源评估的基础上，对其可能发生的事故类型和可能发生的季节及其严重程度进行确定。

2）应急处置基本原则。明确处置安全生产事故应当遵循的基本原则。

3）组织机构及职责。

① 应急组织体系。明确应急组织形式，构成单位或人员，并尽可能以结构图的形式表示出来。

② 指挥机构及职责。根据事故类型，明确应急救援指挥机构总指挥、副总指挥以及各成员单位或人员的具体职责。应急救援指挥机构可以设置相应的应急救援工作小组，明确各小组的工作任务及主要负责人职责。

4）预防与预警。

① 危险源监控。明确本单位对危险源监测监控的方式、方法，以及采取的预防措施。

② 预警行动。明确具体事故预警的条件、方式、方法和信息的发布程序。

5）信息报告程序。

主要包括：

① 确定报警系统及程序；

② 确定现场报警方式，如电话、警报器等；

③ 确定 24 小时与相关部门的通信、联络方式；

④ 明确相互认可的通告、报警形式和内容；

⑤ 明确应急反应人员向外求援的方式。

6）应急处置。

① 响应分级。针对事故危害程度、影响范围和单位控制事态的能力，将事故分为不同的等级。按照分级负责的原则，明确应急响应级别。

② 响应程序。根据事故的大小和发展态势，明确应急指挥、应急行动、资源调配、应急避险、扩大应急等响应程序。

③ 处置措施。针对本单位事故类别和可能发生的事故特点、危险性，制定的应急处置措施。

7）应急物资与装备保障。

明确应急处置所需的物质与装备数量、管理和维护、正确使用等。

（3）现场处置方案的主要内容。

1）事故特征。

主要包括：

① 危险性分析，可能发生的事故类型；

② 事故发生的区域、地点或装置的名称；

③ 事故可能发生的季节和造成的危害程度；

④ 事故前可能出现的征兆。

2）应急组织与职责。

主要包括：

① 基层单位应急自救组织形式及人员构成情况；

② 应急自救组织机构、人员的具体职责，应同单位或车间、班组人员工作职责紧密结合，明确相关岗位和人员的应急工作职责。

3）应急处置。

主要包括以下内容：

① 事故应急处置程序。根据可能发生的事故类别及现场情况，明确事故报警、各项应急措施启动、应急救护人员的引导、事故扩大及同企业应急预案的衔接的程序。

② 现场应急处置措施。针对可能发生的火灾、爆炸、坍塌、水患、机动车辆伤害等，从操作措施、工艺流程、现场处置、事故控制，人员救护、消防、现场恢复等方面制定明确的应急处置措施。

③ 报警电话及上级管理部门、相关应急救援单位联络方式和联系人员，事故报告的基本要求和内容。

4）注意事项。

主要包括：

① 佩戴个人防护器具方面的注意事项；

② 使用抢险救援器材方面的注意事项；

③ 采取救援对策或措施方面的注意事项；

④ 现场自救和互救注意事项；

⑤ 现场应急处置能力确认和人员安全防护等事项；

⑥ 应急救援结束后的注意事项；

⑦ 其他需要特别警示的事项。

三、建设工程生产安全事故的上报和调查处理

1. 生产安全事故的上报、应急处置和事故现场的保护

在发生生产安全事故之后，事故现场有关人员应当立即报告施工单位负责人，单位负责人接到报告后，应做好如下工作：

(1) 立即赶到事故现场，认真查明情况。

(2) 立即向当地负有安全生产监督管理职责的部门报告和建设行政主管部门如实报告。

(3) 立即组织进行抢（排）险、疏散和救援工作，防止或阻滞事态发展与事故扩大、最大限度地减少人员伤亡和财产损失，同时做好事故现场的保护工作。已办理职工意外伤害保险者，还应立即通知保险公司派人到场，以便其查验事故情况并着手理赔工作。

负有安全生产管理职责的部门接到事故报告后，应当立即逐级上报。死亡事故应上报到省（自治区、直辖市）安全生产监管部门；重大死亡事故应报至国务院安全生产监管部门；特大事故应立即报告所在地省（自治区、直辖市）人民政府和国务院有关部门，省（自治区、直辖市）人民政府和国务院有关部门接到报告后，应立即向国务院报告。

一次发生死亡 3 人以上的重大伤亡事故时，应当在事故发生后 2h 内报住房和城乡建设部，2h 内出书面报告。报告的内容包括事故发生的时间、地点、工程项目、企业名称、事故发生的扼要经过、伤亡人数、对直接经济损失的初步估计、对事故发生原因的初步判断、事故发生之后采取的控制事态发展、防止事故扩大、抢（排）险和救援措施及其执行和进展情况、存在的困难和问题等。以上内容要如实上报，如实上报就是将全部真实的情况原原本本地上报，不得隐瞒、不得作假、不得少报、不得拖延不报、不得选筛，同时也不要夸大。

在进行抢（排）险和救援工作时，应注意保护事故现场，其要求和做法为：

(1) 在开始进行抢（排）险救援工作之前和抢救工作进行之中对现状有挠动与改变时，先行拍照，并将拍照的时间、地点、张数和拍照人记录在拍照笔记本上，以备使用时查对；

(2) 拍照的同时，进行事故现场状态图的绘制，包括平面图和显示空间状态的立面图，并注上应有的尺寸和状态说明文字；

(3) 因抢救工作需要移动现场物品时，必须作出标志（竖牌、定点、标出状态和位置线等），并在事故现场状态图（复印件）上详细注明。事故照片和现场图都是分析事故原因和进行处理工作的重要依据和证据，必须清晰拍照和准确绘制，具签负责（已办意外伤害保险者，还应有保险查验人员的签认），不得以虚掩实、避重就轻，甚至故意破坏事故现场、毁坏有关证据。否则，必将追究其相应的法律责任。

2. 生产安全事故的调查处理

建设行政主管部门主持或参与（安全生产监管部门组织和主持的）对建设工程生产安全事故的调查，并依法对事故责任单位和责任人进行处罚、处理。处罚和处理工作的主要法律依据有《安全生产法》、《建筑法》、《中华人民共和国刑法》、《中华人民共和国行政处罚法》、《国务院关于特大安全事故行政责任追究的规定》、《特别重大事故调查程序暂行规定》、《企业职工伤亡事故报告和处理规定》和《工程建设重大事故和调查程序规定》等。

事故的调查和处理工作，应当按照严肃认真、实事求是和尊重科学的原则，及时准确

地查清事故原因，查明事故性质和责任，总结事故教训，提出整改措施，并对事故责任者提出处理意见。对于事故调查和处理必须坚持“四不放过”原则。因此，全面深入地进行调查研究、查清事故引发的原因和责任、提出处理和整改意见是事故调查处理工作中3个重要相互关联的工作环节。

对事故进行调查要全面深入，进行全面深入调查是查清事故的原因与责任者的前提和基础。而要使对事故的调查达到全面深入的要求，则需要具有以下条件：

（1）具有对调查工作的严格要求和认真态度。

（2）调查组由符合要求的人员组成。对成员的要求，一是有调查所需要的相关方面的专长；二是与所发生的事故没有直接利害关系；三是具有能胜任调研工作的经验和水平。对事故进行调查一般都应有相应级别的专家参加，对于特别重大和有重大影响事故的调查工作，必须聘请高水平专家参加调研或进行技术鉴定和财产损失评估。

（3）具有全面细致的调研工作计划与必要的工作时间和工作条件。此外，调查组进入时间的早晚、事故现场的保护状况或破坏程度、当事单位和当事人的配合情况（是全力支持、或有意阻挠等）等，也都是影响调查工作能否顺利进行和取得符合实际情况成果的重要因素。当调查组遇到有意隐瞒情况、破坏事故现场、毁灭证据和设置障碍等情况时，应首先查清这类问题后、给予严肃处理，以确保调查工作的正常进行。

（4）调查工作的全面和深入要求，可以归纳为以下“10个查清”：

1）查清事故的确切发生时间与事故的原发地点、起因物与致害物及伤害方式；

2）查清事故发生前已存在的不安全状态（事故隐患）和蕴育、发展、启动的征象与表现；

3）查清从事故开始蕴育到发生这段时间内采用的措施；

4）查清管理与作业人员不当的、违规的、渎职的指挥与操作行为以及其他不安全行为；

5）查清在事故现场的人员和当事人员及其在事故发生后的反应和表现；

6）查清引发事故有关的勘察、设计、技术、计算、设备、材料、操作和管理等方面的因素；

7）查清有关的安全法律、法规、标准、规定和制度的执行情况以及其中存在的不科学、不健全和有缺陷的问题；

8）查清是否有应急救援预案、应急救援组织和设备的配置与应急启动情况；

9）查清特种技术和安全要求的落实执行情况；

10）其他需要查清的事项，包括在调查中发现的需要查清的问题。

查清事故引发的原因和责任，需要有2个坚实的基础：一是达到10个查清要求的全面深入的调查资料；二是实事求是的、全面的分析。全面的分析工作应当达到以下要求：

（1）分清引发事故的主要原因和次要原因、直接原因和间接原因、不可抗拒因素和人为因素、技术因素、设备因素、投入因素与管理因素；

（2）根据事故原因的分析，确定事故所涉及的责任单位和责任人，以及责任单位和责任人相应承担的主要责任和次要责任、直接责任和间接责任、技术责任和设计责任、管理责任与执行责任、指挥责任与操作责任、领导责任与监控责任；

(3) 对责任的确定必须以对事故原因的分析为依据，确定应适当。

在调查结论的基础上，依据有关法律、法规和规章，对事故的责任单位和责任人提出处罚和处理意见，做到过与责相当、过与罚相当，即负什么责任，就应受到相应责任和过失的处罚，除法律、法规确定的依其过失情节和程度的处罚幅度外，试图找“理由”以对责任者从宽、从轻处理的做法，是不可取的，因为这种做法会削弱法律、法规的严肃性，助长责任者的侥幸心理和不正之风。除不可抗力原因外，事故的发生说明了相应的工作有过失，不能以主观动机和其他较好的工作来抵消或减轻过失所造成的后果，责任者必须为其过失承担责任。就安全生产工作的发展要求来看，严格责任管理和严格依法惩处是必然趋势，有关单位和人员必须根除侥幸心理、扎实做好工作，才能避免受到严厉的惩处。

《建筑安全生产监督管理条例》已将安全责任和法律责任的规定，向前扩至建设工程安全生产要求的各个工作环节上，并对责任者施以相当严厉的惩处，体现出了这一发展趋势的要求，因此，对已发生事故的责任者必须严格执行惩处的规定。虽然惩处不是目的(确保安全、杜绝和减少事故的发生，才是目的)，但严格的、不开口子的惩处却是确保达到这一目的的重要手段。

对事故单位提出安全工作整改要求和意见并监督其实施，是事故调查处理工作中的又一重要环节，其主要的要求是：

(1) 要有针对性：针对引发事故的原因和事故单位安全生产工作中的存在问题，提出整改的要求和意见；

(2) 要有时限性：一次或分期限制完成整改工作的时间；

(3) 要有提升性：通过事故的教训和整改工作，达到将事故单位的安全生产管理工作的整体水平提升的要求；

(4) 要有引导性：引导采用先进的技术和管理，通过点上实践推广到面上。

第七节　市政施工安全工作的科学管理

一、市政施工安全科学管理概念

1. 对市政施工安全工作进行科学管理要求的提出

(1) 将技术和科学连在一起，即“科学技术”，属于科学范畴，管理也是一门科学，有“管理科学”和“科学管理”之称。市政施工安全管理既含有施工安全技术，又含有安全管理工作，因此，它毫无疑问的也是一门重要科学。

(2) 在施工安全工作方面，我国很早就确定了“安全第一、预防为主”的方针，长期以来所形成的安全生产管理体制和习惯做法，虽然在一定程度上适合我国国情，也较为有效并取得了显著的成就，但也存在不足之处，其中主要有：

1) 对“安全是一门科学”的认识不足，对施工安全内在规律的研究不够；

2) 一些做法和规定还与科学管理的要求有距离，管理较重视执行条文，不够重视或忽视对具体情况和实际问题的研究；

3) 对已发事故的引起原因和改进安全工作要求缺少认真、深入和科学的分析研究；

4) 在管理工作中相当程度地存在着重形式、流于表面、应对检查搞突击、工作不扎实的倾向，安全工作人员的知识基础和业务能力不够；

5）缺少安全生产信息、特别是事故信息和科技发展信息的及时传播；

6）对安全工作的投入不足，“安全保证体系”只是一伤人员名单，还未建立起全面有效的施工安全保证体系等。

（3）由于这些问题的存在，使得多发事故频繁发生，偶发事故还未间断，新的事故又有涌出，并不时地发生重大事故，再加上转制期不规范市场行为的影响，就使得市政工程施工安全工作长期处于相当严峻的局面之下。

（4）住房和城乡建设部主管部门领导同志在20世纪末就曾指出：“安全工作最终还是要看结果。你制度建得再多，管理起来再好，出了事故，还是说明你的管理没有到位，或是其中内在规律还没有摸透，只是做了些表面文章。因此，我们必须认真地研究安全问题，把它当做一门科学，把安全科学当成一个主要对象，需要认真加以研究”。首次明确地提出应把安全作为科学、认真研究其内在规律、使安全管理工作到位的要求。而真正的管理到位，就是依其内在规律的科学管理到位。这一对市政施工安全应建立科学管理的认识和要求，也正是总结长期以来对施工安全管理工作的经验教训和探求其发展要求的结果。

2. 市政施工安全科学管理的基本概念

（1）对于科学的含义，至今在世界上还没有一个为大家所满意和公认的定义和解释，但这并不影响我们对科学的信念和追求。当我们抱着执着的想法和期望对科学追求和探索时，一般总能有所领悟、获得、甚至发现，但在工作中也肯定会存在着诸多的片面、浮浅、乃至谬误。毕竟凡是科学的东西，都需要经过长期的实践检验和证明，并在实际中得以不断的修正、补充与发展。

（2）市政施工安全的科学管理，就是建立在更加科学的基础上的管理。“更加科学的基础”并不仅是单独的科技基础，而是应当使其安全技术和安全管理都更加科学，并为所有人员所严格执行。而要达到这一要求，就需要具有高度的重视和高度的责任心，这就是市政施工安全科学管理的主体“两高三性”。

1）高度的重视。重视有2个层次：第一层次为重视施工安全；第二层次为重视生产和施工安全的科学管理，而只有达到第二层次，即重视市政施工安全的科学管理要求，并切实去努力时，才能达到高度重视的程度；

2）高度的责任心。责任心也有2个层次：第一层次是一般地尽岗位职务之责，包括避免因违反法律责任而造成被追究的后果；第二层次是将实现科学管理要求、杜绝和最大限度地减少事故的发生和最大限度地降低伤害与损失程度作为应尽的责任。而凡是可以冠以“科学”的东西，都需要付出比一般要求要多得多的努力，没有相应的责任心是难以做到的；

3）科学性。包括安全技术措施和安全管理工作的科学性。科学性是依据事故发生的内在规律，预防与制止事故发生和落实制度与措施要求管理此类的内在规律，从而建立对施工安全工作的全面保证。即科学性体现在依据这3个内在规律建立、健全和切实实施市政施工安全保证体系以及有机地将行政管理、规则管理与约定管理和政府管理、企业管理与项目管理结合起来上；

4）全员性。主要体现在：施工安全工作能够覆盖着全体管理人员，不留“死角”；施工安全工作的各级负责人、职能部门、专职管理人员、班组长和安全员各司其职、各负其责；全部作业人员和现场人员遵守安全施工的各项规定并做好自我保护工作；

5）严格性。主要体现在：一是各项安全施工的工作制度、技术和管理措施达到了全面、细致和明确的严格要求；二是安全施工的工作制度、技术和管理措施都能得到严格的执行，并有确保严格执行的鼓励、追究和奖惩措施。

（3）以上科学性、全员性和严格性的各项要求，需要在细化、深化、逻辑化和体系化之中，不断改进，提高其可操作性、准确性和简明性，并将细致严格的管理细则和要求分解到各级监督和施工管理人员的工作分工之中，避免出现多头管理、职责不清、留有死角、浮于表面、落实不了等常见的管理工作弊病。

市政施工安全科学管理的核心是："两高"（高度的重视、高度的责任心）和"三性"（科学性、全员性、严格性）。没有高度的重视和高度的责任心，就很难认真地去实现安全生产管理的科学性、全员性和严格性，而疏于对"三性"的要求，则也谈不上具有"两高"了。

二、市政施工安全管理工作的类别

1. 按管理的性质划分

（1）行政管理。它是在行政管辖和隶属关系下，按行政权限、职责、程序和手段实施的管理。包括政府安全生产监管部门和建设行政主管部门的监督管理、施工企业对施工项目的控制管理和施工项目对施工全过程的管理。它既是我国现行市政施工安全管理的基本形式和通行做法；也是在市场经济条件下有共存和协调关系的三类管理（行政、规则和约定管理）之一，因此，它是三类管理之中具有主体地位和主导作用的管理。

（2）规则管理。它是按行业规则实行的管理，企业必须遵守所在行业的行为规则和执行行业的标准，即其市场行为必须受所在行业规则和标准的约束，否则将受到来自行业组织的惩罚。随着国内市场（包括市政市场）的逐步对外开放，行业规则管理亦将会随之发展起来，成为建设工程管理的重要支点。

（3）约定管理。即合同约定管理，是由合同条件（包括权力、义务和责任条款）形成、存在于缔约方之间的一种管理模式，只执行合同条件约定，而无行政关系的干预。目前在我国工程建设中开始实行的"意外伤害保险"以及施工合同、分包合同中的有关施工安全工作要求的条款，都属于这类管理。

2. 按管理工作的范围和特点划分

（1）政府主管部门的监督管理，即政府的安全生产监督管理部门和建设行政主管部门依据法律、行政法规、技术标准和行政权限对施工企业（单位）市政施工安全工作的监督管理，包括监督检查、监督整改、追究责任、给予行政处罚以及相应宣传、指导和服务工作，是国家和政府确保人民生命财产安全要求的相应管理职能；

（2）施工企业的控制管理，即施工企业对本企业所属单位安全施工（生产）工作的管理，虽然企业一级的安全生产管理也多有直接掌握或介入施工项目安全管理工作的情况，但多数情况下，还是主要通过组织领导、健全制度、编制和审查措施、工地检查、隐患整改以及奖励惩处这些具有控制性的手段、措施和工作，来实现企业安全生产（施工）的各项要求，因而可按其主要特点称为"控制管理"；

（3）工程项目的施工过程管理，即工程项目为确保施工安全所进行的全方位的施工过程管理。由于工程项目应对在开始进行项目施工工作之后，直到工程竣工验收、撤出施工设施和人员这一期间的项目安全要负全面责任，其安全施工的管理工作是针对全过程、全方位、全环节和全员的，因而可按这一特点称其为“施工过程管理”。

3. 按管理工作的对象划分

(1) 安全护品（又称劳动保护用品）管理。这是对安全护品购入、保管、发放和使用的管理；

(2) 安全现场管理。这主要是对工地的安全作业环境、环保要求、围挡要求、临时设施安全、区块使用安全、各项条件（生产、办公、生活等）安全、施工用电安全、工地防火与消防以及安全宣传工作要求的管理。是施工单位“创建安全文明工地”工作的重要组成部分；

(3) 用电安全管理。这是针对用电安全、防止触电和其他电气事故的专项管理；

(4) 工地防火与消防工作管理。这是针对工地动火，防范火灾事故的专项管理；

(5) 机械设备安全管理。这主要是针对确保自备机械设备完好和使用安全要求的专项管理；

(6) 安全施工措施、安全检查和整改工作的管理。这主要是针对安全施工方案、安全技术、各类安全检查和整改要求的管理措施的编制、审定和执行工作的专项管理；

(7) 对外协（单位）人员和分包单位的安全管理。这是依据《建设工程安全生产管理条例》规定和按照合同或分包合同约定对外协人员和分包单位生产安全要求的管理；

(8) 职工安全教育、培训认证、卫生健康工作管理。这是按照对职工卫生健康保护的有关规定实行的专项管理；

(9) 应急救援工作管理。这是按照《建设工程安全生产管理条例》对编制应急救援预案及其配备和实施要求的管理，目前还处于初期推行阶段；

(10) 施工安全事故处置管理。这主要是对事故发生后的报告、排险、救援、保护现场、事故调查和处置工作的管理。

4. 按施工安全保证工作环节划分为：

(1) 安全施工的组织保证管理，指对施工安全组织保证体系的建立、健全和实施的管理；

(2) 安全施工的制度保证管理，指对施工安全制度保证体系的建立、健全和实施的管理；

(3) 安全施工的技术保证管理，指对施工安全技术保证体系的建立、健全和实施的管理；

(4) 安全施工的投入保证管理，指对施工安全投入保证体系的建立、健全和实施的管理；

(5) 安全施工的信息保证管理，指对施工安全信息保证体系的建立、健全和实施的管理。

三、市政施工安全科学管理的基本框架

市政施工安全的科学管理要求由以下4个前后衔接的基本环节所组成。

(1) 第一环节为充分掌握3项基本依据，即：安全生产的法律、法规和强制性标准；安全生产工作经验；安全生产事故教训等；

(2) 第二环节为研究掌握3类内在规律，即：事故发生规律；安全防范规律；管理工作规律等；

（3）第三环节为健全安全保证体系，即由组织、制度、技术、投入和信息等安全保证体系所组成等；

（4）第四环节为全面落实6项安全工作管理，即：安全教育培训工作管理；对各级人员安全责任的管理；对安全作业环境和条件的管理；对安全施工操作要求的管理；对安全检查与整改工作的管理和对异常、应急事态处置工作的管理等。它们构成了市政施工安全科学管理的躯干或主线，前一环节为后一环节的前提、依据或基础，而后一环节为前一环节的目的或结果，且又可反过来发现前一环节的不足和问题，以促使其改进和完善。

政府主管部门对安全生产的监督管理工作则是站在全局的高度，依据第一、二环节的全局性把握，对施工单位的第三、四环节进行安全生产监督。图4-3所示为市政施工安全科学管理的基本框架。

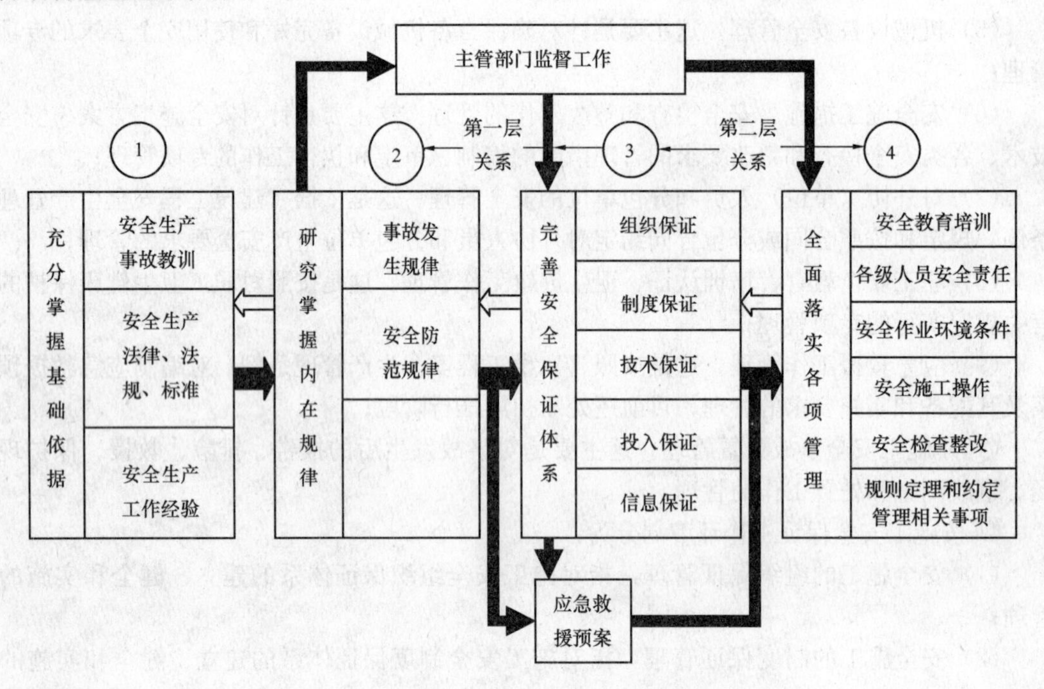

图4-3　市政施工安全科学管理的基本框架

图4-3所示市政施工安全科学管理的基本框架可以用以下24个字完整地表达出来，即：

掌握依据—研究规律—完善保障—落实管理—接受监督—预案应急。

（1）掌握依据。在坚决执行“安全第一、预防为主”方针和高度重视市政工程施工安全的工作要求的认识基础上，通过认真学习、领会和掌握我国现行有关安全生产和市政施工安全的法律、法规、强制性标准及其他标准、规定，认真总结、提炼和掌握在安全生产工作方面的成功经验以及认真总结、收集和接受各种生产（施工）安全事故的教训，充分掌握这些进行市政施工科学管理所必需的基础性依据资料。

（2）研究规律。在掌握各种施工安全管理依据资料的基础上，深入分析、研究与掌握各类事故发生的规律，防范、消除各类生产安全事故发生的规律和有效地推行安全生产防范措施的管理工作规律，以便从内在规律出发制订和实施更为科学、有力的技术和管理措施。

(3) 完善保障。在充分掌握和依据施工安全工作内在规律的基础上，建立、健全并不断发展、完善建筑施工安全工作的组织、制度、技术、投入和信息保证体系，形成以“四环节安全技术保证体系”为核心的全方位、全过程的施工安全的条件和措施保障。

(4) 落实管理。按照全面保障的措施、规定和要求，全面落实以安全责任管理为中心、以不断改善安全作业条件、以不断提高安全措施有效性为保证的各项安全管理工作，及时消除隐患和处置异常情况，避免蕴发事故、确保施工安全。

(5) 接受监督。以扎实的工作和真实的情况，接受政府安全生产监督部门和建设行政主管部门对建筑施工安全工作的监督，及时、认真并举一反三地消除事故隐患和改进安全工作，并将其纳入整个施工安全的管理体系之中。

(6) 预案应急。对在施工中可能出现的异常情况的处置措施，突发危险事（状）态的撤人、排险措施和事故发生后的应急救援措施制订预案，并按预案要求做好安全教育、技术交底和人员、设备、物资的备置工作。

四、基本框架的两层内在联系

在基本框架的第二环节与第三环节之间和第三环节与第四环节之间，存在着两层内在联系，可分别称其为“第一层关系”和“第二层关系”。第一层关系为3项内在规律与5个安全保证体系之间的内在联系；第二层关系为5个安全保证体系与6项安全工作管理之间的内在联系，这两层关系正是管理系统科学性的集中体现。

1. 安全防范规律和安全管理规律

通过预先防止或在施工中及时发现和消除可能存在的事故要素，或者及时制止其蕴育发展，以避免和阻止施工安全事故发生的规律。即防范（止）事故发生有3条规律。

(1) 消除可能存在的事故5要素（不安全状态、不安全行为、起因物、致害物和伤害方式）；

(2) 及时发现和制（阻）止事故要素的蕴育发展；

(3) 对作业和现场人员实施可靠的安全保护。

2. 管理工作规律即安全施工管理工作的规律

主要是通过建立适合的管理机制、合理配备管理资源、充分发挥管理资源的作用，以确保施工安全保证体系严格实施的有力和有效管理工作的规律。

(1) 安全管理机制为管理工作的组织系统与机构设置及其实现有机运转的方式、要求和支持条件；

(2) 管理资源应为适应管理机制所需要的资源，包括人力、物力、财力、法律、法规、标准、制度、技术和信息资料等；

(3) 安全管理是一项强有力的工作，“强有力”是整个管理工作系统所具有的活力、调动力、集聚力和强制力的综合表现；

(4)“有效”的安全管理工作，则是管理效果的综合表现，包括职工安全生产素质的提高、安全生产氛围的加强、安全生产条件的改善、安全生产技术的普及与发展、生产安全隐患和意外事件的减少等，并最终还得以不发生各类大小事故为其衡量标准。

3. 在市政施工安全管理工作中，机制与人是其核心和决定的因素没有适合的机制，人的积极性和能力就发挥不出来；而没有适合素质的管理人员，则管理机制也难以有机地运转起来。顺畅有力是对机制的要求，称职有为是对人员的要求。

4. 确保机制顺畅有力，就必须不断地解决好仍有不同程度存在的问题

多余或不足的机构设置、岗位重叠和职责不清、职与责脱节或者确定的不合理、“越俎代庖”及其他妨碍或干扰正常职责行使的问题、形式主义管理的各种表现、缺少严格的责任监督机制、缺少维持机制活力的激励措施、以人设岗和保留已不适合的岗位问题、机制与管理工作要求不相适应的其他问题。

5. 确保人员称职有为，就必须不断地解决好以下问题

主要负责人对安全生产（施工）工作的认识、知识、素质和领导能力与安全工作要求不相适应的问题，称职安全工作人员的配备问题，在职安全工作人员的教育培训和提高问题，在安全工作人员中深入开展安全技术和改进管理的研究工作问题，充分调动安全工作人员尽职尽责的积极性的问题。

五、施工安全科学管理工作的实施

1. 实施市政施工安全科学管理的基础条件

(1) 加强对推行科学管理工作的领导和支持。由于推行市政施工安全科学工作涉及的方面很多，因此，这项工作一般都应由施工企业或重大的工程项目指挥部组织进行，并应从以下方面加强对这项工作的领导和支持。

1) 企业或重大项目主要负责人应高度重视这项工作，并亲自担任推行科学管理的领导工作（例如担任推行工作领导小组的组长）；

2) 成立“推行建筑施工安全科学管理领导小组”，确定专门主持这一工作的负责人，配备称职的工作人员；

3) 在开展相应研究工作和信息工作方面给以必要的投入和支持；

4) 调动各相关部门和工作环节，共同努力开展推行工作。

(2) 建立和健全企业的施工安全保证体系。在全面整理、审查企业现有的安全生产制度和管理资料的基础上，按照企业或重大工程的现实情况，全面制订5个施工安全保证体系以及主动接受政府主管部门监督的工作制度和应急救援预案。

(3) 按市政施工安全科学管理的基本框架相应调整、充实管理机制，配备所需人力、物力、财力及其他资源调整工作。

(4) 深入进行贯彻《建设工程安全生产管理条例》的学习，加强施工安全责任管理和推行科学管理的教育、培训和考核工作。应按不同层次，分级、分批地进行学习、教育、培训和考核工作，特别应做好对管理和技术工作骨干的培训工作。

2. 着力打造强有力的施工安全技术保证体系

施工安全的技术保证体系是全面的施工安全保证体系的核心和主体，而组织、制度、投入和信息等其余4个保证体系，则都是为技术保证体系的实施服务的。

技术保证体系所具有的可靠性技术、限控技术、保险与排险技术和保护技术，是从施工安全事故的发生规律和安全防范规律总结出来的，前后相承、紧密相接、环环相扣，形成了有4道安全保障，已较为成熟的科学体系，是市政施工安全技术措施的科学架构。

施工安全技术措施只要能够按照安全技术保证体系的架构和要求去编制，则一定能够

达到最有力和有效地确保施工安全的要求。因此也可以说，着力打造强有力的施工安全技术保证体系，是能否正确实施市政施工安全科学管理要求的关键所在。一般情况下，施工安全技术措施都由技术部门或者技术人员编制，因此，推进技术部门和技术人员对技术保证体系的研究工作，就显得特别重要。

3. 着力改善安全施工作业的环境和条件

为施工作业创造安全的环境和条件，是施工安全科学管理工作中的重要环节，不仅在开始施工时要做好，而且在施工的整个过程中都应保持良好的状态。

安全施工作业的环境和条件包括软、硬两个方面。软的环境和条件主要为安全施工的氛围，包括安全宣传环境、安全人员上岗就位、安全防护用品使用、班前的安全交底、班中的安全“三检”（自检、互检、交接检）以及安全警示设施等，共同构成浓厚的施工安全科学管理的整体氛围，这也正是科学管理所要求的“全员性”的体现。若没有全员参与并严格遵守的安全生产氛围，则很难达到科学管理的高度。

必须将营造安全工作的氛围放到十分重要的地位上。至于硬的环境和条件，则必须按照安全施工措施和有关的制度、规定做好。硬的环境和条件则包括现场条件、安全设施条件（架设设施、防护设施、保护设施、隔离设施等）和安全措施条件等。并由软、硬两方面的条件营造出安全文明施工的工地。

4. 在落实各级人员安全责任的基础上实施最为严格的管理

只有一般的要求和教育，很难达到严格管理的要求，必须认真地落实各级人员的安全责任，必须将施工安全科学管理的要求，落实到每一位相关的人员身上。

在编制市政工程安全施工措施中的安全可靠性要求，就必须具体和明确地落实到承担编制和设计计算工作的技术人员身上，而且还应负有监督其实施并及时解决在实施中出现的新问题的责任；有关在市政施工中的各项安全限控要求，也必须落实到相关的施工管理和作业人员身上。严格管理的一个重要方面就是做好有关安全要求执行情况的记录，对不认真做好相应安全工作和不执行安全措施规定的有关人员，应经常性地进行严肃的教育批评、乃至追究其安全责任。

随着施工安全科学管理实践的积累，各项安全技术和管理要求就会逐步充实、细化并达到较为详尽、完善的程度，成为实施科学管理的有力依据。各级施管人员也会逐步达到熟悉有关要求、自觉负起责任的高度。

5. 将审批、检查、整改和验收工作作为实施科学管理要求的保证手段

科学管理必须是严格的管理，而严格的管理必须以严格的审批制度和检查、整改、验收制度作为保证手段。

对市政安全施工的措施、专项施工方案、应急措施与应急救援方案，以及施工中对有关措施的变动等，都应当履行严格的审批手续，审核和批准者都要承担相应的责任，以确保审查的各项要求。

对施工中的各项安全工作和安全施工措施的执行情况，必须按相应的制度规定进行检查、整改和验收工作。企业或项目的检查、整改和验收工作，应依施工的情况和要求，按阶（时）段、部位和环节进行检查，并杜绝漏查。对检查发现的问题，督促其认真整改并严格地进行验收工作。对存在严重安全隐患和整改不认真的当事者，应给以严肃处理，以确保科学管理工作的认真实施。

【本章小结】 本章介绍了安全生产的方针与原则的演变；重点讨论安全生产管理的对象与内容；并明确安全管理的组织及各方主体的管理责任；建立企业安全保障体系；事故应急救援与调查；对安全工作的科学性进行探讨。

【复习思考题】

1. 试讨论我国安全生产方针的演变过程。
2. 安全生产的方针是什么？
3. 安全生产方针的原则包含哪些内容？
4. 安全生产需处理好的五种关系的含义？
5. 安全生产要坚持哪些原则？
6. 市政工程安全管理对象的实质是什么？
7. 什么是导致物的不安全状态触发的内因？
8. 项目经理的安全责任有哪些方面？
9. 建设单位的安全责任有哪些？
10. 勘察、设计单位要承担哪些安全责任？
11. 监理单位要承担哪些安全责任？
12. 施工单位要承担哪些安全责任？
13. 哪些达到一定规模的危险性较大的分部分项工程应编制专项施工方案？
14. 市政工程建立安全保证体系的目的何在？
15. 建立安全保证体系的原则有哪些？
16. 什么是应急救援预案？
17. 编制应急救援预案有哪些作用？
18. 安全施工调查如何进行？
19. 市政施工安全科学管理含义？
20. 市政施工安全的科学管理的核心？

第五章　市政工程施工安全技术管理

【学习重点】 土方工程安全施工技术；脚手架安全施工技术；模板工程安全技术；顶管施工安全技术；盾构施工注意事项；相关施工机械安全技术规程；临时用电安全技术。

第一节　土方工程安全施工技术

一、土的开挖

1. 挖土的一般规定

（1）人工开挖时，两个人操作间距应保持2～3m，并应自上而下逐层挖掘，严禁采用掏洞的挖掘操作方法；

（2）挖土时要随时注意土壁的变异情况，如发现有裂纹或部分塌落现象，要及时进行支撑或改缓放坡，并注意支撑的稳固和边坡的变化；

（3）上下坑沟应先挖好阶梯或设木梯，不应踩踏土壁及其支撑上下；

（4）用挖土机施工时，挖土机的作业范围内，不得进行其他作业，且应至少保留0.3m厚不挖，最后由人工修挖至设计标高；

（5）在坑边堆放弃土、材料和移动施工机械，应与坑边保持一定距离，当土质良好时，要距坑边1m以外，堆放高度不能超过1.5m。

2. 斜坡地段的挖方

在斜坡地段挖方时，必须符合下列规定：

（1）土坡坡度要根据工程地质和土坡高度，结合当地同类土体的稳定坡度值确定；

（2）土方开挖宜从上到下分层分段依次进行，并随时做成一定的坡度以利泄水，且不应在影响边坡稳定的范围内积水；

（3）在斜坡上方弃土时，应保证挖方边坡的稳定。弃土堆应连续设置，其顶面应向外倾斜，以防山坡水流入挖方场地。但坡度陡于1/5或在软土地区，禁止在挖方上侧弃土；

（4）在挖方下侧弃土时，要将弃土堆表面整平，并向外倾斜，弃土表面要低于挖方场地的设计标高，或在弃土堆与挖方场地间设置排水沟，防止地表水流入挖方场地。

3. 滑坡地段的挖方

在滑坡地段挖方时，必须符合下列规定：

（1）施工前先了解工程地质勘察资料、地形、地貌及滑坡迹象等情况。不宜雨期施工，同时不应破坏挖方上坡的自然植被，并要事先做好地面和地下排水设施；

（2）遵循先整治后开挖的施工顺序，在开挖时，须遵循由上到下的开挖顺序，严禁先切除坡脚。如若爆破施工时，严防因爆破振动产生滑坡；

（3）抗滑挡土墙要尽量在旱季施工，基槽开挖应分段进行，并加设支撑，开挖一段就要做好一段的挡土墙；

(4) 开挖过程中如发现滑坡迹象（如裂缝、滑动等）时，应暂停施工，必要时，所有人员和机械要撤至安全地点。

4. 基坑（槽）和管沟的挖方

在基坑（槽）和管沟挖方时，必须符合下列规定：

(1) 施工中应防止地面水流入坑、沟内，以免边坡塌方；

(2) 挖方边坡要随挖随撑，并支撑牢固，且在施工过程中应经常检查，如有松动、变形等现象，要及时加固或更换。

5. 湿土地区的挖方

在湿土地区开挖时，必须符合下列规定：

(1) 施工前需要做好地面的排水和降低地下水位的工作，若为人工降水时，要降至坑底0.5～1.0m时，方可开挖，采用明排水时可不受此限。

(2) 相邻基坑和管沟开挖时，要先深后浅，并要及时做好基础。

(3) 挖出的土不应堆放在坡顶上，应立即转运至规定的距离以外。

6. 膨胀土地区的挖方

在膨胀土地区开挖时，要符合下列规定：

(1) 在开挖膨胀土前要做好排水工作，防止地表水、施工用水和生活废水浸入施工现场或冲刷边坡；

(2) 开挖膨胀土后的基土，不许受烈日暴晒或水浸泡；开挖、做垫层、基础施工和回填土等要连续进行；

(3) 当采用砂地基时，要先将砂浇水至饱和后再铺填夯实，不能使用在基坑（槽）或管沟内浇水使砂沉落的方法施工；

(4) 对于钢（木）支撑的拆除，要按照回填顺序依次进行。多层支撑应自下而上逐层拆除，随拆随填。

7. 坑壁的支撑

(1) 采用钢板桩、钢筋混凝土预制桩作坑壁支撑时，要符合下列规定：

1) 应尽量减少打桩时对邻近建筑物和构筑物的影响，当土质较差时，宜采用啮合式板桩；

2) 采用钢筋混凝土灌注桩时，要在桩身混凝土达到设计强度后，方可开挖；

3) 在桩身附近挖土时，不能伤及桩身。

(2) 采用钢板桩、钢筋混凝土桩作坑壁支撑并设有锚杆时，要符合下列规定：

1) 锚杆宜选用螺纹钢筋，使用前应清除油污和浮锈，以便增强粘结的握裹力并防止发生意外；锚固段应设置在稳定性较好土层或岩层中，长度应大于或等于设计规定；

2) 钻孔时不应损坏已有管沟、电缆等地下埋设物；

3) 施工前需测定锚杆的抗拉力，验证可靠后，方可施工；

4) 锚杆段要用水泥砂浆灌注密实，并需经常检查锚头紧固和锚杆周围土质情况。

二、基坑（槽）边坡的稳定

1. 基坑（槽）边坡的规定

当地质情况良好、土质均匀、地下水位低于基坑（槽）底面标高时，可不加支撑。这时的边坡最陡坡度应按表 5-1 的规定确定。

深度在 5m 以内的基坑（槽）边的最大坡度　　表 5-1

土的类别	边坡坡度（高：宽）		
	坡顶无荷载	坡顶有静载	坡顶有动载
中密的砂土	1：1.0	1：1.25	1：1.50
中密的碎石土	1：1.075	1：1.00	1：1.25
硬塑的粉土	1：0.67	1：0.75	1：1.00
中密的碎石土（充填物为黏土）	1：0.50	1：0.67	1：0.75
硬塑的粉质黏土、黏土	1：0.33	1：0.50	1：0.67
老黄土	1：0.10	1：0.25	1：0.33
软土（轻型井点降水后）	1：1.0	—	—

注：1. 静载指堆土或材料等，动载指机械挖土或汽车运输作业等。静载或动载与边缘距离应在 1m 以上，堆土或材料堆积高度不应超过 1.5m。
2. 若有成熟的经验或科学的理论计算并经试验证明者可不受本表限制。

2. 基坑（槽）土壁垂直挖深规定

基坑（槽）不放边坡，垂直挖深高度的规定如下：

（1）无地下水或地下水位低于基坑（槽）底面且土质均匀时，土壁不加支撑的垂直挖深不宜超过表 5-2 的规定。

基坑（槽）土壁垂直挖深规定　　表 5-2

土　的　类　别	挖土深度（m）
密实、中密的砂土和碎石类土	1.00
硬塑、可塑的粉土及粉质黏土	1.25
硬塑、可塑的黏土和碎石类土（充填物为黏性土）	1.50
坚硬的黏土	2.00

（2）当天然冻结的速度和深度，能确保挖土时的安全操作，对于 4m 以内深度的基坑（槽）开挖时可以采用天然冻结法垂直开挖而不加设支撑。但是对于干燥的砂土严禁采用冻结法来施工。

（3）黏性土不加支撑的基坑（槽）最大垂直挖深可根据坑壁的重量、内摩擦角、坑顶部的均布荷载及安全系数等进行计算。

3. 浅基础土壁的支撑形式

浅基础是指的基坑深度在 5m 以内的基础，对于浅基础边坡支护形式是多种多样的，下面将列举 8 种常见方法，见表 5-3。

浅基础支撑形式适用范围与支撑方法　　表 5-3

支撑名称	适用范围	支撑简图	支撑方法
间断式水平支撑	干土或天然湿度的黏土类土，深度在 2m 以内	1 5 7	两侧挡土板水平放置，用撑木加木楔顶紧，挖一层土支顶一层

续表

支撑名称	适用范围	支撑简图	支撑方法
断续式水平支撑	挖掘湿度小的黏性土及挖土深度小于3m时	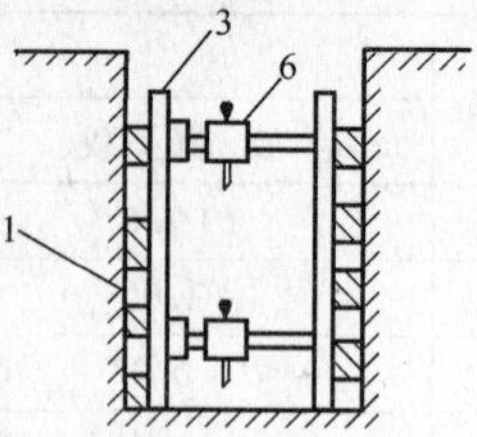 1, 3, 6	挡土板水平放置，中间留出间隔，然后两侧同时对称立上竖木方，再用工具式横撑上下顶紧
连续式水平支撑	挖掘较潮湿的或散粒的土及挖土深度小于5m时	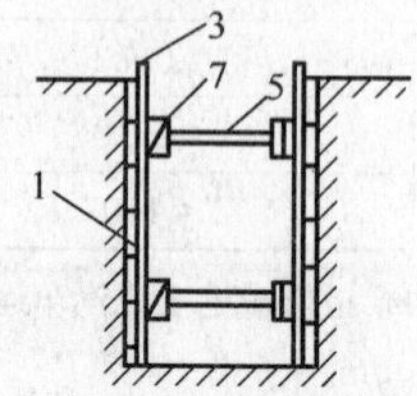 1, 3, 5, 7	挡土板水平放置、相互靠紧，不留间隔，然后两侧同时对称立上竖木方上下各顶1根撑木，端头加木楔撑木，端头加木楔顶紧
连续式垂直支撑	挖掘松散的或湿度很高的土（挖土深度不限）	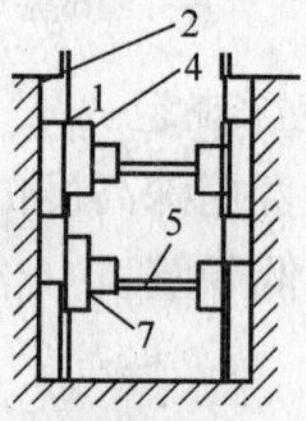 1, 2, 4, 5, 7	挡土板板垂直放置，然后每侧上下各水平放置木方1根用撑木顶紧，再用木楔顶紧
锚立支撑	开挖较大基坑或使用较大型的机械挖土，而不能安装横撑时	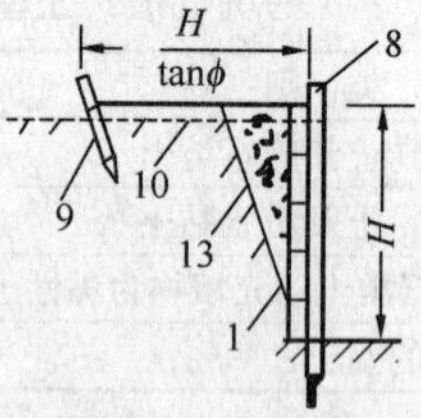 $\frac{H}{\tan\phi}$, H, 1, 8, 9, 10, 13	挡土板水平顶在柱桩的内侧，柱桩一端打入土中，另一端用拉杆与远处锚桩拉紧，挡土板内侧回填土
斜柱支撑	开挖较大基坑或使用较大型的机械挖土，而不能采用锚拉支撑时	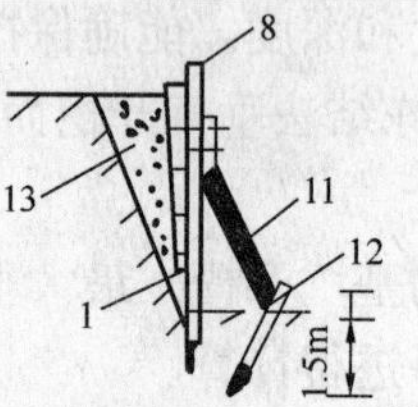 1, 8, 11, 12, 13, 1.5m	挡土板1水平钉在柱桩的内侧，柱桩外侧由斜撑支牢，斜撑的底端只顶在撑桩上，然后在挡土板内侧回填土
短柱横隔支撑	开挖宽度大的基坑，当部分地段下部放坡不足时	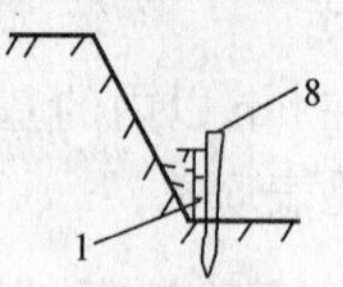 1, 8	打入小短木桩，一半露出地面，一半打入地下，地上部分背面钉上横板，在背面填土
临时挡土墙支撑	开挖宽度大的基坑，当部分地段下部放坡不足时	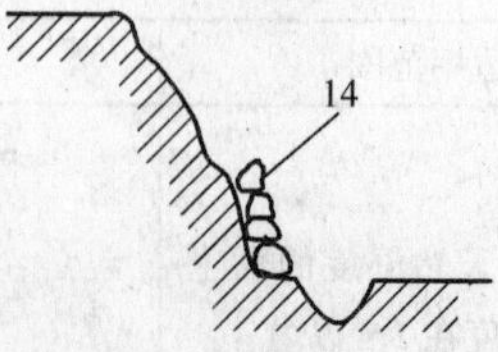 14	坡角用砖、石叠砌或用草袋装土叠砌，使其保持稳定

表中图注：1—水平挡土板；2—垂直挡土板；3—竖木方；4—横木方；5—撑木；6—工具式横撑；7—木楔；8—柱桩；9—锚桩；10—拉杆；11—斜撑；12—撑桩；13—回填土；14—装土草袋。

4. 深基础土壁支撑的形式

深基础是指基坑深度在5m以上的基础，对于深基础，其边坡支护形式是多种多样的，下面将列举8种常见方法，见表5-4。

深基础支撑形式适用范围与支撑方法　　**表5-4**

支撑名称	适用范围	支撑简图	支撑方法
钢构架支护	在软弱土层中开挖较大、较深基坑，而不能用一般支护方法时	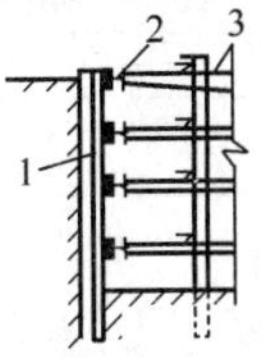	在开挖的基坑周围打板桩，在柱位置上打入暂设的钢柱，在基坑中挖土，每下挖3～4m，装上一层幅度很宽的构架式横撑，挖土在钢构架网格中进行
地下连续墙支护	开挖较大较深，周围有建筑物、公路的基坑，作为复合结构的一部分，或用于高层建筑的逆做法施工，作为结构的地下外墙	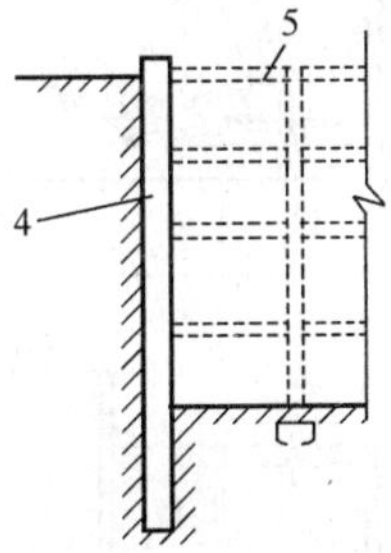	在开挖的基槽周围，先建造地下连续墙，待混凝土达到强度后，在连续墙中间用机械或人工挖土，直至要求深度。对跨度、深度不大时，连续墙刚度能满足要求，可不设内部支撑。用于高层建筑地下室逆做法施工，每下挖一层，把下一层梁板、柱浇筑完成，以此作为连续墙的水平框架支撑，如此循环作业，直到地下室的底层全部挖完土，浇筑完成
地下连续墙锚杆支护	开挖较大较深（＞10m）的大型基坑，周围有高层建筑物，不允许支护有较大变形，采用机械挖土，不允许内部设支撑时	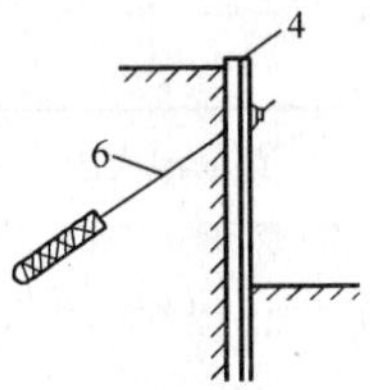	在开挖基坑的周围，先建造地下连续墙、在墙中间用机械开挖土方，至锚杆部位，用锚杆钻机在要求位置钻孔，放入锚杆，进行灌浆，待达到设计强度，装上锚杆，然后继续下挖至设计深度，如设有2～3层锚杆，每挖一层装一层锚杆，采用快凝砂浆灌浆
挡土护坡桩支撑	开挖较大较深（＞6m）基坑，临近有建筑，不允许支撑有较大变形时	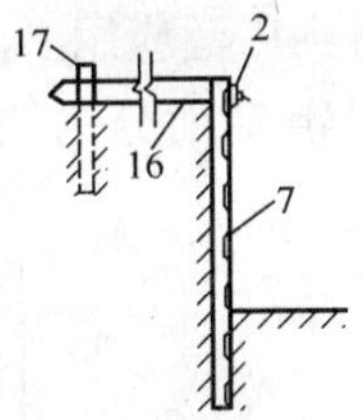	在开挖基坑的周围，用钻机钻孔，现场灌注钢筋混凝土桩，待达到强度，在中间用机械或人工挖土，下挖1m左右，装上横撑，在桩背面已挖沟槽内拉上锚杆，并将它固定在已预先灌注的锚桩上拉紧，然后继续挖土至设计深度，在桩中间土方挖成向外拱形。使其起土拱作用，如临近有建筑物，不能设置锚拉杆，则采取加密桩距或加大桩径处理
挡土护坡桩与锚杆结合支撑	大型较深基坑开挖，临近有高层建筑物，不允许支护有较大变形时	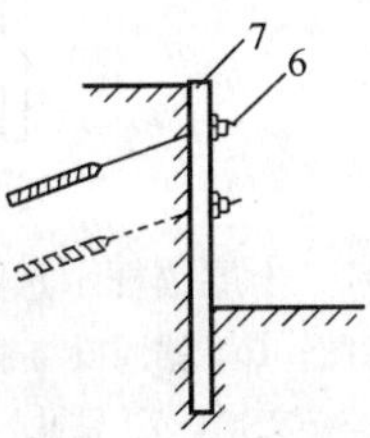	在开挖基坑的周围钻孔，浇筑钢筋混凝土灌注桩，达到强度，在柱中间沿桩垂直挖土，挖到一定深度，安上横撑，每隔一定距离向桩背面斜下方用锚杆钻机打孔，在孔内放钢筋锚杆，用水泥压力灌浆，达到强度后，拉紧固定，在桩中间进行挖土直至设计深度，如设2层锚杆，可挖一层土，装设一次锚杆

续表

支撑名称	适用范围	支撑简图	支撑方法
板桩中央横顶支撑	开挖较大、较深基坑，板桩刚度不够，又不允许设置过多支撑时	1(7) 12 10 3 11	在基坑周围先打板桩或灌注钢筋混凝土护坡桩，然后在内侧放坡挖中央部分土方到坑底，先施工中央部分框架结构至地面，然后再利用此结构作支承，向板桩支水平横顶梁，再挖去放坡的土方，每挖一层、支一层横顶梁，直至坑底，最后建造靠近板桩部分的结构
板中央斜顶支撑	开挖较大，较深基坑，板桩刚度不够，坑内又不允许设置过多支撑时	1(7) 12 11 8 9 4 10	在基坑周围先打板桩或灌注护坡桩，在内侧放坡开挖中央部分土方至坑底，并先灌注好中央部分基础，再从这个基础向板桩上方支斜顶梁，然后再把放坡的土方逐层挖除运出，每挖去一层支一道斜顶撑，直至设计深度，最后建靠近板桩部分的地下结构
分层板桩支撑	开挖较大、较深基坑，当主体与群房基础标高不等而又无重型板桩时	13 11 17 14 15	在开挖裙房基础周围先打钢筋混凝土板桩或钢板支护，然后在内侧普遍挖土至裙房基础底标高。再在中央主体结构基础四周打二级钢筋混凝土板桩，或钢板桩挖主体结构基础土方，施工主体结构至地面。最后施工裙房基础，或边继续向上施工主体结构、边分段施工裙房基础

表中图注：1—钢板桩；2—钢横撑；3—钢撑；4—钢筋混凝土地下连续墙；5—地下室梁板；6—土层锚杆；7—直径 400mm、600mm 现场钻孔灌注钢筋混凝土桩，间距 1～1.5m；8—斜撑；9—连系板；10—先施工框架结构或设备基础；11—后挖土方；12—后施工结构；13—锚筋；14——级混凝土板桩；15—二级混凝土板桩；16—拉杆；17—锚杆。

5. 土层锚杆

近年来国外大量地将土层锚杆用于地下结构作护壁的支撑，它不仅用于基坑立壁的临时支护，而且在永久性建筑工程中亦得到广泛应用。土层锚杆由锚头、拉杆、锚固体等组成，如图 5-1（*a*）所示，同时根据主动滑动面分为锚固段和非锚固段，如图 5-1（*b*）所

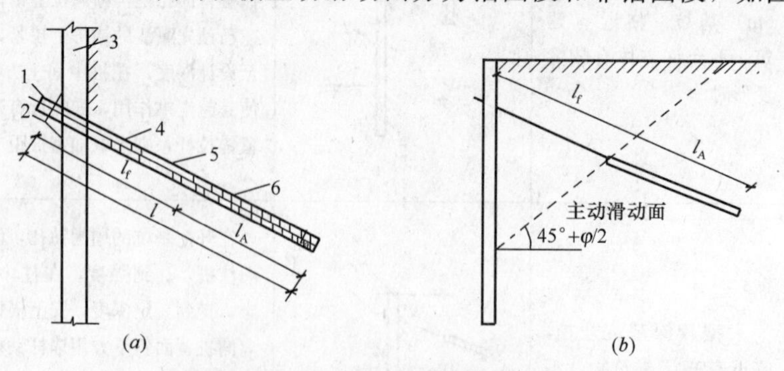

图 5-1　土层锚杆示意图

（*a*）土层锚杆示意图；（*b*）锚固段与非锚固段的划分

1—锚头；2—锚头垫座；3—支护；4—钻孔；5—拉杆；6—锚固体

l_A—锚固段长度；l_f—非锚固段长度；l—锚杆长度

示。土层锚杆目前还是根据经验数据进行设计，然后通过现场试验进行检验，一般包括：确定基坑支护承受的荷载及锚杆布置；锚杆承载能力计算，锚杆的稳定性计算；确定锚固体长度、直径和拉杆直径等。

第二节　脚手架安全施工技术

一、落地式脚手架

1. 基础与立杆的施工

（1）脚手架地基与基础，必须根据脚手架搭设高度、搭设场地土质情况与现行国家标准《建筑地基基础工程施工质量验收规范》GB 50202—2002 的有关规定进行施工，脚手架底座底面标高宜高于自然地坪 50mm。

（2）基础应该做到表面坚实平整、无积水，垫板无晃动，底座不滑动不沉降。垫板宜采用长度不少于 2 跨，厚度不小于 50mm 的木垫板，也可采用槽钢。每根立杆底部应设置底座。

（3）脚手架必须设置纵、横向扫地杆。纵向扫地杆应采用直角扣件同定在距底座上皮不大于 200mm 处的立杆上。横向扫地杆也应采用直角扣件固定在紧靠纵向扫地杆下方的立杆上。当立杆基础不在同一高度上时，必须将高处的纵向扫地杆向低处延长两跨再与立杆固定，高低差应不大于 1m。靠边坡上方的立杆轴线到边坡的距离应不小于 500mm。

（4）脚手架底层步距应不大于 2m；立杆必须用连墙件与建筑物可靠连接；立杆接长除顶层顶步外，其余各层各步接头必须采用对接扣件连接。

（5）立杆顶端宜高出女儿墙上皮 1m，高出檐口上皮 1.5m。双管立杆中，副立杆的高度不应低于 3 步，钢管长度应不小于 6m。

2. 连墙件的施工

（1）连墙件的布置宜靠近主节点设置，偏离主节点的距离应不大于 300mm；连墙件应从底层第一步纵向水平杆处开始设置，当该处设置有困难时，应采用其他可靠措施固定。

（2）连墙件宜优先采用菱形布置，也可采用方形、矩形布置；一字形、开口型脚手架的两端必须设置连墙件，连墙件的垂直间距应不大于建筑物的层高，并应不大于 4m（两步）。

（3）对于高度在 24m 以下的单、双排脚手架，宜采用刚性连墙件与建筑物可靠连接，亦可采用拉筋和顶撑配合使用的附墙连接方式。严禁使用仅有拉筋的柔性连墙件。

（4）对于高度 24m 以上的双排脚手架，必须采用刚性连墙件与建筑物可靠连接。

（5）连墙件的构造应符合下列规定。

1）连墙件中的连墙杆或拉筋宜呈水平设置，当不能水平设置时，与脚手架连接的一端应下斜连接，不应采用上斜连接；连墙件必须采用可承受拉力和压力的构造。

2）当脚手架下部暂不能设连墙件时可搭设抛撑。抛撑应采用通长杆件与脚手架可靠连接，与地面的倾角应在 45°～60°之间；连接点中心至主节点的距离应不大于 300mm。抛撑应在连墙件搭设后方可拆除。

（6）架高超过 40m 且有风涡流作用时，应采取抗上升翻流作用的连墙措施。

3. 水平杆和剪刀撑的施工

（1）纵向水平杆的构造应符合下列规定：纵向水平杆宜设置在立杆内侧，其长度不宜小于 3 跨；纵向水平杆接长宜采用对接扣件连接，也可采用搭接。对接、搭接应符合下列规定：

1）纵向水平杆的对接扣件应交错布置：两根相邻纵向水平杆的接头不宜设置在同步或同跨内；不同步或不同跨两个相邻接头在水平方向错开的距离应不小于 500mm；各接头中心至最近主节点的距离不宜大于纵距的 1/3，如图 5-2 所示；

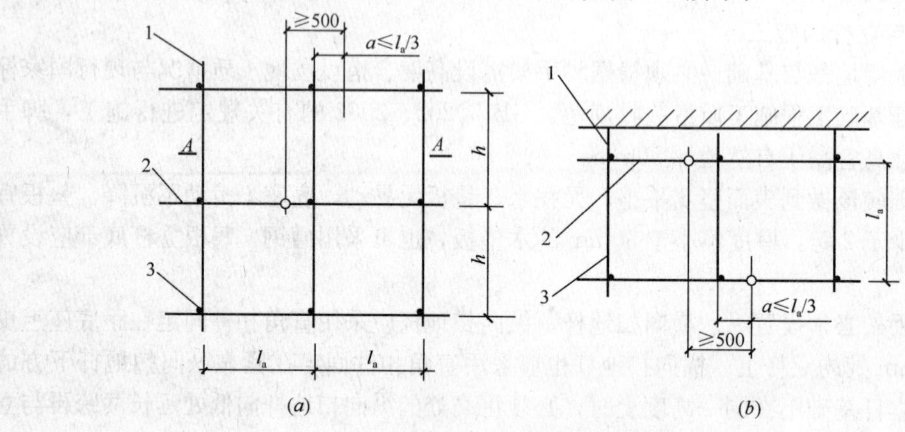

图 5-2　纵向水平杆对接接头布置

(*a*) 接头不在同步内（立面）；(*b*) 接头不在同跨内（平面）

1—立杆；2—纵向水平杆；3—横向水平杆

2）搭接长度应不小于 1m，应等间距设置 3 个旋转扣件固定，端部扣件盖板边缘至搭接纵向水平杆杆端的距离应不小于 100mm；

3）当使用冲压钢脚手板、木脚手板、竹串片脚手板时，纵向水平杆应作为横向水平杆的支座，用直角扣件固定在立杆上；当使用竹笆脚手板时，纵向水平杆应采用直角扣件固定在横向水平杆上，并应等间距设置，间距应不大于 400mm，如图 5-3 所示。

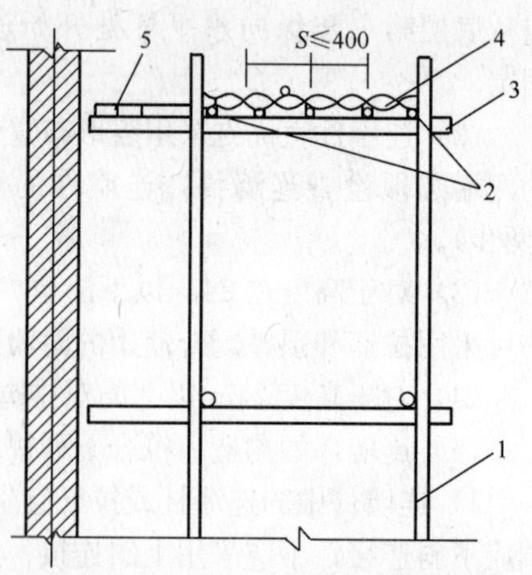

图 5-3　铺设竹笆脚手板时纵向水平杆的构造示意图

1—立杆；2—纵向水平杆；3—横向水平杆；4—竹笆脚手板；5—其他脚手板

（2）横向水平杆的构造应符合下列规定：

1）主节点处必须设置 1 根横向水平杆，用直角扣件扣接且严禁拆除。作业层上非主节点处的横向水平杆，宜根据支承脚手板的需要等间距设置，最大间距应不大于纵距的 1/2；

2）当使用冲压钢脚手板、木脚手板、竹串片脚手板时，双排脚手架的横向水平杆两端均应采用直角扣件固定在纵向水平杆上；单排脚手架的横向水平杆的一端，应用直角扣件固定在纵向水平杆上，另一端应插入墙内，插入长度应不小于 180mm；

3）使用竹笆脚手板时，双排脚手架的横向水平杆两端，应用直角扣件固定在立杆上；单排脚手架的横向水平杆的一端，应用直角扣件固定在立杆上，另一端应插入墙内，插入长度亦应不小于 180mm。

（3）剪刀撑与横向斜撑的构造应符合下列规定：

1）双排脚手架应设剪刀撑与横向斜撑，单排脚手架应设剪刀撑。

2）剪刀撑的设置应符合下列规定：

①每道剪刀撑跨越立杆的根数宜按撑斜杆与地面的倾角为 45°时（剪刀撑跨越立杆的根数最多是 7 根）、50°时（剪刀撑跨越立杆的根数最多是 6 根）、60°时（剪刀撑跨越立杆的根数最多是 5 根）的顺序确定。每道剪刀撑宽度应不小于 4 跨，且应不小于 6m；

②当高度在 24m 以下的双、单排脚手架，必须在外侧立面的两端设置一道剪刀撑，并应由底至顶连续设置；

③高度在 24m 以上的双排脚手架应在外侧立面全长度和高度上连续设置剪刀撑；剪刀撑斜杆的接长宜采用搭接，立杆接长除顶层顶步外，其余各层各步接头必须采用对按扣件连接；

④剪刀撑斜杆应用旋转扣件固定在与之相交的横向水平杆的伸出端或立杆上，旋转扣件中心线至主节点的距离不宜大于 150mm。

（4）横向斜撑的设置应符合下列规定：

1）横向斜撑应在同一节间，由底至顶层呈之字形连续布置，斜腹杆宜采用旋转扣件固定在与之相交的横向水平杆的伸出端上，旋转扣件中心线至主节点的距离不宜大于 150mm；

2）一字形、开口型双排脚手架的两端必须设置横向斜撑。高度在 24m 以下的封闭型双排脚手架可不设横向斜撑，高度在 24m 以上的封闭型脚手架，除拐角应设置横向斜撑外，中间应每隔 6 跨设置 1 道。

4. 脚手板与防护栏杆的施工

（1）脚手板的设置应符合下列规定：

1）作业层脚手板应铺满、铺稳，离开墙面 120～150mm；

2）冲压钢脚手板、木脚手板、竹串片脚手板等，应设置在 3 根横向水平杆上。当脚手板长度小于 2m 时，可采用 2 根横向水平杆支承，但应将脚手板两端与其可靠固定，严防倾翻。此 3 种脚手板的铺设可采用对接平铺，亦可采用搭接铺设；

3）脚手板对接平铺时，接头处必须设 2 根横向水平杆，脚手板外伸长应取 130～150mm，2 块脚手板外伸长度的和应不大于 300mm；脚手板搭接铺设时，接头必须支在横向水平杆上，搭接长度应大于 200mm，其伸出横向水平杆的长度应不小于 100mm；

4）竹笆脚手板应按其主竹筋垂直于纵向水平杆方向铺设，且采用对接平铺，4 个角应用直径为 1.2mm 的镀锌钢丝固定在纵向水平杆上；

5）作业层端部脚手板探头长度应取 150mm，其板长两端均应与支承杆可靠地固定；

6）在拐角、斜道平台口处的脚手板，应与横向水平杆可靠连接，防止滑动；

7）自顶层作业层的脚手板往下计，宜每隔 12m 满铺一层脚手板。

（2）脚手板的检查应符合下列规定：

1）冲压钢脚手板的检查应符合下列规定：新脚手板应有产品质量合格证；对于冲压钢脚手板，当板长 $l<4$m 时，其板面挠曲不大于 12mm；板长 $l>4$m 时，其板面挠曲不大于16mm，板面扭曲不得大于5mm，且不得有裂纹、开焊与硬弯；新、旧钢脚手板均应涂防锈漆；

2）竹木脚手板的检查应符合下列规定：木脚手板的宽度不宜小于200mm，厚度应不小于50mm；两端应各设直径为4mm的镀锌钢丝箍两道，其质量应符合《木结构设计规范》GB 50005—2003中Ⅱ级材质的规定，腐朽的脚手板不得使用。竹脚手板宜采用由毛竹或铺竹制作的竹串片板、竹笆板。

(3) 斜道脚手板构造应符合下列规定：

1）脚手板横铺时，应在横向水平杆下增设纵向支托杆，纵向支托杆间距应不大于500mm；

2）脚手板横铺时，接头宜采用搭接；下面的板头应压住上面的板头，板头的凸棱处宜采用三角木填顺；

3）人行斜道和运料斜道的脚手板上应每隔250～300mm设置1根防滑木条，木条厚度宜为20～30mm。

(4) 防护栏杆的设置应符合下列规定：

栏杆和挡脚板均应搭设在外立杆的内侧，上栏杆上皮高度应为1.2m，挡脚板高度应不小于180mm，中栏杆应居中设置。

二、悬挑式脚手架

1. 悬挑一层的脚手架的施工应符合下列规定：

(1) 悬挑架斜立杆的底部必须搁置在楼板、梁或墙体等建筑结构部位，并有固定措施。斜立杆与墙面的夹角不宜大于30°；

(2) 斜立杆必须与建筑结构进行连接固定，不得与模板支架进行连接；

(3) 作业层除应按规定满铺脚手板和设置临边防护外，还应在脚手板下部挂一层平网，在斜立杆里侧用密目网封严。

2. 悬挑多层的脚手架的施工应符合下列规定：

(1) 悬挑支承结构必须专门设计计算，应保证有足够的强度、稳定性和刚度，并将脚手架的荷载传递给建筑结构；

(2) 悬挑支承结构可采用悬挑梁或悬挑架等不同结构形式。悬挑梁应采用型钢制作，悬挑架应采用型钢或钢管制作成三角形桁架，其节点必须是螺栓或焊接的刚性节点，不得采用扣件（或碗扣）连接；

(3) 支撑结构以上的脚手架应符合落地式脚手架搭设规定，并按要求设置连墙件，底部与悬挑结构必须进行可靠连接。

三、吊篮式脚手架

1. 吊篮平台制作应符合下列规定

(1) 吊篮平台应经设计计算并应采用型钢、钢管制作，其节点应采用焊接或螺栓连接，不宜使用钢管和扣件（或碗扣）连接；

(2) 吊篮平台宽度宜为0.8～1.0m，长度不宜超过6m。当底板采用木板时，厚度不得小于50mm；采用钢板时应有防滑构造；

(3) 吊篮平台四周应设防护栏杆，除靠建筑物一侧的栏杆高度不应低于0.8m外，其余侧面栏杆高度均不得低于1.2m。栏杆底部应设180mm高挡脚板，上部适宜采用钢板网封严；

（4）吊篮应设固定吊环，其位置距底部应不小于800mm，吊篮平台应在明显处标明最大使用荷载（人数）及注意事项。

2. 悬挂结构应符合下列规定

（1）悬挂结构应经设计计算，可制作成悬挑梁或悬挑架，尾端与建筑结构锚固连接；

（2）当采用压重方法平衡挑梁的倾覆力矩时，应确认压重的质量，并应有防止压重移位的锁紧装置。悬挂结构抗倾覆应专门计算；

（3）悬挂结构外伸长度应保证悬挂平台的钢丝绳与地面垂直。挑梁与挑梁之间应采用纵向水平杆连成稳定的结构整体。

3. 吊篮式脚手架提升机构应符合下列规定

（1）提升机构的设计计算应按容许应力法，提升钢丝绳安全系数应不小于10，提升机的安全系数应不小于2；

（2）提升机可采用手扳葫芦或电动葫芦，应采用钢芯钢丝绳。手扳葫芦可用于单跨的升降，当吊篮平台多跨同时升降时，必须使用电动葫芦且应有同步控制装置。

4. 吊篮式脚手架安全装置应符合下列规定

（1）使用手扳葫芦应装设防止吊篮平台发生自动下滑的闭锁装置；

（2）吊篮平台必须装设安全锁，并应在各吊篮平台悬挂处增设1根与提升钢丝绳相同型号的安全绳，每根安全绳上应安装安全锁；

（3）当使用电动提升机时，应在吊篮平台上、下两个方向装设对其上、下运行位置距离进行限定的行程限位器；

（4）电动提升机构宜配两套独立的制动器，每套制动器均可使带有额定荷载125%的吊篮平台停住；

（5）吊篮式脚手架吊篮安装完毕，应以2倍的均布额定荷载进行检验平台和悬挂结构的强度及稳定性的试压试验。提升机构应进行运行试验，其内容应包括空载、额定荷载、偏载及超载试验，并应同时检验各安全装置并进行坠落试验；

（6）吊篮式脚手架必须经设计计算，吊篮升降应采用钢丝绳传动、装设安全锁等防护装置并经检验确认。严禁使用悬空吊椅进行高层建筑外装修清洗等高处作业。

四、附着升降脚手架

附着升降脚手架的架体结构和附着支撑结构应进行设计计算；如升降机构应按“容许应力计算法”进行设计计算。荷载标准值应分别按使用、升降、坠落3种状况确定。

1. 架体尺寸应符合下列规定：

架体高度应不大于15m；宽度应不大于1.2m；架体构架的全高与支撑跨度的乘积应不大于110m^2。升降和使用情况下，架体悬臂高度均应不大于6.0m和2/5架体高度。

2. 架体结构应符合下列规定：

（1）水平梁架应满足承载和架体整体作用的要求，采用焊接或螺栓连接的定型桁架梁式结构，不得采用钢管扣件、碗扣等脚手架连接方式；

（2）架体必须在附着支撑部位沿全高设置定型的竖向主框架，且应采用焊接或螺栓连接结构，并应能与水平梁架和架体构架整体作用，且不得使用钢管扣件或碗扣等脚手架杆件组装；

（3）架体外立面必须沿全高设置剪刀撑；悬挑端应与主框架设置对称斜拉杆；架体遇塔吊、施工电梯、物料平台等设施而需断开处应采取加强构造措施。

3. 附着升降脚手架的附着支撑结构必须满足附着升降脚手架在各种情况下的支承、防倾和防坠落的承载力要求，在升降和使用工况下，确保每一竖向主框架的附着支撑不得少于2套，且每一套均应能独立承受该跨全部设计荷载和倾覆作用。

4. 附着升降脚手架必须设置防倾装置、防坠装置及整体（或多跨）同时升降作业的同步控制装置，并应符合下列规定：

（1）防倾装置必须与建筑结构、附着支撑或竖向主框架可靠连接，应采用螺栓连接，不得采用钢管扣件或碗扣方式连接；升降和使用工况下在同一竖向平面的防倾装置不得少于2处，且2处的最小间距不得小于架体全高的1/30；

（2）防坠装置应设置在竖向主框架部位，且每1一竖向主框架提升设备处必须设置1个；防坠装置与提升设备必须分别设置在2套互不影响的附着支撑结构上，当有一套失效时另一套必须能独立承担全部坠落荷载；防坠装置应有专门的确保其工作可靠、有效的检查方法和管理措施；

（3）对于同步装置，升降脚手架的吊点超过2点时，不得使用手拉葫芦，且必须装设同步装置；同步装置应能同时控制各提升设备间的升降差和荷载值。同步装置应具备超载报警、欠载报警和自动显示功能，在升降过程中，应显示各机位实际荷载、平均高度、同步差，并自动调整使相邻机位同步差控制在限定值内。

5. 附着升降脚手架必须按要求用密目式安全立网封闭严密，脚手板底部应用平网及密目网双层网兜底，脚手板与建筑物的间隙不得大于200mm，单跨或多跨提升的脚手架，其两端断开处必须加设栏杆并用密目网封严。

6. 附着升降脚手架组装完毕后应经检查、验收确认合格后方可进行升降作业，且每次升降到位，架体固定后，必须进行交接验收，确认符合要求时，方可继续作业。

五、脚手架的维修、验收和拆除

1. 脚手架维修加固

脚手架大部分时间在露天使用，由于施工周期比较长，长期受日晒、风吹、雨淋，再加上碰撞、超载变形等多种原因，导致脚手架出现杆件断裂、扣或绳结松动、架子下沉或歪斜等不能满足施工的正常要求，为此，需及时进行维修加固，以达到坚固、稳定，确保施工安全的要求。脚手架维修加固应符合下列规定：

（1）凡是有杆件、扣件和绑扎材料损坏严重者，要及时更换，加固以保证架子在整个使用过程中的每个阶段都能满足其结构、构造和使用的要求；

（2）维修加固的材料，应与原架子的材料及规格相同，禁止钢竹、钢木混用；禁止扣件、绳索、铁丝和竹篾混用。维修加固要与搭设一样，严格遵守安全技术操作规程。

2. 脚手架的验收

架子搭设和组装完毕，在投入使用前，应逐层、逐流水段由主管工长、架子班组长和专职技安人员一起组织验收，并填写验收单。内容如下：

（1）架子的布置、立杆的大小、横竖杆的间距。

（2）架子的搭设和组装，包括工具架和起重点的选择。

（3）连墙点或与结构固定部分要安全可靠；剪刀撑、斜撑应符合要求。

(4) 架子的安全防护、安全保险装置要有效、扣件和绑扎拧紧程度应符合规定。

(5) 脚手架的起重机具、钢丝绳、吊杆的安装等要安全可靠，脚手板的铺设应符合规定。

(6) 脚手架的基础处理、做法、埋置深度必须正确可靠。

3. 脚手架的拆除

(1) 架子拆除时应划分作业区，周围设绳绑围栏或竖立警戒标志；地面应设专人指挥，禁止非作业人员入内。

(2) 拆架子的高处作业人员应戴安全帽、系安全带、扎裹腿、穿软底鞋，方允许上架作业。

(3) 拆除顺序应遵守由上而下，先搭后拆、后搭先拆的原则。即先拆栏杆、脚手板、剪刀撑、斜撑，而后拆小横杆、大横杆、立杆等，并按一步一清原则依次进行，要严禁上下同时进行拆除作业。

(4) 拆立杆要先抱住立杆再拆开最后两个扣，拆除大横杆、斜撑、剪刀撑时，应先拆中间扣，然后托住中间，再解端头扣。

(5) 连墙杆应随拆除进度逐层拆除，拆抛撑前，应用临时撑支住，然后才能拆抛撑。

(6) 拆除时要统一指挥，上下呼应，动作协调，当解开与另一人有关的结扣时，应先通知对方，以防坠落。

(7) 大片架子拆除后所预留的斜道、上料平台、通道、小飞跳等，应在大片架子拆除前先进行加固，以便拆除后能确保其完整、安全和稳定。

(8) 拆除时严禁撞碰脚手架附近电源线，以防止事故发生。

(9) 拆除时不应碰坏门窗、玻璃、水落管、房檐瓦片、地下明沟等物品。

(10) 拆下的材料，应用绳索拴住杆件利用滑轮徐徐下运，严禁抛掷，运至地面的材料应按指定地点，随拆随运，分类堆放，当天拆当天清、拆下的扣件或铁丝要集中回收处理。

(11) 在拆架过程中不得中途换人，如必须换人时，应将拆除情况交代清楚后，方可离开。

(12) 拆除烟囱、水塔外架时，禁止架料碰断缆风绳，同时拆至缆风处方可解除该处缆风，不能提前解除。

第三节 模 板 工 程

一、概述

模板工程是混凝土结构工程施工中的重要组成部分，在建设施工中也占有相当重要的位置。特别是近年来高层建筑增多，模板工程的重要性更为突出。

一般模板通常由三部分组成：模板面、支撑结构（包括水平支承结构，如龙骨、桁架、小梁等；垂直支承结构，如立柱、格构柱等）和连接配件（包括穿墙螺栓、模板面连接卡扣、模板面与支承构件以及支承构件之间连接零配件等）。

模板使用时是要经过设计计算的，主要是模板的结构（包括模板面、支撑体系和连接件）的设计计算，这些计算虽然是工程技术人员的责任，但安全管理人员必须熟悉计算原理。

二、面板材料

面板除采用钢、木外，可采用胶合板、复合纤维板、塑料板、玻璃钢板等。其中胶合板应符合《混凝土模板用胶合板》GB/T 17656—2008 的有关规定。

覆面木胶合板的规格和技术性能应符合下列规定：

1. 厚度应采用 12～18mm 的板材。

2. 其剪切强度应符合下列要求：

（1）不浸泡，不蒸煮：1.4～1.8N/mm^2；

（2）室温水浸泡：1.2～1.8N/mm^2；

（3）沸水煮 24h：1.2～1.8N/mm^2；

（4）含水率：5%～13%；

（5）密度：4.5～8.8kN/mm^3。

3. 抗弯强度和弹性模量可查表取得。

三、模板工程的设计计算

1. 一般规定

模板及其支架的设计应根据工程结构形式、荷载大小、地基土类别、施工设备和材料供应等条件进行。

（1）模板及其支架的设计应符合下列要求

1）具有足够的承载能力、刚度和稳定性，能可靠地承受新浇混凝土的自重、侧压力和施工过程中所产生的荷载及风荷载；

2）构造简单、装拆方便，便于钢筋的绑扎、安装和混凝土的浇筑、养护。

（2）模板设计包括下列内容

1）根据混凝土的施工工艺和季节性施工措施，确定其构造和所承受的荷载；

2）绘制配板设计图、支撑设计布置图、细部构造和异型模板大样图；

3）按模板承受荷载的最不利组合对模板进行验算；

4）制定模板安装及拆除的程序和方法；

5）编制模板及配件的规格、数量汇总表和周转使用计划。

2. 钢模板

钢模板及其支撑的设计应符合现行国家标准《钢结构设计规范》GB 50017—2003 的规定，其截面塑性发展系数取 1.0。组合钢模板、大模板、滑动模板等的设计尚应符合国家现行标准《组合钢模板技术规范》GB 50214—2001 和《液压滑动模板施工技术规范》JGJ 65—1989 的相应规定。

3. 木模板

木模板及其支架的设计应符合现行国家标准《木结构设计规范》GB 50005—2003 的规定，其中受压立杆除满足计算需要外，且其杆径不得小于 60mm。

4. 模板结构构件的长细比

模板结构构件的长细比应符合下列规定：

（1）受压构件长细比：支架立柱及桁架不应大于 150；拉条、缀条、斜撑等连接构件不应大于200；

(2) 受拉构件长细比：钢杆件不应大于350；木杆件不应大于250。

5. 扣件式钢管脚手架支架立柱规定

(1) 连接扣件和钢管立杆底座应符合现行国家标准《钢管脚手架扣件》GB 15831—2006的规定；

(2) 采用四柱形，并于四面两横杆间设有斜缀条时，可按格构式柱计算，否则应按单立杆计算，其荷载应直接作用于四角立杆的轴线上；

(3) 支架立柱为群柱架时，高宽比不应大于5，否则应架设抛撑或缆风绳，保证该方向的稳定。

6. 门式钢管脚手架支架立柱规定

用门式钢管脚手架作支架立柱时，应符合下列规定：

(1) 几种门架混合使用时，必须取支承力最小的门架作为设计依据；

(2) 荷载可直接作用在门架两边立杆的轴线上，必要时可设横梁将荷载传于两立杆顶端，且应按单榀门架进行承载力计算；

(3) 门架结构使用的剪刀撑刚度应满足要求；

(4) 门架使用可调支座时，调节螺杆伸出长度不得大于200mm；

(5) 门架支架立柱为群柱架时的高宽比大于5时，必须使用缆风绳保证该方向的稳定。

7. 水平支承梁防倾倒措施

如遇有下列情况时，水平支承梁的设计应采取防倾倒措施，不得改动销紧装置的作用。

(1) 水平支承梁倾斜或由倾斜的托板支承以及偏心荷载情况存在；

(2) 纵梁由多杆件（即两根20mm×50mm、20mm×80mm等）组成。

8. 水平支承梁

水平支承梁应符合下列要求：

(1) 当纵梁的高宽比大于2.5时，水平支承梁不能支承在50mm宽的单托板面上；

(2) 水平支承梁应避免承受集中荷载。

四、现浇混凝土模板计算

1. 面板计算

面板可按简支梁计算，并应验算跨中和悬臂端的最不利抗弯强度和挠度。

2. 支承楞梁计算

(1) 次楞是两跨以上连续楞梁，当跨度不等时，应按不等跨连续楞梁或悬臂楞梁设计。

(2) 主楞可根据实际情况按连续梁、简支梁或悬臂梁设计；同时主次楞梁均应进行最不利抗弯强度与挠度验算。

3. 柱箍

柱箍主要应用于直接支承和夹紧柱模板，采用扁钢、角钢、槽钢和木楞制成，其受力状态为拉弯杆件。

(1) 柱箍间距应按不同的面板用不同的计算方法计算所得。如柱模为钢面板时的柱箍间距应按钢材弹性模量（N/mm^2）、柱模板一块板的惯性矩（mm^4）、新浇混凝土作用于柱模板的侧压力、柱模板一块板的宽度（mm）等计算。

（2）柱箍强度应按拉弯杆件计算。

（3）挠度计算，最大挠度计算公式如下：

$$V_{max} = 0.677qL^4/100EI$$

式中　q——作用在梁模板的均布荷载（N/mm）；

L——梁底模板的跨度（mm）；

E——模板弹性模量（N/mm^2）；

I——面板截面惯性矩（mm^4）。

五、支撑结构计算

施工现场现浇的水平混凝土构件包括梁、板（楼板、屋面板）的模板支撑结构（支撑体系）是模板工程的重要组成部分，也是一项重要的安全技术。对于混凝土梁的模板支撑可用单根立柱、双根立柱或工具式立柱，为使其稳定，应加设水平拉杆或称拉条。现浇混凝土楼板的模板支撑结构应是由多立杆组成的一个整体，即是除按一定间距设置的立杆外在纵横向还应设置水平杆，使其成为空间的结构。

常用的模板支撑杆件为钢和木的支柱。设计时，支柱应按承受由模板传来的垂直荷载。当支柱上下端之间不设纵横向水平拉条或构造拉条时，按两端铰接的轴心受压杆件计算，其计算长度 $L_0=L$（支柱长度）；当支柱上下端之间设有多层不小于 4mm×5mm 的方木或脚手架钢管的纵横向水平拉条时，仍按两端铰接轴心受压杆件计算，其计算长度应取支柱上多层纵横向水平拉条之间最大的长度，当多层纵横向水平拉条之间的间距相等时，应取底层。

扣件式钢管支柱计算

（1）单杆计算：用对接扣件连接的钢管支柱应按轴心受压构件计算，计算跨度采用纵横向水平拉条的最大步距；用回转扣件搭连接件的钢管支柱应按压弯杆件计算，计算跨度为纵横拉条最大步距；

（2）四角用扣件式钢管脚手架作立杆（间距不大于1m），纵横向水平杆按 1.0～1.2m 设置，各边所有水平横杆之间设有斜杆连接，且斜杆与横杆之间的夹角≥45°时，应按格构式组合柱的轴心受压构件计算，计算高度为格构柱全高，其轴向力应直接作用于四角立杆顶端，同时虚轴的长细比应采用换算长细比。

六、模板的安装

1. 模板安装的规定

（1）安装前要审查设计审批手续是否齐全，模板结构设计与施工说明中的荷载、计算方法、节点构造是否符合实际情况，是否有安装拆除方案；

（2）对模板施工队伍进行全面详细的安全技术交底，使用合格的模板和配件；

（3）模板安装应按设计与施工说明循序拼装；

（4）竖向模板支架支承部分安装在基土上时，应加设垫板；如用钢管作支撑时在垫板上应加钢底座。垫板应有足够强度和支承面积，并应中心承载。基土应坚实，并有排水措施。对湿陷性黄土应有防水措施；对特别重要的结构工程须采用防止支架柱下沉的措施；

对冻胀性土应有防冻融措施；

（5）模板及其支架在安装过程中，必须采取有效的防倾覆临时固定设施；

（6）现浇钢筋混凝土梁、板，当跨度大于4m时，模板应起拱；当设计无具体要求时，起拱高度可为全跨长度的1/1000～3/1000；

（7）模板安装作业高度超过2.0m时，必须搭设脚手架或平台；

（8）模板安装时，上下应有人接应，随装随运，严禁抛掷。且不得将模板支搭在门窗框上，也不得将脚手板支搭在模板上，不能将模板与井字架、脚手架或操作平台连成一体；

（9）垂直吊运模板时，必须符合下列要求：

1）在升、降过程中应设专人指挥，统一信号，密切配合；

2）吊运大块或整体模板时，竖向吊运应不少于2个吊点，水平吊运应不少于4个吊点。必须使用卡环连接，并应稳起稳落，待模板就位连接牢固后，方可摘除卡环；

3）吊运散装模板时，必须码放整齐，待捆绑牢固后方可起吊；

（10）拼装高度为2m以上的竖向模板，不得站在下层模板上拼装上层模板。安装过程中应设置足够的临时固定设施。若中途停歇，应将已就位的模板固定牢固；

（11）当承重焊接钢筋骨架和模板一起安装时，应符合下列要求：模板必须固定在承重焊接钢筋骨架的节点上；安装钢筋模板组合体时，吊索应按模板设计的吊点位置绑扎；

（12）当支撑呈一定角度倾斜，或其支撑的表面倾斜时，应采取可靠措施确保支点稳定，支撑底脚必须有可靠的防滑移措施；

（13）除设计图另有规定者外，所有垂直支架柱应保证其垂直；

（14）对梁和板安装二次支撑时，在梁、板上不得有施工荷载，支撑的位置必须准确。安装后所传给支撑或连接件的荷载不应超过其允许值。支架柱或桁架必须有保持稳定的可靠措施。如若碰上五级以上风应停止一切吊运作业；

（15）已安装好的模板上的实际荷载不得超过设计值。已承受荷载的支架和附件，不得随意拆除或移动；

（16）组合钢模板、大模板、滑动模板等的安装，尚应符合国家现行标准《组合钢模板技术规范》和《液压滑动模板施工技术规范》的相应规定。

2. 基础及地下工程模板安装要求

（1）地面以下支模应先检查土壁的稳定情况，当有裂纹及塌方危险迹象时，应采取安全防范措施后，方可作业。当深度超过2m时，应为操作人员设置上下扶梯；

（2）距基槽（坑）上口边缘1m内不得堆放模板。向基槽（坑）内运料应使用起重机、溜槽或绳索；上、下人员应互相呼应，运下的模板严禁立放于基槽（坑）土壁上；

（3）斜支撑与侧模的夹角不应小于45°，支撑在土壁上的斜支撑应加设垫板，底部的对角楔应与斜支撑连接牢固。高大长脖基础若采用分层支模时，其下层模板应经就位校正并支撑稳固后，再进行上一层模板的安装。两侧模板间应用水平支撑连成整体。

七、模板拆除

1. 一般要求

（1）拆模时混凝土的强度应符合设计要求；当设计无要求时，应符合下列规定：

1）不承重的侧模板，包括梁、柱、墙的侧模板，只要混凝土强度能保证其表面及棱角不因拆除模板而受损坏，即可拆除；

2）承重模板，包括梁、板等水平结构构件的底模，当与结构同条件养护的试块强度达到符合国家规定，才可能拆除；

3）后张预应力混凝土结构或构件模板的拆除，侧模应在预应力张拉前拆除，其混凝土强度达到侧模拆除条件即可，进行预应力张拉必须待混凝土强度达到设计规定值方可进行，底模必须在预应力张拉完毕时方能拆除；

4）在拆模过程中，如发现实际混凝土强度并未达到要求，有影响结构安全的质量问题时，应暂停拆模，经妥当处理，实际强度达到要求后，方可继续拆除；

5）已拆除模板及其支架的混凝土结构，应在混凝土强度达到设计的混凝土强度标准值后，才允许承受全部设计的使用荷载。当承受施工荷载的效应比使用荷载更为不利时，必须经过核算，加设临时支撑；

6）拆除芯模或预留孔的内模，应在混凝土强度能保证不发生塌陷和裂缝时，方可拆除。

（2）拆模之前必须有拆模申请，并根据同条件养护试块强度记录达到规定时，技术负责人方可批准拆模。

（3）冬期施工模板的拆除应遵守冬期施工的有关规定，其中主要是要考虑混凝土模板拆除后的保温养护，如果不能进行保温养护，必须暴露在大气中，要考虑混凝土受冻的临界强度。

（4）对于大体积混凝土，除应满足混凝土强度要求外，还应考虑保温措施，拆模之后要保证混凝土内外温差不超过20℃，以免发生温差裂缝。

（5）各类模板拆除的程序和方法，应根据其模板设计的规定进行。如果模板设计无规定时，可按先支的后拆、后支的先拆，先拆非承重的模板、后拆承重的模板及支架的顺序进行拆除。

（6）拆除的模板必须随拆随清理，以免钉子扎脚、阻碍通行、发生事故。

（7）拆模时下方不能有人，拆模应设警戒线，以防有人误入被砸伤。

（8）拆除的模板向下运送传递，要上下呼应，不能采取猛撬，以致大片塌落的方法拆除。用起重机吊运拆除的模板时，模板应堆码整齐并捆牢，才可吊运，否则在空中造成“天女散花”是很危险的。

2. 各类模板的拆除

（1）基础拆模

基坑内拆模，要注意基坑边坡的稳定，特别是拆除模板支撑时，可能使边坡土发生震动而塌方，拆除的模板应及时运到离基坑较远的地方进行清理。

（2）现浇柱模板拆除

柱模板拆除顺序如下：拆除斜撑或拉杆（或钢拉条）—自上而下拆除柱箍或横楞—拆除竖楞并由上向下拆除模板连接件、模板面。

（3）大模板拆除

大模板拆除顺序与模板组装顺序相反，大模板拆除后停放的位置，无论是短期停放还是较长期停放，一定要支撑牢固，采取防倾倒的措施。拆除大模板过程中应注意不损坏混凝土墙体。

第四节　顶　管　施　工

一、概述

市政工程施工中，常采用顶管法施工。这是在地下工作坑内，借助顶进设备的顶力将管子逐渐顶入土中，并将阻挡管道向前顶进的土壤，从管内用人工或机械挖出。这种方法比开槽挖土减少大量土方，并节约施工用地，特别是要穿越建筑物和构筑物时，采用此法更为有利。随着城市建设的发展，顶管法在地下工程中普遍采用。顶管法所用的管子通常采用钢筋混凝土管或钢管，管径一般为700～2600mm，顶管施工主要包括：作业坑设置、后背（又称后座）修筑与导轨铺设、顶进设备布置、工作管准备、降水与排水、顶进、挖土与出土、下管与接口等。

二、顶管法施工的分类

目前顶管法施工可分为对顶法、对拉法、顶拉法、中继法、后顶法、牵引法、深覆土减摩顶进法等。在地下工程采用顶管法施工时，可按照地下工程项目的特点、设计要求、技术标准、有关规程，工程环境的实际情况、施工的力量和经济效益采取不同的顶管法施工。

三、顶管法施工准备工作

（1）施工单位应组织有关人员，对勘察、设计单位所提供的顶管施工沿线的工程地质及水文情况，以及地质勘察报告进行学习了解；尤其是对土壤种类、物理力学性质、含石量及其粒径分析、渗透性以及地下水位等的情况进行熟悉掌握。

（2）调查清楚顶管沿线的地下障碍物的情况，对管道穿越地段上部的建筑物、构筑物所必须采取的安全防护措施。

（3）编制工程项目顶管施工组织设计方案，其中必须制订有针对性、实效性的安全技术措施和专项方案。

（4）建立各类安全生产管理制度，落实有关的规范、标准，明确安全生产责任制，职责、责任落实到具体人员。

四、物资、设备的施工准备工作

（1）采用的钢筋混凝土管、钢管或其他辅助材料均须合格。

（2）顶管前必须对所用的顶管机具（如油泵车、千斤顶等）进行检查，保养完好后方能投入使用。

（3）顶管工作坑的位置、水平与纵深尺寸、支撑方法与材料平台的结构与规模、后背的结构与安装、坑底基础的处理与导轨的安装、顶进设备的选用及其在坑底的平面布置等均应符合规定要求。尤其是后背（承压壁）在承受最大顶力时，必须具有足够的强度和稳定性，必须保证其平面与所顶钢管轴线垂直，其倾斜允许误差±5mm/m。

（4）在顶进千斤顶安装时必须符合有关规定、规程要求，尤其是要按照理论计算或经验选定的总顶力的1.2倍来配备千斤顶。千斤顶的个数，一般以偶数为宜。

（5）开挖工作坑的所有作业人员都应严格执行工程技术人员的安全技术交底，熟知地上、地下的各种建筑物、构筑物的位置、深度、走向及可能发生危害所必须采取的劳动保护措施。

五、顶管法施工应注意事项

（1）顶管前，根据地下顶管法施工技术要求，按实际情况制定出符合规范、标准、规程的专项安全技术方案和措施。

（2）顶管后座安装时，如发现后背墙面不平或顶进时枕木压缩不均匀，必须调整加固后方可顶进。

（3）顶管工作坑采用机械挖上部土方时，现场应有专人指挥装车，堆土应符合有关规定，不得损坏任何构筑物和预埋立撑；工作坑如果采用混凝土灌注桩连续墙，应严格执行有关的安全技术规程操作；工作坑四周或坑底必须有排水设备及措施；工作坑内应设符合规定的和固定牢固的安全梯，下管作业的全过程中，工作坑内严禁有人。

（4）在吊装顶铁或钢管的时候，严禁在扒杆回转半径内停留；往工作坑内下管时，应穿保险钢丝绳，并缓慢地将管子送入导轨就位，以便防止滑脱坠落或冲击导轨，同时坑下人员应站在安全角落。

（5）插管及止水盘根处理必须按操作规程要求，尤其要在工具管就位（应严格复测管子的中线和前、后端管底标高，确认合格后）并接长管子，安装水力机械、千斤顶、油泵车、高压水泵、压浆系统等设备全部运转正常后方可开封插板管顶进。

（6）对于垂直运输设备的操作人员，作业前要对卷扬机等设备各部分进行安全检查，确认无异常后方可作业，作业时要精力集中，服从指挥，严格执行卷扬机和起重作业有关的安全操作规定。

（7）安装后的导轨应牢固，不得在使用中产生位移，并应经常检查校核；两导轨应顺直、平行、等高，其纵坡应与管道设计坡度一致。

（8）在拼接管段前或因故障停顿时，应加强联系，及时通知工具管头部操作人员停止冲泥出土，防止由于冲吸过多造成塌方，并应在长距离顶进过程中，加强通风。

（9）当因吸泥莲蓬头堵塞、水力机械失效等原因，需要打开胸板上的清石孔进行处理时，必须采取防止冒顶塌方的安全措施。

（10）顶进过程中，油泵操作工应严格注意观察油泵车压力是否均匀渐增，若发现压力骤然上升，应立即停止顶进，待查明原因后方能继续顶进。

（11）管子的顶进或停止，应以工具管头部发出信号为准。遇到顶进系统发生故障或在拼管子前 20min 时，即应发出信号给工具管头部的操作人员引起注意。

（12）顶进过程中，一切操作人员不得在顶铁两侧操作，以防发生崩铁伤人事故。

（13）如顶进不是连续三班作业，在中班下班时，应保持工具管头部有足够多的土塞；若遇土质差、因地下水渗流可能造成塌方时，则应将工具管头部灌满以增大水压力。

（14）管道内的照明电信系统应采用安全电压，每班顶管前电工要仔细检查各种线路是否正常，确保安全施工。工具管中的纠偏千斤顶应绝缘良好，操作电动高压油泵应戴绝缘手套。

（15）顶进中应有防毒、防燃、防爆、防水淹的措施，顶进长度超 50m 时，应有预防缺氧、窒息的措施；氧气瓶与乙炔瓶（罐）不得进入坑内。

第五节　盾　构　施　工

一、简介

盾构机械是用来修建铁路（公路）隧道、城市地下铁道及地下水道、电力通信地下道、水利水坝的水道、海底隧道及各种地下洞室等构筑物的施工机械。

盾构施工法的工作过程：在盾壳与正面支护下，由液压系统的心脏——油泵供应高压油，输入千斤顶的油缸，在32～40MPa液压作用下，千斤顶伸出抵住管片或后座，盾构随之前进，土体进入泥舱，由排泥系统排出。千斤顶伸出一环距离后，即可拼装衬砌，拼装程序是由下而上，左右交叉，最后封顶，即完成一环衬砌的作业循环。然后再推进、排渣、衬砌拼装，周而复始，使盾构逐环前进，隧道即逐环建成，如图5-4所示。

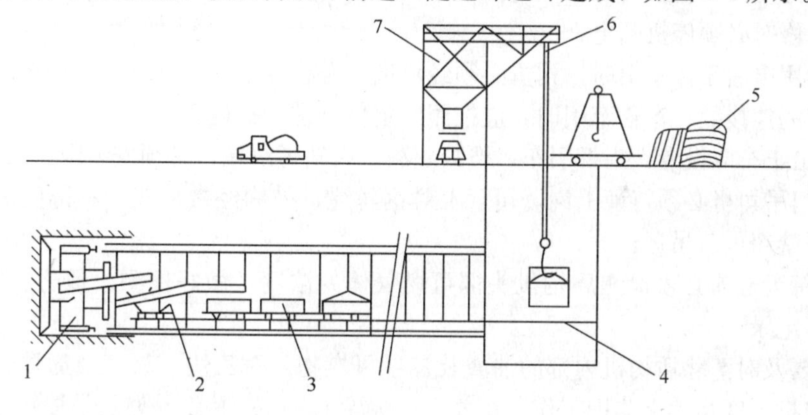

图5-4　盾构施工过程示意图

1—盾构；2—管片台车；3—装土斗车；4—轨道；5—材料场；6—起重机；7—弃土仓

盾构机的基本构造包括盾构机壳体、推进系统和拼装系统。盾构机壳体由切口环、支承环及盾尾组成，盾构机的推进系统由液压设备和盾构千斤顶组成。

二、盾构施工

（1）随着施工技术的不断革新与发展，盾构机的种类也越来越多，目前在我国地下工程施工中主要有：手掘式盾构机、挤压式盾构机、半机械式盾构机、机械式盾构机4大类；

（2）盾构施工前，必须进行地表环境调查、障碍物调查以及工程地质勘察，确保盾构施工过程中的安全生产；

（3）在盾构施工组织设计中，必须要有安全专项方案和措施，这是盾构设计方案中的关键问题。必须建立供电、变电、照明、通信联络、隧道运输、通风、人行通道、给水和排水的安全管理及安全措施；

（4）必须有盾构机进洞、盾构机推进开挖、盾构机出洞这几个盾构施工过程中的安全保护措施。在盾构法施工前，必须编制好应急预案，配备必要的急救物品和设备。

三、盾构施工应注意的事项

（1）拼装盾构机的操作人员必须按顺序进行拼装，并对使用的起重索具逐一检查，认为可靠方可吊装；

(2) 机械在运转中，须谨慎操作，严禁超负荷作业。发现盾构机械运转有异常或振动等现象，应立即停机进行检查。电缆头的拆除与装配，必须切断电源方可进行作业；

(3) 操作盘的门严禁开着使用，防止触电事故。动力盘的接地线必须牢靠，并经常检查，防止松动发生事故；

(4) 禁止同时启动 2 台以上电动机。连续启动 2 台以上电动机时，必须在第一台电动机运转指示灯亮后，再启动下一个电动机；

(5) 应定期对过滤器的指示器、油管、排放管等进行检查保养；

(6) 开始作业时，应对盾构机各部件、液压系统、油箱、千斤顶、电压等仔细检查，严格执行锁荷“均匀运转”；

(7) 盾构机出土皮带运输机，应设防护，并应专人负责；

(8) 装配皮带运输机时，必须清扫干净；在制动开关周围，不得堆放障碍物，并有专人操作，检修时必须停机断电；

(9) 利用电瓶车作牵引时，司机必须经培训、考核合格持证驾驶；不准将手伸入电瓶车与出土车的连接处；车辆牵引时，应按照约定信号进行拖运。

(10) 出土车应设专人指挥引车，严禁超载。在轨道终端，必须安装限位装置；

(11) 门吊司机必须持证上岗，司索工对钢丝绳、吊钩经常检查，不得使用不合格的吊索具，严禁超负荷吊运；

(12) 每天班前必须检测盾构机头部可燃气体的浓度，做好预测、预防和管控工作，并认真做好记录；

(13) 要及时清除盾构机内部的油渣及零星可燃物。对乙炔、氧气要加强管理，严格执行动火审批制度及动火监护工作。在气压盾构施工时，严禁将易燃、易爆物品带入气压盾构施工区；

(14) 在隧道工程施工中，土层采用冻结法加固时，必须以适当的观测方法测定温度，掌握土层的冻结状态，必须对附近的建筑物或地下埋设物及盾构隧道本身采取防护措施。

第六节　施工机械的安全技术规程

一、土石方施工机械

1. 基本要求

(1) 土石方机械进入现场前，应查明行驶路线上的桥梁、涵洞的上部净空和下部承载能力，保证机械安全通过。

(2) 作业前，应查明施工场地明、暗设置物（电线、地下电缆、管道、坑道等）的地点及走向，并采用明显记号表示。严禁在离电缆 1m 距离以内作业。

(3) 在施工作业中，应随时监视机械各部位的运转及仪表指示值，如发现有异常情况，应立即停机检修。

(4) 机械运行中，严禁接触转动部位和检修。在修理（焊、铆等）工作装置时，应使其降到最低位置，并应在悬空部位垫上垫木。

(5) 在电杆附近取土时，对不能取消的拉线、地垄和杆身，应留出土台。土台半径如下：电杆应为 1.0～1.5m，拉线应为 1.5～2.0m。并应根据土质情况确定坡度。

(6) 机械不得靠近架空输电线路作业，并应按照有关规定留出安全距离。

(7) 机械通过桥梁时，应采用低速挡慢行，在桥面上不得转向或制动。承载力不够的桥梁，事先应采取加固措施。

(8) 在施工中遇下列情况之一时应立即停工，待符合作业安全条件时，方可继续施工：

1) 填挖区土体不稳定，有发生坍塌的危险时；气候突变，发生暴雨、水位暴涨或山洪暴发时；

2) 在爆破警戒区内发出爆破信号时；地面涌水冒泥，出现陷车或因雨发生坡道打滑时；

3) 工作面净空不足以保证安全作业时；施工标志、防护设施损毁失效时。

(9) 配合机械作业的清底、平地、修坡等人员，应在机械回转半径以外工作。当必须在回转半径以内工作时，应停止机械回转并制动好后，方可作业。

(10) 雨期施工，机械作业完毕后，应停放在较高的坚实地面上。

(11) 挖掘基坑时，当坑底无地下水，坑深在 5m 以内，边坡坡度符合规定时，可不加支撑。当挖土深度超过 5m 或发现有地下水以及土质发生特殊变化等情况时，应根据土体实际性能计算其稳定性，再确定边坡坡度。

(12) 当对石方或冻土进行爆破作业时，所有人员、机具应撤至安全地带或采取安全保护措施。

2. 单斗挖掘机

(1) 单斗挖掘机的作业和行走场地应平整坚实，对松软地面应垫以枕木或垫板，沼泽地区应先作路基处理，或更换湿地专用履带板；

(2) 轮胎式挖掘机使用前应支好支腿并保持水平位置，支腿应置于作业面的方向，转向驱动桥应置于作业面的后方。采用液压悬挂装置的挖掘机，应锁住两个悬挂液压缸。履带式挖掘机的驱动轮应置于作业面的后方；

(3) 平整作业场地时，不得用铲斗进行横扫或用铲斗对地面进行夯实；

(4) 挖掘岩石时，应先进行爆破。挖掘冻土时，应采用破冰锤或爆破法使冻土层破碎；

(5) 挖掘机正铲作业时，除松散土壤外，其最大开挖高度和深度，不应超过机械本身性能规定。在拉铲或反铲作业时，履带距工作面边缘距离应大于 1.0m，轮胎距工作面边缘距离应大于 1.5m；

(6) 作业前重点检查项目应符合下列要求：

1) 照明、信号及报警装置等齐全有效；燃油、润滑油、液压油符合规定；

2) 各铰接部分连接可靠；液压系统无泄漏现象；轮胎气压符合规定；

(7) 启动前，应将主离合器分离，各操纵杆放在空挡位置，并应按有关规定启动内燃机；

(8) 启动后，接合动力输出，应先使液压系统从低速到高速空载循环 10～20min，无吸空等不正常噪声，工作有效，并检查各仪表指示值，待运转正常再接合主离合器，进行空载运转，顺序操纵各工作机构并测试各制动器，确认正常后，方可作业；

(9) 作业时，挖掘机应保持水平位置，将行走机构制动住，并将履带或轮胎楔紧；

(10) 遇较大的坚硬石块或障碍物时，应待清除后方可开挖，不得用铲斗破碎石块、冻土、或用单边斗齿硬啃；

(11) 挖掘悬崖时，应采取防护措施。作业面不得留有伞沿及松动的大块石，当发现有塌方危险时，应立即处理或将挖掘机撤至安全地带；

(12) 作业时，应待机身停稳后再挖土，当铲斗未离开工作面时，不得作回转、行走等动作。回转制动时，应使用回转制动器，不得用转向离合器反转制动；

(13) 作业时，各操纵过程应平稳，不宜紧急制动，铲斗升降不得过猛，下降时，不得撞碰车架或履带；

(14) 斗臂在抬高及回转时，不得碰到洞壁、沟槽侧面或其他物体；

(15) 向运土车辆装车时，宜降低挖铲斗，减小卸落高度，不得偏装或砸坏车厢。在汽车未停稳或铲斗需越过驾驶室而司机未离开前不得装车；

(16) 作业中，当液压缸伸缩将达到极限位时，应动作平稳，不得冲撞极限块；作业中，当需制动时，应将变速阀置于低速位置；作业中，当发现挖掘力突然变化，应停机检查，严禁在未查明原因前擅自调整分配阀压力；

(17) 作业中不得打开压力表开关，且不得将工况选择阀的操纵手柄放在高速挡位置；

(18) 反铲作业时，斗臂应停稳后再挖土。挖土时，斗柄伸出不宜过长，提斗不得过猛；

(19) 作业中，履带式挖掘机作短距离行走时，主动轮应在后面，斗臂应在正前方与履带平行，制动住回转机构，铲斗应离地面 1m。上、下坡道不得超过机械本身允许最大坡度，下坡应慢速行驶，不得在坡道上变速和空挡滑行；

(20) 轮胎式挖掘机行驶前，应收回支腿并固定好，监控仪表和报警信号灯应处于正常显示状态、气压表压力应符合规定，工作装置应处于行驶方向的正前方，铲斗应离地面 1m。长距离行驶时，应采用固定销将回转平台锁定，并将回转制动板踩下后锁定；

(21) 当在坡道上行走遇到内燃机熄火时，应立即制动并楔住履带或轮胎，待重新发动后，方可继续行走；

(22) 作业后，挖掘机不得停放在高边坡附近和填方区，应停放在坚实、平坦、安全的地带，将铲斗收回平放在地面上，所有操纵杆置于中位，关闭操纵室和机棚；

(23) 履带式挖掘机转移工地应采用平板拖车装运。短距离自行转移时，应低速缓行，每行走 500～1000m 应对行走机构进行检查和润滑；

(24) 保养或检修挖掘机时，除检查内燃机运行状态外，必须将内燃机熄火，并将液压系统卸荷，铲斗落地。利用铲斗将底盘顶起进行检修时，应使用垫木将抬起的轮胎垫稳，并用木楔将落地轮胎楔牢，然后将液压系统卸荷，否则严禁进入底盘下工作。

3. 静作用压路机

(1) 压路机碾压的工作面，应经过适当平整，对新填的松软路基，应先用羊足碾或打夯机逐层碾压或夯实后，方可用压路机碾压；

(2) 当土的含水量超过 30%时不得碾压，含水量少于 5%时，宜适当洒水；

(3) 地段的纵坡不应超过压路机最大爬坡能力，横坡不应大于 20°；

(4) 应根据碾压要求选择机重。当光轮压路机需要增加机重时，可在滚轮内加砂或水，当气温降至 0℃时，不得用水增重。轮胎压路机不宜在大块石基础层上作业；

(5) 作业前，各系统管路及接头部分应无裂纹、松动和泄漏现象，滚轮的刮泥板应平整良好，各紧固件不得松动，轮胎压路机还应检查轮胎气压，确认正常后方可启动；

(6) 不得用牵引法强制启动内燃机，也不得用压路机拖拉任何机械或物件；

(7) 启动后，应进行试运转，确认运转正常，制动及转向功能灵敏可靠，方可作业。开动前，压路机周围应无障碍物或人员；

(8) 碾压时应低速行驶，变速时必须停机。速度宜控制在3～4km/h范围内，在一个碾压行程中不得变速。碾压过程应保持正确的行驶方向，碾压第二行时必须与第一行重叠半个滚轮压痕；

(9) 变换压路机前进、后退方向，应待滚轮停止后进行，不得利用换向离合器作制动用；

(10) 在新建道路进行碾压时，应从两侧向中间碾压。碾压时，距路基边缘不应少于0.5m；

(11) 碾压傍山道路时，应由里侧向外侧碾压，距路基边缘不应少于1m；

(12) 上、下坡时，应事先选好挡位，不得在坡上换挡，下坡时不得空挡滑行；

(13) 2台以上压路机同时作业时，前后间距不得小于3m，在坡道上不得纵队行驶；

(14) 在运行中，不得进行修理或加油。需要在机械底部进行修理时，应将内燃机熄火，用制动器制动住，并楔住滚轮；

(15) 对有差速器锁住装置的三轮压路机，当只有一只轮子打滑时，方可使用差速器锁住装置，但不得转弯；

(16) 作业后，应将压路机停放在平坦坚实的地方，并制动住。不得停放在土路边缘及斜坡上，也不得停放在妨碍交通的地方；严寒季节停机时，应将滚轮用木板垫离地面；

(17) 压路机转移工地的距离较远时，应该采用汽车或平板拖车装运，坚决不得用其他车辆拖拉牵运；

4. 振动压路机

(1) 作业时，压路机应先起步后才能起振，内燃机应先置于中速，然后再调至高速；

(2) 变速与换向时应先停机，变速时应降低内燃机转速；

(3) 严禁压路机在坚实的地面上进行振动；

(4) 碾压松软路基时，应先在不振动情况下碾压1～2遍，然后再振动辗压；

(5) 碾压时，振动频率应保持一致。对可调振频的振动压路机，应先调好振动频率后再作业，不得在没有起振情况下调整振动频率；

(6) 换向离合器、起振离合器和制动器的调整，应在主离合器脱开后进行；

(7) 上、下坡时，不得使用快速挡。在急转弯时，包括铰接式振动压路机在小转弯绕圈碾压时，严禁使用快速挡。压路机在高速行驶时不得接合振动；

(8) 停机时应先停振，然后将换向机构置于中间位置，变速器置于空挡，最后拉起手制动操纵杆，内燃机怠速运转数分钟后熄火；

(9) 其他作业要求，应符合静作用压路机的有关规定。

5. 平地机

(1) 在平整不平度较大的地面时，应先用推土机推平，再用平地机平整；

(2) 平地机作业区应无树根、石块等障碍物。对土质坚实的地面，应先用齿耙翻松；

(3) 作业区的水准点及导线控制桩的位置、数据应清楚，放线、验线工作应提前完成；

（4）作业前重点检查项目应符合下列要求：照明、音响装置齐全有效；燃油、润滑油、液压油等符合规定；各连接件无松动；液压系统无泄漏现象；轮胎气压符合规定；

（5）不得用牵引法强制启动内燃机，也不得用平地机拖拉其他机械；

（6）启动后，各仪表指示值应符合要求，待内燃机运转正常后，方可开动；

（7）起步前，检视机械周围应无障碍物及行人，先响喇叭示意后，用低速挡起步，并应测试并确认制动器灵敏有效；

（8）作业时，应先将刮刀下降到接近地面，起步后再下降刮刀铲土。铲土时，应根据铲土阻力大小，随时少量调整刮刀的切土深度，控制刮刀的升降量差不宜过大，不宜造成波浪形工作面；

（9）刮刀的回转与铲土角的调整以及向机外侧斜，都必须在停机时进行；但刮刀左右端的升降动作，可在机械行驶中随时调整；

（10）各类铲刮作业都应低速行驶，角铲土和使用齿耙时必须用一挡；刮土和平整作业可用二、三挡；换挡必须在停机时进行；

（11）遇到坚硬土质需用齿耙翻松时，应缓慢下齿；不得使用齿耙翻松石渣或混凝土路面；

（12）当使用平地机清除积雪时，应在轮胎上安装防滑链，并应逐段探明路面的深坑、沟槽情况；

（13）平地机在转弯或调头时，应使用低速挡；在正常行驶时，应采用前轮转向，当场地特别狭小时，方可使用前、后轮同时转向；

（14）行驶时，应将刮刀和齿耙升到最高位置，并将刮刀斜放，刮刀两端不得超出后轮外侧，行驶速度不得超过 20km/h。下坡时，不得空挡滑行；

（15）作业中，应随时注意变矩器油温，超过 120℃时应立即停止作业，待降温后再继续工作。作业后，应停放在平坦、安全的地方，将刮刀落在地面上，拉上手制动器。

二、桩工与水工机械

1. 转盘钻孔机

（1）安装钻孔机前，应掌握勘探资料，并确认地质条件符合该钻机的要求，地下无埋设物，作业范围内无障碍物，施工现场与架空输电线路的安全距离符合规定；

（2）安装钻孔机时，钻机钻架基础应夯实、整平。轮胎式钻机的钻架下应铺设枕木，垫起轮胎，钻机垫起后应保持整机处于水平位置；

（3）钻机的安装和钻头的组装应按照说明书规定进行，竖立或放倒钻架时，应由熟练的专业人员进行。钻架的吊重中心、钻机的卡孔和护进管中心应在同一垂直线上，钻杆中心允许偏差为 20mm；

（4）钻头和钻杆连接螺纹应良好，滑扣时不得使用。钻头焊接应牢固，不得有裂纹。钻杆连接处应加便于拆卸的厚垫圈；

（5）作业前重点检查项目应符合下列要求：

1）各部件安装紧固，转动部位和传动带有防护罩，钢丝绳完好，离合器、制动带功能良好；

2）润滑油符合规定，各管路接头密封良好，无漏油、漏气、漏水现象；

3）电气设备齐全、电路配置完好；

4）钻机作业范围内无障碍物；

（6）作业前，应将各部位操纵手柄先置于空挡位置，用人力盘动无卡阻，再启动电动机空载运转，确认一切正常后，方可作业；

（7）开机时，应先送浆后开钻；停机时，应先停钻后停浆。泥浆泵应有专人看管，对泥浆质量和浆面高度应随时测量和调整，保证浓度合适。停钻时，出现漏浆应及时补充。并应随时清除沉淀池中杂物，保持泥浆纯净和循环不中断；防止塌孔和埋钻；

（8）开钻时，钻压应轻，转速应慢。在钻进过程中，应根据地质情况和钻进深度，选择合适的钻压和钻速，均匀钻进。变速箱换挡时，应先停机，挂上挡后再开机；

（9）加接钻杆时，应使用特制的连接螺栓均匀紧固，保证连接处的密封性，并做好连接处的清洁工作；

（10）钻进中，应随时观察钻机的运转情况，当发生异响、吊索具破损、漏气、漏渣以及其他不正常情况时，应立即停机检查，排除故障后，方可继续开钻；

（11）提钻、下钻时，应轻提轻放。钻机下和井孔周围2m以内及高压胶管下，不得站人。严禁钻杆在旋转时提升；

（12）发生提钻受阻时，应先设法使钻具活动后再慢慢提升，不得强行提升。如钻进受阻时，应采用缓冲击法解除，并查明原因，采取措施后，方可钻进；

（13）钻架、钻台平车、封口平车等的承载部位不得超载。使用空气反循环时，其喷浆口应遮拦，并应固定管端；

（14）钻进进尺达到要求时，应根据钻杆长度换算孔底标高，确认无误后，再把钻头略为提起，降低转速，空转5～20min后再停钻。停钻时，应先停钻后停风；

（15）钻机的移位和拆卸，应按照说明书规定进行，在转移和拆运过程中，应防止碰撞机架。作业完毕后，应对钻机进行清洗和润滑，并应将主要部位遮盖妥当；

2. 螺旋钻孔机

（1）使用钻机的现场，应按钻机说明书的要求清除孔位及周围的石块等障碍物。作业场地距电源变压器或供电主干线距离应在200m以内，启动时电压降不得超过额定电压的10%。电动机和控制箱应有良好的接地装置；

（2）安装前，应检查并确认钻杆及各部件无变形；安装后，钻杆与动力头的中心线允许偏斜为全长的1%；

（3）安装钻杆时，应从动力头开始，逐节往下安装。不得将所需钻杆长度在地面上全部接好后一次起吊安装。动力头安装前，应先拆下滑轮组，将钢丝绳穿绕好。钢丝绳的选用，应按说明书规定的要求配备；

（4）安装完毕后，电源的频率与控制箱内频率转换开关上的指针应相同，不同时，应采用频率转换开关予以转换；

（5）钻机应放置平稳、坚实，汽车式钻孔机应架好支腿，将轮胎支起，并应用自动微调或线锤调整挺杆，使之保持垂直；

（6）启动前应检查并确认钻机各部件连接牢固，传动带的松紧度适当，减速箱内油位符合规定，钻深限位报警装置有效；

（7）启动前，应将操纵杆放在空挡位置。启动后，应作空运转试验，检查仪表、温度、音响、制动等各项工作正常，方可作业；

(8) 施钻时，应先将钻杆缓慢放下，使钻头对准孔位，当电流表指针偏向无负荷状态时即可下钻。在钻孔过程中，当电流表超过额定电流时，应放慢下钻速度；

(9) 钻机发出下钻限位报警信号时，应停钻，并将钻杆稍稍提升，待解除报警信号后，方可继续下钻；

(10) 钻孔中卡钻时，应立即切断电源，停止下钻。未查明原因前，不得强行启动；

(11) 作业中，当需改变钻杆回转方向时，应待钻杆完全停转后再进行。钻孔时，当机架出现摇晃、移动、偏斜或钻头内发出有节奏的响声时，应立即停钻检查，经认真处理后，方可继续施钻；

(12) 扩孔达到要求孔径时，应停止扩削，并拢扩孔刀管，稍松数圈，使管内存土全部输送到地面，即可停钻；

(13) 作业中停电时，应将各控制器放置零位，切断电源，并及时将钻杆全部从孔内拔出，使钻头接触地面。钻机运转时，应防止电缆线缠入钻杆中，必须有专人看护；

(14) 钻孔时，严禁用手清除螺旋片中的泥土。发现紧固螺栓松动时，应立即停机，在紧固后方可继续作业。成孔后，应将孔口加盖保护。

三、起重机械

1. 基本要求

(1) 起重机的内燃机、电动机和电气、液压装置部分，应执行我国的有关规程；

(2) 操作人员在作业前必须对工作现场环境、行驶道路、架空电线、建筑物以及构件重量和分布情况进行全面了解；

(3) 现场施工负责人应为起重机作业提供足够的工作场地，清除或避开起重臂起落及回转半径内的障碍物；

(4) 各类起重机应装有音响清晰的喇叭、电铃或汽笛等信号装置。在起重臂、吊钩、平衡臂等转动体上应标以鲜明的色彩标志；

(5) 起重吊装的指挥人员必须持证上岗，作业时应与操作人员密切配合，执行规定的指挥信号。操作人员应按照指挥人员的信号进行作业，当信号不清或错误时，操作人员可拒绝执行；

(6) 操纵室远离地面的起重机，在正常指挥发生困难时，地面及作业层（高空）的指挥人员均应采用对讲机等有效的通信联络进行指挥；

(7) 在露天有六级及以上大风或大雨、大雪、大雾等恶劣天气时，应停止起重吊装作业。雨雪过后作业前，应先试吊，确认制动器灵敏可靠后方可进行作业；

(8) 起重机的变幅指示器、力矩限制器、起重量限制器以及各种行程限位开关等安全保护装置，应完好齐全、灵敏可靠，不得随意调整或拆除。严禁利用限制器和限位装置代替操纵机构；

(9) 操作人员进行起重机回转、变幅、行走和吊钩升降等动作前，应发出音响信号示意；

(10) 起重机作业时，起重臂和重物下方严禁有人停留、工作或通过。重物吊运时，严禁从人上方通过。严禁用起重机载运人员；

(11) 操作人员应按规定的起重性能作业，不得超载。在特殊情况下需超载使用时，必须经过验算，有保证安全的技术措施，并写出专题报告，经企业技术负责人批准，有专人在现场监护，方可作业；

(12) 严禁使用起重机进行斜拉、斜吊和起吊地下埋设或凝固在地面上的重物以及其他不明重量的物体。现场浇筑的混凝土构件或模板，必须全部松动后方可起吊；

(13) 起吊重物应绑扎平稳、牢固，不得在重物上再堆放或悬挂零星物件。易散落物件应使用吊笼栅栏固定后方可起吊。标有绑扎位置的物件，应按标记绑扎后起吊。吊索与物件的仰角宜采用45°～60°，且不得小于30°，吊索与物件棱角之间应加垫块；

(14) 当起吊载荷达到起重机额定起重量的90%及以上时，应先将重物吊离地面200～500mm后，检查起重机的稳定性，制动器的可靠性，重物的平稳性，绑扎的牢固性。确认无误后方可继续起吊。对易晃动的重物应拴拉绳；

(15) 重物起升和下降速度应平稳、均匀，不得突然制动。左右回转应平稳，当回转未停稳前不得作反向动作。非重力下降式起重机，不得带载自由下降；

(16) 严禁起吊重物长时间悬挂在空中，作业中遇突发故障，应采取措施将重物降落到安全地方，并关闭发动机或切断电源后进行检修。在突然停电时，应立即把所有控制器拨到零位，断开电源总开关，并采取措施使重物降到地面；

(17) 起重机不得靠近架空输电线路作业。起重机的任何部位与架空输电导线的安全距离不得小于表5-5的规定：

起重机与架空输电导线的安全距离 **表5-5**

电压(kV) / 安全距离	<1	1～15	20～40	60～110	220
沿垂直方向(m)	1.5	3.0	4.0	5.0	6.0
沿水平方向(m)	1.0	1.5	2.0	4.0	6.0

(18) 起重机使用的钢丝绳，应有钢丝绳制造厂签发的产品技术性能和质量的证明文件。当无证明文件时，必须经过试验合格后方可使用；

(19) 起重机使用的钢丝绳，其结构形式、规格及强度应符合该起重机使用说明书的要求。钢丝绳与卷筒应连接牢固，放出钢丝绳时，卷筒中应至少保留3圈，收放钢丝绳时应防止钢丝绳打环、扭结、弯折和乱绳，不得使用扭结、变形的钢丝绳。使用编结的钢丝绳，其编结部分在运行中不得通过卷筒和滑轮；

(20) 钢丝绳采用编结固接时，编结部分的长度不得小于钢丝绳直径20倍，并不应小于300mm，其编结部分应捆扎细钢丝。当采用绳卡固接时，与钢丝绳直径匹配的绳卡的规格、数量应符合表5-6的规定。最后一个绳卡距绳头的长度不得小于140mm。绳卡滑鞍（夹板）应在钢丝绳承载时受力的一侧，"U"螺栓应在钢丝绳的尾端，不得正反交错。绳卡初次固定后，应待钢丝绳受力后再度紧固，并宜拧紧到使两绳直径高度压扁1/3。作业中应经常检查紧固情况；

与绳径匹配的绳卡数 **表5-6**

钢丝绳直径(mm)	10以下	10～20	21～26	26～36	36～40
最少绳卡(个)	3	4	5	6	7
绳卡间距(mm)	80	140	160	220	240

（21）每班作业前，应检查钢丝绳及钢丝绳的连接部位。当钢丝绳在一个节距内断丝根数达到或超过表 5-7 给定的根数时，应予报废。当钢丝绳表面锈蚀或磨损使钢丝绳直径显著减少时，应将表 5-7 报废标准按表 5-8 折减，并按折减后的断丝数报废；

钢丝绳报废标准　　**表 5-7**

采用的安全系数	钢丝绳规格					
	6×19+1		6×37+1		6×61+1	
	交互捻	同向捻	交互捻	同向捻	交互捻	同向捻
6 以下	12	6	22	11	36	18
6～7	14	7	26	13	38	19
7 以上	16	8	30	15	40	20

钢丝绳锈蚀或磨损时报废标准的折减系数　　**表 5-8**

钢丝绳表面锈蚀或磨损量(%)	10	15	20	25	30～40	>40
折减系数	85	75	70	60	50	报废

（22）向转动的卷筒上缠绕钢丝绳时，不得用手拉或脚踩来引导钢丝绳。钢丝绳涂抹润滑脂，必须在停止运转后进行；

（23）起重机的吊钩和吊环严禁补焊。当出现下列情况之一时应更换：表面有裂纹、破口；危险断面及钩颈有永久变形；挂绳处断面磨损超过高度 10%；吊钩衬套磨损超过原厚度 50%；心轴（销子）磨损超过其直径的 3%～5%；

（24）当起重机制动器的制动鼓表面磨损达 1.5～2.0mm（小直径取小值，大直径取大值）时，应更换制动鼓，同样，当起重机制动器的制动带磨损超过原厚度 50%时，应更换制动带。

2. 履带式起重机

（1）起重机应在平坦坚实的地面上作业、行走和停放。正常作业时，坡度不得大于 3°。并应与沟渠、基坑保持安全距离；

（2）起重机启动前重点检查项目应符合下列要求：各安全防护装置及各指示仪表齐全完好；钢丝绳及连接部位符合规定；燃油、润滑油、液压油、冷却水等添加充足；各连接件无松动；

（3）起重机启动前应将主离合器分离，各操纵杆放在空挡位置，并应按照有关规程规定启动内燃机；

（4）内燃机启动后，应检查各仪表指示值，待运转正常再接合主离合器，进行空载运转，顺序检查各工作机构及其制动器，确认正常后，方可作业；

（5）作业时，起重臂的最大仰角不得超过出厂规定。当无资料可查时，不得超过 78°；

（6）变幅应缓慢平稳，严禁在起重臂未停稳前变换挡位；起重机载荷达到额定起重量的 90%及以上时，严禁下降起重臂；

（7）在起吊载荷达到额定超重量的 90%及以上时，升降动作应慢速进行，并严禁同时进行两种及以上动作；

(8) 起吊重物时应先稍离地面试吊，当确认重物已挂牢，起重机的稳定性和制动器的可靠性均良好，再继续起吊。在重物升起过程中，操作人员应把脚放在制动踏板上，密切注意起升重物，防止吊钩冒顶。当起重机停止运转而重物仍悬在空中时，即使制动踏板被固定，仍应脚踩在制动踏板上；

(9) 采用双机抬吊作业时，应选用起重性能相似的起重机进行。抬吊时应统一指挥，动作应配合协调，载荷应分配合理，单机的起吊载荷不得超过允许载荷的80%。在吊装过程中，2台起重机的吊钩滑轮组应保持垂直状态；

(10) 当起重机如需带载行走时，载荷不得超过允许起重量的70%，行走道路应坚实平整，重物应在起重机正前方向，重物离地面不得大于500mm，并应拴好拉绳，缓慢行驶。严禁长距离带载行驶；

(11) 起重机行走时，转弯不应过急；当转弯半径过小时，应分次转弯；当路面凹凸不平时，不得转弯；

(12) 起重机上下坡道时应无载行走，上坡时应将起重臂仰角适当放小，下坡时应将起重臂仰角适当放大。严禁下坡空挡滑行；

(13) 作业后，起重臂应转至顺风方向，并降40°～60°之间，吊钩应提升到接近顶端的位置，应关停内燃机，将各操纵杆放在空挡位置，各制动器加保险同定，操纵室和机棚应关门加锁；

(14) 起重机转移工地，应采用平板拖车运送。特殊情况需自行转移时，应卸去配重，拆短起重臂，主动轮应在后面，机身、起重臂、吊钩等必须处于制动位置，并应加保险固定。每行驶500～1000m时，应对行走机构进行检查和润滑；

(15) 起重机通过桥梁、水坝、排水沟等构筑物时，必须先查明允许载荷后再通过。必要时应对构筑物采取加固措施。通过铁路、地下水管、电缆等设施时，应铺设木板保护，并不得在上面转弯；

(16) 用火车或平板拖车运输起重机时，所用跳板的坡度不得大于15°；起重机装上车后，应将回转、行走、变幅等机构制动，并采用三角木楔紧履带两端，再牢固绑扎；后部配重用枕木垫实，不得使吊钩悬空摆动。

3. 汽车、轮胎式起重机

(1) 起重机行驶和工作的场地应保持平坦坚实，并应与沟渠、基坑保持安全距离；

(2) 起重机启动前重点检查项目应符合下列要求：各安全保护装置和指示仪表齐全完好；钢丝绳及连接部位符合规定；燃油、润滑油、液压油及冷却水添加充足；各连接件无松动；轮胎气压符合规定；

(3) 起重机启动前，应将各操纵杆放在空挡位置，手制动器应锁死，并应按有关规程的规定启动内燃机。启动后，应怠速运转，检查各仪表指示值，运转正常后接合液压泵，待压力达到规定值，油温超过30℃，方可开始作业；

(4) 作业前，应全部伸出支腿，并在撑脚板下垫方木，调整机体使回转支承面的倾斜度在无载荷时不大于1/1000（水准泡居中）。支腿有定位销的必须插上。底盘为弹性悬挂的起重机，放支腿前应先收紧稳定器；

(5) 作业中严禁扳动支腿操纵阀。调整支腿必须在无载荷时进行，并将起重臂转至正前或正后方可再行调整；

(6) 应根据所吊重物的重量和提升高度，调整起重臂长度和仰角，并应估计吊索和重物本身的高度，留出适当空间；

(7) 起重臂伸缩时，应按规定程序进行，在伸臂的同时应相应下降吊钩。当限制器发出警报时，应立即停止伸臂。起重臂缩回时，仰角不宜太小；

(8) 起重臂伸出后，出现前节臂杆的长度大于后节伸出长度时，必须进行调整，消除不正常情况后，方可作业；

(9) 起重臂伸出后，或主副臂全部伸出后，变幅时不得小于各长度所规定的仰角；

(10) 汽车式起重机起吊作业时，汽车驾驶室内不得有人，重物不得超越驾驶室上方，且不得在车的前方起吊。起吊重物达到额定起重量的50%及以上时，应使用低速挡；

(11) 采用自由（重力）下降时，载荷小得超过该工况下额定起重量的20%，并应使重物有控制地下降，下降停止前应逐渐减速，不得使用紧急制动；

(12) 作业中发现起重机倾斜、支腿不稳等异常现象时，应立即使重物下降落在安全的地方，下降中严禁制动。重物在空中需要停留较长时间时，应将起升卷筒制动锁住，操作人员不得离开操纵室；

(13) 起吊重物达到额定起重量的90%，以上时，严禁同时进行两种及以上的操作动作；

(14) 起重机带载回转时，操作应平稳，避免急剧回转或停止，换向应在停稳后进行；

(15) 当轮胎式起重机带载行走时，道路必须平坦坚实，载荷必须符合出厂规定，重物离地面不得超过500mm，并应拴好拉绳，缓慢行驶；

(16) 作业后，应将起重臂全部缩回放在支架上，再收回支腿。吊钩应用专用钢丝绳拴牢；应将车架尾部两撑杆分别撑在尾部下方的支座内，并用螺母固定；应将阻止机身旋转的销式制动器插入销孔，并将取力器操纵手柄放在脱开位置，最后应锁住起重操纵室门；

(17) 行驶前，应检查并确认各支腿的收存无松动，轮胎气压应符合规定。行驶时水温应在80～90℃范围内，水温未达到80℃时，不得高速行驶；

(18) 行驶时应保持中速，不得紧急制动，过铁道口或起伏路面时应减速，下坡时严禁空挡滑行，倒车时应有人监护。行驶时，严禁人员在底盘走台上站立或蹲坐，并不得堆放物件。

4. 卷扬机

(1) 安装时，基座应平稳牢固、周围排水畅通、地锚设置可靠，并应搭设工作棚。操作人员的位置应能看清指挥人员和拖动或起吊的物件；

(2) 作业前，应检查卷扬机与地面的固定，弹性联轴器不得松旷。并应检查安全装置、防护设施、电气线路、接零或接地线、制动装置和钢丝绳等，全部合格后方可使用；

(3) 使用皮带或开式齿轮传动的部分，均应设防护罩，导向滑轮不得用开口拉板式滑轮；

(4) 以动力正反转的卷扬机，卷筒旋转方向应与操纵开关上指示的方向一致；

(5) 从卷筒中心线到第一个导向滑轮的距离，带槽卷筒应大于卷筒宽度的15倍。无槽卷筒应大于卷筒宽度的20倍。当钢丝绳在卷筒中间位置时，滑轮的位置应与卷筒轴线垂直，其垂直度允许偏差为60mm；

（6）钢丝绳应与卷筒及吊笼连接牢固，不得与机架或地面摩擦，通过道路时，应设过路保护装置；

（7）在卷扬机制动操作杆的行程范围内，不得有障碍物或阻卡现象；

（8）卷筒上的钢丝绳应排列整齐，当重叠或斜绕时，应停机重新排列，严禁在转动中用手拉脚踩钢丝绳；

（9）作业中，任何人不得跨越正在作业的卷扬钢丝绳。物件提升后，操作人员不得离开卷扬机，物件或吊笼下面严禁人员停留或通过。休息时应将物件或吊笼降至地面；

（10）作业中如发现异响、制动不灵、制动带或轴承等温度剧烈上升等异常情况时，应立即停机检查，排除故障后方可使用；

（11）作业中停电时，应切断电源，将提升物件或吊笼降至地面。作业完毕，应将提升吊笼或物件降至地面，并应切断电源，锁好开关箱。

四、运输机械

1. 基本要求

（1）运输机械的内燃机、电动机、空气压缩机和液压装置的使用，应执行有关规程的规定。运送超宽、超高和超长物件前，应制定妥善的运输方法和安全措施；

（2）启动前应进行重点检查：灯光、喇叭、指示仪表等应齐全完整；燃油、润滑油、冷却水等应添加充足；各连接件不得松动；轮胎气压应符合要求，确认无误后，方可启动。燃油箱应加锁；

（3）启动内燃机后，应观察各仪表指示值、检查内燃机运转情况、测试转向机构及制动器等性能，确认正常并待水温达到40℃以上、制动气压达到安全压力以上时，方可低挡起步。起步前，车旁及车下应无障碍物及人员；

（4）水温未达到70℃时，不得高速行驶。行驶中，变速时应逐级增减，正确使用离合器，不得强推硬拉，使齿轮撞击发响。前进和后退交替时，应待车停稳后，方可换挡；

（5）行驶中，应随时观察仪表的指示情况，当发现机油压力低于规定值，水温过高或有异响、异味等异常情况时，应立即停车检查，排除故障后，方可继续运行；

（6）严禁超速行驶。应根据车速与前车保持适当的安全距离，选择较好路面行进，应避让石块、铁钉或其他尖锐铁器。遇有凹坑、明沟或穿越铁路时，应提前减速，缓慢通过；

（7）上、下坡应提前换入低速挡，不得中途换挡。下坡时，应以内燃机阻力控制车速，必要时，可间歇轻踏制动器。严禁踏离合器或空挡滑行；

（8）在泥泞、冰雪道路上行驶时，应降低车速，宜沿前车辙迹前进，必要时应加装防滑链。当车辆陷入泥坑、砂窝内时，不得采用猛松离合器踏板的方法来冲击起步。当使用差速器锁时，应低速直线行驶，不得转弯；

（9）车辆涉水过河时，应先探明水深、流速和水底情况，水深不得超过排气管或曲轴皮带盘，并应低速直线行驶，不得在中途停车或换挡。涉水后，应缓行一段路程，轻踏制动器使浸水的制动蹄片水分蒸发掉；

（10）通过危险地区或狭窄便桥时，应先停车检查，确认可以通过后，应由有经验人员指挥前进。停放时，应将内燃机熄火，拉紧手制动器，关锁车门。内燃机运转中驾驶员不得离开车辆；在离开前应熄火并锁住车门。在坡道上停放时，下坡停放应挂上倒挡，上坡停放应挂上一挡，并应使用三角木楔等塞紧轮胎；

(11) 平头型驾驶室需前倾时，应清除驾驶室内物件，关紧车门，方可前倾并锁定。复位后，应确认驾驶室已锁定，方可启动；

(12) 在车底下进行保养、检修时，应将内燃机熄火、拉紧手制动器并将车轮垫牢；

(13) 车辆经修理后需要试车时，应派合格人员驾驶，车上不得载人、载物，当需在道路上试车时，应挂交通管理部门颁发的试车牌照。

2. 载重汽车

(1) 装载物品应捆绑稳固牢靠。轮式机具和圆筒形物件装运时应采取防止滚动的措施；

(2) 不得人货混装。因工作需要搭人时，人不得在货物之间或货物与前车厢板间隙内。严禁攀爬或坐卧在货物上面；

(3) 拖挂车时，应检查与挂车相连的制动气管、电气线路、牵引装置、灯光信号等，挂车的车轮制动器和制动灯、转向灯应配备齐全，并应与牵引车的制动器和灯光信号同时起作用。确认后方可运行。起步应缓慢并减速行驶，宜避免紧急制动；

(4) 运载易燃、有毒、强腐蚀等危险品时，其装载、包装、遮盖必须符合有关的安全规定，并备有性能良好的灭火器。途中停放应避开火源、火种、居民区、建筑群等，炎热季节应选择阴凉处停放。装卸时严禁火种。除必要的行车人员外，不得搭乘其他人员。严禁混装备用燃油；

(5) 装运易爆物资或器材时，车厢底面应垫有减轻货物振动的软垫层。装载重量不得超过额定载重量的70%。装运炸药时，层数不得超过两层。经试验合格签证后，方可投入运行。

五、混凝土机械

1. 基本要求

(1) 混凝土机械上的内燃机、电动机、空气压缩机以及电气、液压等装置的使用，应执行有关规程中的规定；

(2) 作业场地应有良好的排水条件，机械近旁应有水源，机棚内应有良好的通风、采光及防雨、防冻设施，并不得有积水；

(3) 固定式机械应有可靠的基础，移动式机械应在平坦坚硬的地坪上用方木或撑架架牢，并应保持水平；

(4) 当气温降到5℃下时，管道、水泵、机内均应采取防冻保温措施；

(5) 作业后，应及时将机内、水箱内、管道内的存料、积水放尽，并应清洁保养机械，清理工作场地，切断电源，锁好开关箱；

(6) 装有轮胎的机械，转移时拖行速度不得超过15km/h。

2. 混凝土搅拌机

(1) 固定式搅拌机应安装在牢固的台座上。当长期固定时，应埋置地脚螺栓；在短期使用时，应在机座上铺设木枕并找平放稳；

(2) 固定式搅拌机的操纵台，应使操作人员能看到各部位工作情况。电动搅拌机的操纵台，应垫上橡胶板或干燥木板；

(3) 移动式搅拌机的停放位置应选择平整坚实的场地，周围应有良好的排水沟渠。就位后，应放下支腿将机架顶起达到水平位置，使轮胎离地。当使用期较长时，应将轮胎卸下妥善保管，轮轴端部用油布包扎好，并用枕木将机架垫起支牢；

(4) 对需设置上料斗地坑的搅拌机，其坑口周围应垫高夯实，应防止地面水流入坑内。上料轨道架的底端支承面应夯实或铺砖，轨道架的后面应采用木料加以支承，应防止作业时轨道变形。料斗放到最低位置时，在料斗与地面之间，应加一层缓冲垫木；

(5) 作业前重点检查项目应符合下列要求：电源电压升降幅度不超过额定值的5%；电动机和电器元件的接线牢固，保护接零或接地电阻符合规定；各传动机构、工作装置、制动器等均紧固可靠，开式齿轮、皮带轮等均有防护罩；齿轮箱的油质、油量符合规定；

(6) 作业前，应先启动搅拌机空载运转，应确认搅拌筒或叶片旋转方向与筒体上箭头所示方向一致，对反转出料的搅拌机，应使搅拌筒正、反转运转数分钟，并应无冲击抖动现象和异常噪声。作业前，应进行料斗提升试验，应观察并确认离合器、制动器灵活可靠；

(7) 应检查并校正供水系统的指示水量与实际水量的一致性；当误差超过2%时，应检查管路的漏水点，或应校正节流阀；

(8) 应检查集料规格并应与搅拌机性能相符，超出许可范围的不得使用；

(9) 搅拌机启动后，应使搅拌筒达到正常转速后进行上料。上料时应及时加水。每次加入的拌合料不得超过搅拌机的额定容量并应减少物料粘罐现象，加料的次序应为石子-水泥-砂子或砂子-水泥-石子；

(10) 进料时，严禁将头或手伸入料斗与机架之间。运转中，严禁用手或工具伸入搅拌筒内扒料、出料；

(11) 搅拌机作业中，当料斗升起时，严禁任何人在料斗下停留或通过；当需要在料斗下检修或清理料坑时，应将料斗提升后用铁链或插入销锁住；

(12) 向搅拌筒内加料应在运转中进行，添加新料应先将搅拌筒内原有的混凝土全部卸出后方可进行。作业中，应观察机械运转情况，当有异常或轴承温升过高等现象时，应停机检查；需检修时，应将搅拌筒内的混凝土清除干净，然后再进行检修；

(13) 加入强制式搅拌机的集料最大粒径不得超过允许值，并应防止卡料。每次搅拌时，加入搅拌筒的物料不应超过规定的进料容量；

(14) 强制式搅拌机的搅拌叶片与搅拌筒底及侧壁的间隙，应经常检查并确认符合规定，当间隙超过标准时，应及时调整。当搅拌叶片磨损超过标准时，应及时修补或更换；

(15) 作业后，应对搅拌机进行全面清理，当操作人员需进入筒内时，必须切断电源或卸下熔断器，锁好开关箱，挂上“禁止合闸”标牌，并应有专人在外监护；

(16) 作业后，应将料斗降落到坑底，当需升起时，应用链条或插销扣牢。冬季作业后，应将水泵、放水开关、量水器中的积水排尽；

(17) 搅拌机在场内移动或远距离运输时，应将进料斗提升到上止点，用保险铁链或插销锁住。

3. 混凝土搅拌站

(1) 混凝土搅拌站的安装，应由专业人员按出厂说明书规定进行，并应在技术人员指导下，组织调试，在各项技术性能指标全部符合规定并经验收合格后，方可投产使用。

(2) 与搅拌站配套的空气压缩机、皮带输送机及混凝土搅拌机等设备，应执行有关规程中的规定。

(3) 作业前检查项目应符合下列要求

1) 搅拌筒内和各配套机构的传动、运动部位及仓门、斗门、轨道等均无异物卡住；

2) 各润滑油箱的油面高度符合规定。打开阀门排放气路系统中气水分离器的过多积水，打开贮气筒排污螺栓放出油水混合物；

3) 提升斗或拉铲的钢丝绳安装、卷筒缠绕均正确，钢丝绳及滑轮符合规定，提升料斗及拉铲的制动器灵敏有效；

4) 各部位螺栓已紧固，各进、排料阀门无超限磨损，各输送带的张紧度适当，不跑偏；

5) 称量装置的所有控制和显示部分工作正常，其精度符合规定；

6) 各电气装置能有效地控制机械动作，各接触点和动、静触头无明显损伤。

(4) 应按搅拌站的技术性能准备合格的砂、石集料，粒径超出许可范围的不得使用。

(5) 机组各部分应逐步启动，启动后，各部件运转情况和各仪表指示情况应正常，油、气、水的压力应符合要求，方可开始作业。

(6) 作业过程中，在贮料区内和提升斗下，严禁人员进入。

(7) 搅拌筒启动前应盖好仓盖。机械运转中，严禁将手、脚伸入料斗或搅拌筒探摸。

(8) 当拉铲被障碍物卡死时，不得强行起拉，不得用拉铲起吊重物，在拉料过程中，不得进行回转操作。

(9) 搅拌机满载搅拌时不得停机，当发生故障或停电时，应立即切断电源，锁好开关箱，将搅拌筒内的混凝土清除干净，然后排除故障或等待电源恢复。

(10) 搅拌站各机械不得超载作业；应检查电动机的运转情况，当发现运转声音异常或温升过高时，应立即停机检查；电压过低时不得强制运行。

(11) 搅拌机停机前，应先卸载，然后按顺序关闭各部位开关和管路，将螺旋管内的水泥全部输送出来，管内不得残留任何物料。

(12) 作业后，应清理搅拌筒、出料门及出料斗，并用水冲洗，同时冲洗附加剂及其供给系统；称量系统的刀座、刀口应清洗干净，并应确保称量精度。

(13) 冰冻季节，应放尽水泵、附加剂泵、水箱及附加剂箱内的存水，并应启动水泵和附加剂泵运转1～2min。

(14) 当搅拌站转移或停用时，应将水箱，附加剂箱，水泥、砂、石贮存料斗及称量斗内的物料排净，并清洗干净；转移中，应将杆杠秤表头平衡砣秤杆固定，传感器应卸载。

4. 混凝土泵

(1) 混凝土泵应安放在平整、坚实的地面上，周围不得有障碍物，在放下支腿并调整后应使机身保持水平和稳定，轮胎应楔紧。

(2) 泵送管道的敷设应符合下列要求：

1) 水平泵送管道宜直线敷设；

2) 垂直泵送管道不得直接装接在泵的输出口上，应在垂直管前端加装长度不小于20m的水平管，并在水平管近泵处加装逆止阀；

3) 敷设向下倾斜的管道时，应在输出口上加装一段水平管，其长度不应小于倾斜管高低差的5倍。当倾斜度较大时，应在坡度上端装设排气阀；

4）泵送管道应有支承固定，在管道和固定物之间应设置木垫作缓冲，不得直接与钢筋或模板相连，管道与管道间应连接牢靠；管道接头和卡箍应扣牢密封，不得漏浆；不得将已磨损管道装在后端高压区；泵送管道敷设后，应进行耐压试验。

（3）砂石粒径、水泥标号及配合比应按出厂规定，满足泵机可泵性的要求。

（4）作业前应检查并确认泵机各部位螺栓紧固，防护装置齐全可靠，各部位操纵开关、调整手柄、手轮、控制杆、旋塞等均在正确位置，液压系统正常无泄漏，液压油符合规定，搅拌斗内无杂物，上方的保护格网完好无损并盖严。

（5）输送管道的管壁厚度应与泵送压力匹配，近泵处应选用优质管子。管道接头、密封圈及弯头等应完好无损；高温烈日下应采用湿麻袋或湿草袋遮盖管路，并应及时浇水降温，寒冷季节应采取保温措施。

（6）应配备清洗管、清洗用品、接球器及有关装置；开泵前，无关人员应离开管道周围。

（7）启动后，应空载运转，观察各仪表的指示值，检查泵和搅拌装置的运转情况，确认一切正常后，方可作业；泵送前应向料斗加10L清水和0.3m^3的水泥砂浆润滑泵及管道。

（8）泵送作业中，料斗中的混凝土平面应保持在搅拌轴轴线以上。料斗格网上不得堆满混凝土，应控制供料流量，及时清除超粒径的集料及异物，不得随意移动格网。

（9）当进入料斗的混凝土有离析现象时应停泵，待搅拌均匀后再泵送；当集料分离严重，料斗内灰浆明显不足时，应剔除部分集料，另加砂浆重新搅拌。

（10）泵送混凝土应连续作业；当因供料中断被迫暂停时，停机时间不得超过30min；暂停时间内应每隔5～10min（冬季3～5min）作2～3个冲程反泵—正泵运动，再次投料泵送前应先将料搅拌；当停泵时间超限时，应排空管道。

（11）垂直向上泵送中断后再次泵送时，应先进行反向推送，使分配阀内混凝土吸回料斗，经搅拌后再正向泵送。

（12）泵机运转时，严禁将手或铁锹伸入料斗或用手抓握分配阀；当需在料斗或分配阀上工作时，应先关闭电动机和消除蓄能器压力。

（13）不得随意调整液压系统压力。当油温超过70℃时，应停止泵送，但仍应使搅拌叶片和风机运转，待降温后再继续运行。

（14）水箱内应贮满清水，当水质混浊并有较多砂粒时，应及时检查处理。

（15）泵送时，不得开启任何输送管道和液压管道；不得调整、修理正在运转的部件。

（16）作业中，应对泵送设备和管路进行观察，发现隐患应及时处理；对磨损超过规定的管子、卡箍、密封圈等应及时更换。

（17）应防止管道堵塞。泵送混凝土应搅拌均匀，控制好坍落度；在泵送过程中，不得中途停泵；当出现输送管堵塞时，应进行反泵运转，使混凝土返回料斗；当反泵几次仍不能消除堵塞，应在泵机卸载情况下，拆管排除堵塞。

（18）作业后，应将料斗内和管道内的混凝土全部输出，然后对泵机、料斗、管道等进行冲洗；当用压缩空气冲洗管道时，进气阀不应立即开大，只有当混凝土顺利排出时，方可将进气阀开至最大；在管道出口端前方10m内严禁站人，并应用金属网篮等收集冲出的清洗球和砂石粒；对凝固的混凝土，应采用刮刀清除。

（19）作业后，应将两侧活塞转到清洗室位置，并涂上润滑油；各部位操纵开关复位。

六、钢筋加工机械

1. 基本要求

（1）钢筋加工机械中的电动机、液压装置、卷扬机的使用，应执行有关规程中的规定；

（2）机械的安装应坚实稳固，保持水平位置。固定式机械应有可靠的基础；移动式机械作业时应楔紧行走轮；

（3）室外作业应设置机棚，机旁应有堆放原料、半成品的场地；

（4）加工较长的钢筋时，应有专人帮扶，并听从操作人员指挥，不得任意推拉；

（5）作业后，应堆放好成品，清理场地，切断电源，锁好开关箱，做好润滑工作。

2. 钢筋切断机

（1）接送料的工作台面应和切刀下部保持水平，工作台的长度可根据加工材料长度确定；

（2）启动前，应检查并确认切刀无裂纹，刀架螺栓紧固，防护罩牢靠。然后用手转动皮带轮，检查齿轮啮合间隙，调整切刀间隙；

（3）启动后，应先空运转，检查各传动部分及轴承运转正常后，方可作业；

（4）机械未达到正常转速时，不得切料；切料时，应使用切刀的中、下部位，紧握钢筋对准刃口迅速投入，操作者应站在固定刀片一侧用力压住钢筋，防止钢筋末端弹出伤人；严禁用两手分在刀片两边握住钢筋俯身送料；

（5）不得剪切直径及强度超过机械铭牌规定的钢筋和烧红的钢筋；一次切断多根钢筋时，其总截面积应在规定范围内；

（6）剪切低合金钢时，应更换高硬度切刀，剪切直径应符合机械铭牌规定；

（7）切断短料时，手和切刀之间的距离应保持在150mm以上，如手握端小于400mm时，应采用套管或夹具将钢筋短头压住或夹牢；

（8）运转中，严禁用手直接清除切刀附近的断头和杂物。钢筋摆动周围和切刀周围，不得停留非操作人员。当发现机械运转不正常、有异常响声或切刀歪斜时，应立即停机检修；

（9）作业后，应切断电源，用钢刷清除切刀间的杂物，进行整机清洁润滑；

（10）液压传动式切断机作业前，应检查并确认液压油位及电动机旋转方向符合要求；启动后，应空载运转，松开放油阀，排净液压缸体内的空气，方可进行切筋；

（11）手动液压式切断机使用前，应将放油阀按顺时针方向旋紧，切割完毕后，应立即按逆时针方向旋松。作业中，手应持稳切断机，并戴好绝缘手套。

3. 钢筋弯曲机

（1）工作台和弯曲机台面应保持水平，作业前应准备好各种芯轴及工具；

（2）应按加工钢筋的直径和弯曲半径的要求，装好相应规格的芯轴和成型轴、挡铁轴，芯轴直径应为钢筋直径的2.5倍，挡铁轴应有轴套；

（3）挡铁轴的直径和强度不得小于被弯钢筋的直径和强度。不直的钢筋，不得放在弯曲机上来作弯曲加工；

（4）应检查并确认芯轴、挡铁轴、转盘等无裂纹和损伤，防护罩坚固可靠，空载运转正常后，方可作业；

（5）作业时，应将钢筋需弯一端插入在转盘固定销的间隙内，另一端紧靠机身固定销，并用手压紧；应检查机身固定销并确认安放在挡住钢筋的一侧，方可开动；

（6）作业中，严禁更换轴芯、销子和变换角度以及调速，也不得进行清扫和加油；

（7）对超过机械铭牌规定直径的钢筋严禁进行弯曲；在弯曲未经冷拉或带有锈皮的钢筋时，应戴防护镜；

（8）弯曲高强度或低合金钢筋时，应按机械铭牌规定换算最大允许直径并应调换相应的芯轴。在弯曲钢筋的作业半径内和机身不设固定销的一侧严禁站人。弯曲好的半成品，应堆放整齐，弯钩不得朝上；

（9）转盘换向时应待停稳后才能进行。作业后，应及时清除转盘及插入座孔内的铁锈、杂物等。

4. 预应力钢丝拉伸设备

（1）作业场地两端外侧应设有防护栏杆和警告标志。作业前，应检查被拉钢丝两端的镦头，当有裂纹或损伤时，应及时更换；

（2）固定钢丝镦头的端钢板上圆孔直径应较所拉钢丝的直径大0.2mm；

（3）高压油泵启动前，应将各油路调节阀松开，再开动油泵，待空载运转正常后，紧闭回油阀，逐渐拧开进油阀，待压力表指示值达到要求，油路无泄漏，确认正常后，方可作业；

（4）作业中，操作应平稳、均匀。张拉时，两端不得站人。拉伸机在有压力的情况下，严禁拆卸液压系统的任何零件；

（5）高压油泵不得超载作业，安全阀应按设备额定油压调整，严禁任意调整；

（6）在测量钢丝的伸长时，应先停止拉伸，操作人员必须站在侧面操作。用电热张拉法带电操作时，应穿戴绝缘胶鞋和绝缘手套。张拉时，不得用手摸或脚踩钢丝；

（7）高压油泵停止作业时，应先断开电源，再将回油阀缓慢松开，待压力表退回至零位时，方可卸开通往千斤顶的油管接头，使千斤顶全部卸荷。

第七节　临时用电安全技术

一、安全用电措施主要内容

（1）建立临时用电施工组织设计和安全用电技术措施的编制、审批制度，并建立相应的技术档案。

（2）建立技术交底制度。向专业电工、各类用电职工介绍临时用电施工组织设计和安全用电技术措施的总体意图，技术内容和注意事项，并应在技术交底文字资料上履行交底人和被交底人的签字手续，注明交底日期。

（3）建立安全检测制度。从临时用电工程竣工开始，定期（按规范要求）对临时用电工程进行检测，主要内容是：接地电阻测试，电气绝缘电阻值测试，漏电保护器动作参数等，以监视临时用电工程是否安全可靠，并做好检测记录。

（4）建立电气维修制度。加强日常和定期维修工作，及时发现和消除隐患，并建立维修工作记录，记载维修时间、地点、设备、内容、技术措施、处理结果、维修人员、验收人员等。

（5）建立工程拆除制度。临时用电工程拆除应有组织的统一进行，拆除前必须制定措施确定拆除时间、人员、程序、方法、注意事项和防护措施等。

（6）建立安全用电责任制。对临时用电设备的操作、监护、维修分片、分区域、分机落实到人（明确人员责任到位），并明确必要的奖惩措施。

（7）建立安全检查和评估制度。企业、项目部按《建筑施工安全检查标准》JGJ 59—2011 定期对现场用电安全情况进行检查评估。

（8）建立安全教育和培训制度。定期对专业电工和各类用电人员进行用电安全教育培训，上岗人员必须持有劳动部门核发的上岗证书，严禁无证上岗。

二、预防电气火灾的措施

（1）根据设备容量正确地选择电缆截面、开关，杜绝电缆线路过负荷工作，从而避免电缆线路火灾的发生；

（2）根据计算电流正确选择熔断器中熔体额定电流，熔体额定电流应小于电缆允许载流量的 2.5 倍。用电人员必须正确执行安全操作规程，避免作业不当造成火灾；

（3）电气操作人员在接线过程中，要正确连接导线，接线柱要压牢、压实。各种开关触头要压接牢固。铜铝连接时要有过渡端子，以防加大电阻引起火灾；

（4）总配电室的耐火等级要大于三级，室内配置绝缘灭火器和砂箱。按要求进行检查和清扫；

（5）保证机械设备正常运行，严禁超载使用，设备周围无易燃物；

（6）现场使用电焊机要执行动火审批制度，办理审批手续。施焊周围不应有易燃物体，并有人监护同时备有防火设备；

（7）配电箱、开关箱内严禁存放杂物及易燃物体；

（8）易燃物仓库的照明装置要采用防爆型设备，导线敷设、灯具安装、导线与设备连接均应满足有关规范要求；

（9）做好防雷、防静电接地工作，防止雷电及静电火花引起火灾；

（10）施工现场消防水泵电源应由总配电室内专用回路引出，并且此路不得设置漏电断路器；

（11）施工现场内严禁使用电炉子，职工宿舍严禁使用“热得快”，严禁使用床头灯、床头电扇。职工宿舍严禁使用碘钨灯取暖。施工现场使用碘钨灯时灯与易燃物间距要大于 300mm；

（12）施工现场一旦发生电气火灾首先要切断电源，切断电源时应戴绝缘手套使用绝缘工具；扑灭电气火灾时要使用绝缘性能好的灭火器或干燥砂子。严禁使用导电灭火器进行扑救。

三、电器防护

1. 外电防护

（1）在建工程不得在外电线路正下方施工，搭设作业棚、建造生活设施或堆放构件、架具、材料及其他杂物等；

（2）在建工程（含脚手架）的周边与外电架空线路的边线之间必须保持安全操作距

离。最小安全操作距离不应小于表 5-9 中的数值；

在建工程（含脚手架）的周边与架空线路的边线之间的最小安全操作距离　　表 5-9

外电线路电压等级(kV)	1 以下	1～10	35～110	154～220	330～500
最小安全操作距离(m)	4	6	8	10	15

(3) 上、下脚手架的斜道不宜设在有外电线路一侧；

(4) 施工现场道路与外电架空线路交叉时，架空线路的最低点与路面的垂直距离不应小于表 5-10 所列数值：

架空线路的最低点与路面最小的垂直距离　　表 5-10

外电线路电压等级（kV）	1 以下	1～10	35～110	154～220	330～500
最小安全操作距离（m）	4	6	8	10	15

(5) 塔吊的任何部位或被吊物边缘与架空线路的最小距离不得小于表 5-11 所列数值：

塔吊的任何部位或被吊物边缘与架空线路的最小距离　　表 5-11

电压(kV) / 最小距离(m)	小于 1	1～15	20～40	60～110	220
沿垂直方向	1.5	3	4	5	6
沿水平方向	1	1.5	2	4	6

(6) 施工现场开挖沟槽边缘与外电埋地电缆沟槽边缘之间的距离不得小于 0.5m；

(7) 施工时外电线路达不到最小距离的规定时，必须采取绝缘隔离防护措施，增设屏障、遮栏、围栏、保护网等，并悬挂醒目的警告标志牌。架设防护设施时，应有电气工程技术人员和专职安全人员监护；

(8) 防护措施无法实现时，必须与有关部门协商，采取停电、迁移外电线路或改变工程位置等措施，未采取上述措施的严禁施工；

(9) 在外电线路附近开挖沟槽时，必须会同有关部门采取加固措施，防止外电线路电杆倾斜、悬倒。

2. 电气设备防护

(1) 电气设备现场周围应无易燃物，否则应清除或作防护处置；

(2) 电气设备设置场所应能避免物体打击和机械损伤，否则作防护处置；

(3) 电气设备应设置防雨篷或采用防雨型。

四、临时用电保护系统

1. 临时用电接地系统的一般要求

(1) 根据规范要求施工现场专用电源中性点直接接地的 220/380V 用电线路中必须采用 TN-S 系统（或 TN-C-S 系统）；

电气设备的金属外壳必须与保护零线连接，保护零线应由工作接地线、配电室（总配电柜）电源侧零线或总漏电断路器电源侧零线处引出；

(2) 当施工现场与外电线路共用同一供电系统时，电气设备应按 TN－C－S 系统作保护接零。严禁一部分作保护接零，另一部分作保护接地。

2. 保护接地系统

(1) 保护接地系统多用在变压器中性点不接地的系统中（IT），如煤矿井下供电系统。或变压器中性点接地的TT供电系统中；

(2) 在变压器中性点不接地的系统中，当线路或设备的带电部分与外壳接触时，由于线路与大地之间存在着分布电容，如果人体触及机壳，则将有电容电流通过人体与分布电容构成回路，发生触电。如果电动机外壳作了保护接地，当人体触及漏电设备的外壳时，形成人体电阻与接地电阻的并联电路。由于人体电阻（$R_{人}=1000\Omega$）远比接地电阻($R_{地}=4\Omega$）大得多，并联电路中支路电流与支路阻抗值成反比，所以通过人体的电流就很小，从而避免了触电事故。

3. 保护接零系统

(1) 施工现场供电系统必须采用保护接零系统即TN-S或TN-C-S系统；

(2) 在TN-S系统中采用保护接零系统后，当电气绝缘损坏时，相电压经过机壳到零线形成通路，产生很大的短路电流。此电流将足以使保护电气装置（熔体）迅速动作，切断故障部分的电源，保证安全供电；

(3) 在TN-S系统中如果采用保护接地，不能有效地防止触电事故；

(4) 在供电系统设置时，不能将保护接地系统与保护接零系统混合接入，因为当外壳接地的设备发生碰壳而引起事故电流烧不断熔体或电器保护装置不动作时，设备外壳就带有110V的电压，这时使整个中线对地的电位升高到110V，于是其他接零设备的外壳对地都有110V电压，这是非常危险的。

4. 重复接地

(1) 在TN-S系统中除必须在配电室或总配电箱处作重复接地外，还必须在配电线路的中间处和末端处做重复接地；

一般施工现场实际设置时在总配电箱、分配电箱设置重复接地装置，开关箱距分配电箱距离较长时应设置重复接地装置；

(2) 重复接地极应采用ϕ50×4钢管长2500mm，1根或2根垂直打入地下其间距为5000mm，焊接符合规范要求。最好利用建筑物内自然接地体作重复接地；

(3) 重复接地的接地电阻不大于4Ω（或10Ω）；

(4) 重复接地装置设置时其接地线应采用截面不小于$10mm^2$的黄绿双色线加PVC保护管进入配电箱，并接在配电箱内PE接零排上；

(5) 接地体不得使用铝导体或铝芯线，不得使用螺纹钢作为接地体或接地干线；

(6) 在TN-S系统中严禁将单独敷设的工作零线再作重复接地。

5. 防雷接地

(1) 施工现场内的井架、人货提升机、龙门架、外脚手架（采用多点法）、塔吊（不设置接闪器）、职工宿舍活动房、彩钢板办公楼等，均需设置防雷保护装置，防止直击雷或雷电感应的破坏。

(2) 机械设备的防雷引下线可利用该设备的金属结构体，但必须保证电气连接。

(3) 防雷接地装置的焊接必须符合规范要求，圆钢双面焊接长度为直径的6倍。扁钢为宽度的2倍。导线连接必须采用黄绿双色线并加接线端子、镀锌螺栓、镀锌平垫及弹簧垫；

（4）施工现场内所有防雷装置的冲击接地电阻值不得大于30Ω。

五、配电室（总配电房）

（1）施工现场配电室应靠近电源，并尽量设在施工用电负荷中心，并应设在灰尘少、无振动的地方；

（2）配电室应满足防雨、防火要求，应能自然通风并应有防止动物出入的措施；

（3）配电室的建筑物和构筑物的耐火等级不低于3级，一般应用砖砌体并内外粉刷，设有通风窗，配电室的门应向外开并配锁。配电室内设有电缆沟，配电室高度不应小于3m，保证配电柜上端距顶棚不小于0.5m；

（4）配电室布置时应满足配电柜前侧通道不小于1.5m，后侧操作或维修通道不小于1.5（0.8）m，侧面维修通道宽度不小于1m；

（5）配电室内应配有照明灯及应急灯，配有黄砂箱和灭火器。配有绝缘防护用品；

（6）总配电柜应装设有功电度表、分路装设电流、电压表。及电源指示灯。总配电柜应装设电源隔离开关及短路、过载、漏电保护电器，电源隔离开关分断时应有明显可见分断点；

（7）总配电柜应编号，并应有用途标记（回路名称）；

（8）总配电柜停电维修时，应挂接临时地线，并应悬挂停电标志牌。停送电必须由专人负责。

六、配电线路

1. 架空线路

（1）施工现场内架空线必须采用绝缘导线，架空线必须架设在专用电杆上，严禁架设在树木、脚手架上；

（2）架空线截面应满足机械强度要求，绝缘铜线截面不小于$10mm^2$，绝缘铝线截面不小于$16mm^2$，架空线路在1个档距内1条导线只允许有1个接头；

（3）架空线路相序排列规定：

1）动力、照明线在同一横担上架设时，导线相序排列是：面向负荷从左侧起依次为L_1、N、L_2、L_3、PE；

2）动力、照明线在二层横担上分别架设时，导线相序排列是：上层横担面向负荷侧从左起依次为L_1、L_2、L_3；下层横担面向负荷侧从左侧起依次为L_1、（L_2、L_3）、N、PE；

（4）架空线路应采用混凝土杆或木杆，木杆不得腐朽其稍径不应小于140mm。电杆埋深为杆长的1/10加0.6m，回填土应分层夯实；

（5）架空线距施工现场最小垂直距离不应小于4m，距机动车道不应小于6m；

（6）其他要求按有关规范设置。

2. 电缆线路

（1）变压器到总配电柜的电源电缆应采用5芯电力电缆（或4芯），电缆芯线必须按规范要求分色。严禁电缆芯线混用；

（2）电缆截面选用必须经计算选并经验算后确定。电缆类型应根据敷设方式、环境条件选择。埋地敷设宜选用铠装电缆；

（3）施工现场电缆水平敷设，一般应采用电缆沟敷设、穿保护管敷设、直埋敷设等敷设方法，个别情况可以采用加绝缘子（绑扎线必须采用绝缘导线）沿墙体架空敷设的方式；

(4) 直埋敷设时其深度不应小于0.6m，并应在电缆紧邻上、下、左、右侧均匀敷设不小于50mm厚的细砂，然后覆盖砖、混凝土块等硬质保护层；

(5) 电缆穿越建筑物、道路、易受机械损伤等场所及引出地面从配电箱或设备到地下0.2m处，必须加设防护套管；

(6) 埋地电缆接头应设在地面上接线盒内，接线盒应防水、防机械损伤，直埋电缆不应有接头；

(7) 电缆头制作及中间接头制作应满足有关制作工艺要求；

(8) 移动开关箱电源电缆、小型移动设备电源电缆、现场局部照明电缆等必须采用橡皮护套铜芯软电缆；

(9) 建筑物内楼层供电电源可采用电缆或采用BV导线（分色）穿保护管敷设的方式向各层供电。垂直敷设应利用在建工程的电气管道竖井等；

(10) 施工现场操作棚、加工厂、职工宿舍、办公室照明导线敷设时必须采用全程穿保护管的方式，按明敷标准设置其各种配件必须齐全。

七、配电箱及开关箱设置

1. 配电箱及开关箱的设置

(1) 配电系统必须设置配电柜、分配电箱、开关箱或设置总配电箱、分配电箱、开关箱，必须满足三级配电三级保护的要求；

(2) 根据施工供电系统要求总配电柜到分配用放射式供电方式；分配到开关箱采用放射与链式相结合的供电方式，确保供电系统的安全、可靠满足施工要求；

(3) 每台用电设备必须有各自的专用的开关箱，必须实行"一机一闸一漏一箱"（照明配电箱除外），严禁用同1个开关箱直接控制2台或2台以上用电设备（含插座）；

(4) 一般分配电箱内设专用照明回路，动力开关箱与照明配电箱必须分别设置；

(5) 施工现场配电箱、开关箱安装方式、安装高度（箱底距地1.3m）应统一，配电箱、开关箱周围应有足够2个人同时工作的空间和通道，并不得堆放任何妨碍操作、维修的物品，不得有杂草。配电箱安装应端正、牢固；

(6) 移动配电箱、开关箱应装设在坚固、稳定的支架上，其下底与地面的垂直距离为0.6～1.5m；

(7) 配电箱、开关箱应采用铁板制作，铁板厚度应为1.5～2.0mm。配电箱、开关箱内的电器（包括插座）应固定在金属电器安装板上，金属电器安装板与金属箱体PE排作电气连接；

(8) 配电箱内的电器安装应正直、牢固，不得歪斜和松动。配电箱内必须装设N排、PE排，工作接零排必须与箱体绝缘，保护接零排必须与金属箱体作电气连接；

(9) 配电箱、开关箱内的连接线必须采用绝缘导线其截面满足负荷电流要求；

(10) 配电箱、开关箱尺寸应与箱内电器的数量相适应；

(11) 配电箱、开关箱中导线、电缆进、出线口必须设置在箱体下底面，并配固定卡子，严禁设在上顶、侧面、后面或箱门处；

(12) 配电箱、开关箱外形结构应能防雨、防雪、防尘等。

2. 电箱内电器装置的选择

配电箱、开关相内的电器必须可靠、完好，严禁使用破损、不合格的电器。总配电柜的电器应具备电源隔离，正常接通与分断电路，以及短路、过载、漏电保护功能。总配电柜设置原则是：

（1）施工现场供电采用放射式供电时，总配电柜内应设置总隔离开关、分路隔离开关、分路漏电断路器。隔离开关应选择刀型开关，分断是应具有明显可见分断点；

（2）总配电柜应装设电压表、总电流表、电度表及其他需要的仪表。专用电能计量的装设应符合当地供用电管理部门的要求。装设电流互感时，其二次回路必须与保护零线有一个连接点，并且严禁开路；

（3）分配电箱应装设总隔离开关、分路隔离开关、分路漏电断路器其漏电动作电流设为50mA，动作时间小于0.1s。装设N排及PE排应采用铜排。分配电箱内配线应采用暗敷，导线截面应与配电装置匹配导线截面不应小于10mm^2，导线必须按规范要求分色；

（4）开关箱必须装设隔离开关、漏电断路器其漏电动作电流不大于30mA，动作时间不大于0.1s。应装设PE排。导线截面应按负荷电流选择且不应小于4mm^2；

（5）移动开关箱必须设隔离开关、漏电断路器其漏电动作电流30mA，动作时间小于0.1s。应装设PE排。导线截面应按负荷电流选择且不应小于4mm^2。移动配电箱必须设置插座且保护接零到位；

（6）照明配电箱应设总隔离开关、分路隔离开关、分路漏电断路器，其漏电动作电流为30mA，动作时间小于0.1s。移动照明配电箱，各回路必须设置插座且保护接零到位；

（7）塔吊、对焊机、大型混凝土搅拌站等设置专用配电箱；

（8）操作层移动竖向电渣压力焊机、交流、直流电焊机必须设置专用移动配电箱；

（9）开关箱、移动开关箱中各开关电器的额定值和动作电流整定值应与其控制用电设备的额定值匹配；

（10）开关箱只能直接控制照明电路或容量小于5.5kW的动力设备并且不能频繁启动，设备容量大于5.5kW的动力设备应使用专用（交流接触器）控制箱控制。

3. 配电箱、开关箱的使用与维护

（1）配电箱、开关箱应有配电箱名称、编号、责任电工名称、分路标记（回路名称）；

（2）配电箱、开关箱箱门就配锁，并由专人负责；

（3）配电箱、开关箱项目部每7天检查一次，并填写记录。专业电工必须持证上岗，每天使用前对配电箱、开关箱进行一次检查。电工检查、维修时必须其前一级配电箱相应的电源隔离开关分闸，并悬挂停电标志牌同时要求电工必须使用绝缘用具。

（4）配电箱、开关箱操作顺序：

1）送电操作为：总配电柜→分配电箱→开关箱；

2）停电操作：开关箱→分配电箱→总配电柜；

3）施工现场停电1h以上应将动力开关箱断电上锁；

4）配电箱、开关箱内不得放置任何杂物，并应经常保持整洁；

5）配电箱、开关箱不得随意挂接其他用电设备；

6）配电箱、开关箱内的电器配置不得随意改动，熔体更换时严禁用不符合原规格的熔体代替（铜丝等）；

7）进出电缆不得受到外力，电缆固定牢固。

八、电焊机及小型移动机具的使用

（1）电焊机必须设置专用移动配电箱，电焊机电缆长度不应大于5m，电源进线处必须设置防护罩；

（2）电焊机就放置在防雨干燥和通风良好的地方，焊接现场不得有易燃、易爆物品；

（3）电焊机二次线必须使用防水橡皮护套铜芯软电缆，电缆长度不应大于30m；

（4）电焊机应配置二次降压保护器，空载时能自停；

（5）使用电焊机焊接时必须穿戴防护用品；

（6）电焊机保护接零必须到位，接线必须由专业电工接线；

（7）小型移动设备必须设置专用移动配电箱，必须使用插头。严禁使用移动电源电缆盘、移动电源过线板等移动电源；

（8）小型设备的保护接零必须按规范要求到位，Ⅰ、Ⅱ类用电设备必须作保护接零并按规范要求设置漏电断路器，Ⅲ类用电设备可不作保护接零，但必须设置漏电断路器；

（9）小型移动设备电源电缆必须使用耐气候型的橡皮护套铜芯软电缆。小型设备必须完好并对其检查确认合格后方可使用；

（10）手持式电动工具使用时，必须按规定穿、戴绝缘防护用品。

九、施工现场及职工宿舍照明

（1）施工现场必须按要求设备专用照明配电箱，所有照明电源必须取自照明配电箱内；

（2）施工现场固定照明灯具应选用吸顶式防水灯室外距地安装距离不小于3m，室内距地安装距离不小于2.4m，并固定牢固。所有电源线必须穿PVC保护管，按永久工程明敷要求设置，要求配件齐全；

（3）地下室、楼梯间临时照明灯，应采用36V电源供电，导线或电缆必须按规范要求加绝缘子敷设对地距离不小于2.4m，满足规范要求。低压（36V）变压器应选择双绕组变压器；

（4）施工现场固定照明应选用高光效、长寿命的照明光源（如泛光灯），需大面积照明采用高压钠灯等；

（5）施工现场局部照明采用移动碘钨灯时应采用36V电源并设置专用固定支架，固定照明时可采用220V电源并必须做好保护接零，同时距易燃物30cm以上的安全距离；

（6）停电后需及时撤离现场的特殊工程，装设应急电源灯；

（7）所有灯具的金属外壳必须做好保护接零。所有移动照明必须使用橡皮护套铜芯软电缆，施工现场严禁使用花线、护套线作照明线；

（8）职工宿舍照明灯具必须采用吸顶式安装，导线敷设按规范要求全程穿保护管。职工宿舍照明电源推荐采用36V低压电源，并不应设电源插座。职工宿舍夏季应统一配置电风扇和手机集中充电处；

（9）必须加强对职工宿舍的管理力度，严禁乱接乱拉电源插座及照明灯具，严禁使用电炉子、热得快等用电设备；

（10）项目部应在会议室或职工食堂统一设置电视机等文化设施，为职工提供文化娱乐场所。

【本章小结】 重点介绍土方工程安全施工技术；脚手架安全施工技术；模板工程安全技术；顶管施工安全技术；盾构施工注意事项；相关施工机械安全技术规程；临时用电安全技术。

【复习思考题】

1. 挖土的一般规定有哪些？
2. 人工挖基作业，从基坑内抛上的土方应边挖边运，基坑上边缘暂时堆放的土方至少距坑边多少米以外，堆放高度不得超过多少米？
3. 顶管施工应注意哪些要点？
4. 盾构施工应注意哪些要点？
5. 脚手架搭设应注意哪些问题？
6. 脚手架拆除应注意哪些问题？
7. 模板拆除一般要求有哪些？
8. 单斗挖掘机作业前重点检查项目如何要求？
9. 转盘钻孔机作业前重点检查项目如何要求？
10. 起重机械基本要求有哪些？
11. 混凝土搅拌站作业前检查要求有哪些？
12. 钢筋加工的一般要求有哪些？
13. 安全用电的要求有哪些？
14. 重复接地应注意哪些问题？
15. 宿舍照明如何保障安全？
16. 工人进场后，需要进行怎样的培训教育？
17. 架空输电导线的安全距离是多少？

第六章　环境保护及创建市政工程施工文明安全生产标准化工地

【学习重点】 环境保护；创建市政工程施工文明安全生产标准化工地。

第一节　环　境　保　护

环境保护是按照法律法规、各级主管部门和企业的要求，保护和改善作业现场的环境，控制现场的各种粉尘、废水、废气、固体废弃物、噪声、振动等对环境的污染和危害。环境保护也是文明施工的重要内容之一。

一、现场环境保护的意义

保护和改善施工环境是保证人们身体健康和社会文明的需要。采取专项措施防止粉尘、噪声和水源污染，保护好作业现场及其周围的环境，是保证职工和相关人员身体健康、体现社会总体文明的一项利国利民的重要工作。

保护和改善施工现场环境是消除对外部干扰保证施工顺利进行的需要。随着人们的法制观念和自我保护意识的增强，尤其在城市中，施工扰民问题反映突出，应及时采取防治措施，减少对环境的污染和对市民的干扰，也是施工生产顺利进行的基本条件。

保护和改善施工环境是现代化大生产的客观要求。现代化施工广泛应用新设备、新技术、新的生产工艺，对环境质量要求很高，如果粉尘、振动超标就可能损坏设备、影响功能发挥，使设备难以发挥作用。

节约能源、保护人类生存环境、保证社会和企业可持续发展的需要。人类社会即将面临环境污染和能源危机的挑战。为了保护子孙后代赖以生存的环境条件，每个公民和企业都有责任和义务来保护环境。良好的环境和生存条件，也是企业发展的基础和动力。

二、施工现场空气污染的防治措施

（1）施工现场垃圾渣土要及时清理出现场。

（2）高大建筑物清理施工垃圾时，要使用封闭式的容器或者采取其他措施处理高空废弃物，严禁凌空随意抛散。

（3）施工现场道路应指定专人定期洒水清扫，形成制度，防止道路扬尘。

（4）对于细颗粒散体材料（如水泥、粉煤灰、白灰等）的运输，储存要注意遮盖、密封，防止和减少飞扬。

（5）车辆开出工地要做到不带泥砂，基本做到不洒土、不扬尘，减少对周围环境的污染。

（6）除设有符合规定的装置外，禁止在施工现场焚烧油毡、橡胶、塑料、皮革、树叶、枯草、各种包装物等废弃物品以及其他会产生有毒、有害烟尘和恶臭气体的物质。

（7）机动车都要安装减少尾气排放的装置，确保符合国家标准。

(8) 工地茶炉应尽量采用电热水器。若只能使用烧煤茶炉和锅炉时，应选用消烟除尘型茶炉和锅炉，大灶应选用消烟节能回风炉灶，使烟尘降至允许排放范围为止。

(9) 大城市市区的建设工程已不容许搅拌混凝土。在容许设置搅拌站的工地，应将搅拌站封闭严密，并在进料仓上方安装除尘装置，采用可靠措施控制工地粉尘污染。

(10) 拆除旧建筑物时，应适当洒水，防止扬尘。

三、施工过程水污染的防治措施

(1) 禁止将有毒有害废弃物用作土方回填。

(2) 施工现场搅拌站废水，现制水磨石的污水，电石（碳化钙）的污水必须经沉淀池沉淀合格后再排放，最好将沉淀水用于工地洒水降尘和采取措施回收利用。

(3) 现场存放油料，必须对库房地面进行防渗处理。如采用防渗混凝土地面、铺油毡等措施。使用时，要采取防止油料跑、冒、滴、漏等措施，以免污染水体。

(4) 施工现场100人以上的临时食堂，污水排放时可设置简易有效的隔油池，并定期清理、防止污染。

(5) 工地临时厕所，化粪池应采取防渗措施。中心城市施工现场的临时厕所可采用水冲式厕所，并有防蝇、灭蛆措施，防止污染水体和环境。

(6) 化学用品，外加剂等要妥善保管，库内存放，防止污染环境。

四、施工现场噪声的控制措施

噪声控制技术可从声源、传播途径、接收者防护等方面来考虑。

1. 声源控制

从声源上降低噪声，这是防止噪声污染的最根本的措施。

尽量采用低噪声设备和工艺代替高噪声设备与加工工艺，如低噪声振捣器、风机、电动空压机、电锯等。

在声源处安装消声器消声，即在通风机、鼓风机、压缩机、燃气机、内燃机及各类排气放空装置等进出风管的适当位置设置消声器。

2. 传播途径的控制

在传播途径上控制噪声的方法主要有以下几种。

吸声：利用吸声材料（大多由多孔材料制成）或由吸声结构形成的共振结构（金属或木质薄板钻孔制成的空腔体）吸收声能，降低噪声。

隔声：应用隔声结构，阻碍噪声向空间传播，将接受者与噪声声源分隔。隔声结构包括隔声室、隔声罩、隔声屏障、隔声墙等。

消声：利用消声器阻止传播。允许气流通过的消声降噪是防治空气动力性噪声的主要装置。如对空气压缩机、内燃机产生的噪声等。

减振降噪：对来自振动引起的噪声，通过降低机械振动减小噪声，如将阻尼材料涂在振动源上，或改变振动源与其他刚性结构的连接方式等。

3. 接收者的防护

让处于噪声环境下的人员使用耳塞、耳罩等防护用品，减少相关人员在噪声环境中的暴露时间，以减轻噪声对人体的危害。

4. 严格控制人为噪声

进入施工现场不得高声喊叫、无故甩打模板、乱吹哨，限制高音喇叭的使用，最大限度地减少噪声扰民。

5. 控制强噪声作业的时间

凡在人口稠密区进行强噪声作业时，须严格控制作业时间，一般晚 10 点到次日早 6 点期间停止强噪声作业。确是特殊情况必须昼夜施工时，尽量采取降低噪声措施，并会同建设单位找当地居委会、村委会或当地居民协调，贴出安民告示，求得群众谅解。

6. 施工现场噪声的限值

根据国家标准《建筑施工场界环境噪声排放标准》GB 12523—2011 的要求，对不同施工作业的噪声限值见表 6-1 所示。在工程施工中，要特别注意不得超过国家标准的限值，尤其是夜间禁止打桩作业。

建筑施工场界噪声限值　　**表 6-1**

施工阶段	主要噪声源	噪声限值[dB(A)]	
		昼　间	夜　间
土石方	推土机、挖掘机、装载机等	75	55
打桩	各种打桩机械等	85	禁止施工
结构	混凝土搅拌机、振动棒、电锯等	70	55
装修	吊车、升降机等	65	55

五、固体废物的主要处理方法

1. 施工工地上常见的固体废物

(1) 建筑渣土：包括砖瓦、碎石、渣土、混凝土碎块、废钢铁、碎玻璃、废屑、废弃装饰材料等。

(2) 废弃的散装建筑材料包括散装水泥、石灰等。

(3) 生活垃圾：包括炊厨废物、丢弃食品、废纸、生活用具、玻璃、陶瓷碎片、废电池、废旧日用品、废塑料制品、煤灰渣、废交通工具等。

(4) 设备、材料等的废弃包装材料。

(5) 粪便。

2. 固体废物的主要处理方法

(1) 回收利用：回收利用是对固体废物进行资源化，减量化的重要手段之一。对建筑渣土可视其情况加以利用。废钢可按需要用作金属原材料。对废电池等废气物应分散回收，集中处理。

(2) 减量化处理：减量化是对已经产生的固体废物进行分选、破碎、压实浓缩、脱水等减少其最终处置量，降低处理成本，减少对环境的污染。在减量化处理的过程中，也包括和其他处理技术相关的工艺方法，如焚烧、热解、堆肥等。

(3) 焚烧技术：焚烧用于不适合再利用且不宜直接予以填埋处置的废物，尤其是对于受到病菌、病毒污染的物品，可以用焚烧进行无害化处理。焚烧处理应使用符合环境要求的处理装置，注意避免对大气的二次污染。

(4) 稳定和固化技术：利用水泥、沥青等胶结材料，将松散的废物包裹起来，减少废物的毒性和可迁移性，使得污染减少。

(5) 填埋：填埋是固体废物处理的最终技术，经过无害化、减量化处理的废物残渣集中到填埋场进行处置。填埋场应利用天然或人工屏障。尽量使需处置的废物与周围的生态环境隔离，并注意废物的稳定性和长期安全性。

第二节　创建市政工程施工文明安全生产标准化工地

市政工程施工现场大多是开放性的，其面貌直接反映了城市的管理水平。随着我国城市管理要求的日益提高，市政工程施工现场的安全文明管理也逐步走向了高要求、高标准，全国各省市也纷纷开展了标准化工地的创建活动。

一、开展创建市政工程施工文明安全生产标准化工地的意义

市政工程施工现场的文明施工是安全生产的重要组成部分。文明施工的水平不仅体现了一个企业的管理水平，也是企业对其社会责任的一种承诺。一个物料清整、井然有序的现场直接反映了企业在施工管理过程中的细节重视度，同时也会促使施工人员提高了施工过程中对环境的关注度，间接降低了安全风险。

我国市政基础设施工程的安全生产起步较迟，文明施工水平相对建筑工程也比较落后，缺乏足够的重视度。特别是道路工程，由于战线长、工期短、露天作业以及交叉作业情况多，施工现场长期以来一直是脏、乱、差的面貌，不仅降低了市政工程的施工形象，也阻碍了市政工程安全生产管理的发展。

市政工程施工文明安全生产标准化工地创建活动的开展，其主要目的就是为了提高施工企业安全生产管理水平，提升市政工程文明施工形象。

虽然各地创建标准化工地的程序有所不同，但对于现场的安全文明施工要求是可以统一的。

二、标准化工地创建的组织机构

有效的组织结构是创建标准化工地的前提，依靠组织的管理和协调，去完成标准化工地各项管理内容的落实。

标准化工地的创建应是企业的一种自发行为，是企业施工现场的一个管理目标，它必须由施工企业为核心。因此，组织机构的建立应当以施工企业为核心。同时，由于市政工程施工现场的复杂性，存在交通、配套管线等诸多各方影响因素，市政工程标准化工程创建在创建小组的建设上也存在不同。创建小组的组成需要充分考虑以下因素：

（1）创建小组的组成以施工企业为核心，建设、监理都应参与其中。作为施工现场的负责人，项目经理应当作为创建活动的主要责任人；

（2）明确分包、配套单位的安全生产、文明施工责任。市政工程管理中，分包单位特别是配套单位施工对安全文明施工管理的影响程度较大。因此，作为标准化创建过程中的一个重要内容，分包、配套等施工队伍也须明确相应的责任。

三、施工现场平面布置与划分

施工现场的平面布置图是施工组织设计的重要组成部分，也是施工形象好坏的重要一环。合理、科学地规划对现场安全文明施工管理会起到很好的支持作用。

1. 施工总平面图编制的依据

（1）工程所在地区的原始资料，包括建设、勘察、设计单位提供的资料；

（2）原有和拟建工程的位置和尺寸；

(3) 施工方案、施工进度和资源需要计划；

(4) 全部施工设施建造方案；

(5) 建设单位可提供的房屋和其他设施。

2. 施工平面布置的布置原则

市政工程战线长、工期短、露天作业的特性决定了其施工作业场地的流动性较大，便道的设置、临时设施的搭建、机械设备的布设以及物料的堆放都会对标准化现场的创建产生较大影响。

(1) 临时设施的布置应符合安全、便利的要求。应尽可能避开基坑、高压线路、河流、边坡、危房等危险源，同时应合理考虑工程生活和娱乐设施的便利性；

(2) 办公生活区和作业区应分开设置，保持安全距离并设置必要的隔离方式；

(3) 便道的设置应当考虑车辆、行人通行的因素，最大可能减少车辆、行人的通行难度；

(4) 材料的堆放要适宜，即不影响周边安全，又减少二次搬运；

(5) 排水、排污、垃圾储放的布置要合理，便于实施；

(6) 要充分考虑消防、环保和应急避险的要求。

3. 施工现场平面图布置的内容

施工现场平面图的编制须根据市政工程的特点，充分考虑施工各阶段的变化，必要时，可编制阶段性的平面图，便于施工管理。施工现场平面图应包括以下内容：

(1) 临时设施的位置和平面轮廓；

(2) 周边隐患源的位置和安全距离；

(3) 道路和主要交通道口；

(4) 施工围护和主要交通警示标志；

(5) 大型设备、机具的位置和安全作业半径；

(6) 材料、土方堆置和运输的线路；

(7) 施工临时供电线路和变配电设施的位置；

(8) 消防、排水、排污设施；

(9) 应急避险场所的位置；

(10) 绿化区域的设置。

4. 施工现场功能区域划分要求

施工现场按照功能可划分为施工作业区、辅助作业区、材料堆放区和办公生活区。施工现场的办公生活区应当与作业区分开设置，并保持安全距离。办公生活区应当设置于在建建筑物半径之外，与作业区之间设置防护措施，进行明显的划分隔离，以免人员误入危险区域；办公生活区如果设置在在建建筑物坠落半径之内的，必须采取可靠的防砸措施。功能区的规划设置时还应考虑交通、水电、消防、卫生和环保等因素。

四、封闭管理

封闭管理主要考虑的是围护和监护。市政工程围护的临时性和突发因素较多，不宜千篇一律地统一使用围挡设置方式。施工围护既要考虑到施工的美观、封闭管理，也要求考虑周边通行的安全和便利以及季节变换、气候影响所带来的不安全因素。

1. 生活区围护

（1）生活区应实施全封闭围护，主要出入口处应设置大门。围护应高于2.5m。砖墙结构的，须考虑墙体的结构安全；

（2）大门设施应牢固美观，并标注企业名称和工程项目名称；

（3）出入口应设置门卫，严格落实门卫管理制度。

2. 现场围挡

（1）现场围挡应沿道路两侧进行连续设置，并符合交通方案的相关要求；

（2）围挡以固定围挡为主，交叉口、管线配套施工的，可以设置移动围挡；

（3）固定围挡一般采用彩钢板形式，高度不低于2.1m。上部可采用10cm黄黑相间压顶起到美观和警示作用；

（4）围挡材料应坚固、稳定、美观，施工期间如开放交通的，不应采用砌体搭设围挡，以免车辆冲撞造成围挡倾倒而发生安全事故；

（5）围挡内外侧临近不得堆放土方、砂石、钢管等易倾滑的材料，放置滑塌造成围挡倾覆对施工和行人产生伤害；

（6）围挡搭设必须进行设计计算，确保其稳定、安全。大风、雨雪前后应对围挡进行必要的检查，落实隐患的处理措施。

五、临时设施

临时设施主要指施工企业在施工期间临时搭设或是租赁的各种房屋，包括办公设施、生活设施和生产设施。临时设施的设置应当确保使用功能和安全、卫生，并符合消防安全要求。

临时搭设的房屋包括活动式临时房屋和固定式临时房屋。活动式临时房屋主要指彩钢板活动房和钢结构活动房屋；固定式临时房屋主要指砖木、砖石和砖混结构房屋。临时房屋不应使用脚手片、石棉瓦、膨胀珍珠岩等材料进行搭设，应尽可能采用彩钢板活动房或钢结构活动房的形式。

临时设施应有基本的标牌，并落实卫生责任人。

1. 办公室的设置

施工现场办公室应提供办公基本条件，并安排好文件资料的分类存放。

2. 会议室的设置

考虑到荷载因素，会议室不宜设置在2楼。作为会议场所，应张贴工程施工平面图、各类管理规章等。

3. 民工学校的设置

民工学校是创建安全文明标准化工地中重要的一个环节，其建设水平也是标准化管理水平的一个集中体现。民工学校内须配备必要的学习和培训条件，并张贴组织管理机构、培训计划等。

4. 职工宿舍

充分的休息是安全、高效劳动的保证，因此，职工宿舍应提供必要的生活、卫生条件。职工宿舍应张贴入住人员和卫生责任人，内部应配设必要的生活器具，如脸盆架、储物柜等，宿舍应考虑季节影响，落实防、灭蚊蝇措施，做好鼠患的预防工作。创建标准化工程现场应配备必要的空调和供水设备。

（1）宿舍的选址要合理，须避开现存的安全隐患，同时要充分考虑施工影响，避免施工过程中在非安全距离内发生拉设用电线路或是开挖沟槽的情况；

（2）宿舍内部应干燥、通风，排雨污措施齐全；

（3）不得在拆迁房和尚未竣工的建筑物内设置员工宿舍；

（4）宿舍内应保证必要的生活空间，室内净高不得小于 2.4m，通道宽度不小于 0.9m，每间宿舍内居住人员不超过 16 人；

（5）宿舍内须配置空调或风扇，严禁使用热得快、电炒锅等电热器具及吊扇；

（6）宿舍内不得搭设通铺，应设置单人床铺或两层高低床，统一枕被，并为每人配置脸盆架和储物柜；

（7）宿舍内不得存放施工材料、设备以及氧气、乙炔瓶等危险物品，宿舍内应配设垃圾篓；

（8）宿舍内不应使用炊具、使用煤炉；

（9）宿舍内应有充足的照明，照明用电布设时应使用塑料套管，不得乱接乱拉；

（10）宿舍应落实卫生责任制，在门口予以张贴。

5. 食堂

《建筑工地安全检查标准》JGJ 59—99 中，明确规定了建筑工地食堂的管理要求。市政工程由于施工时间一般较短，食堂管理比较落后。随着安全文明施工标准化工地的建设，食堂管理要求逐步提高。

（1）食堂须申领《卫生许可证》，炊事员须在开工前办理健康证；

（2）食堂应选择在干燥、通风的场所搭设，远离厕所、垃圾堆放点、毒害污染源等地方。内部装饰材料应符合环保、消防要求，安排专人保持内部及周边卫生；

（3）食堂炊具应生熟分开，菜蔬应有合适的放置空间，且做好遮盖和标识，确保符合卫生要求；

（4）食堂应安装纱窗、纱门，门下方应设置防鼠挡板，室内须有有效的灭蚊蝇措施；

（5）食堂制作间灶台及其周边应贴瓷砖，地面应硬化并做防滑处理，按规定要求设置污水排放设施；

（6）食堂燃气罐应单独设置存放间，同时不得有其他明火用具混用；

（7）食堂内使用的各类佐料和副食必须放置在密闭器皿并进行标识；

（8）食堂内应张贴《卫生许可证》《卫生管理制度》以及炊事人员健康证，落实卫生责任人；

（9）食堂外应设置密闭式泔水桶，及时清运，保持清洁。

6. 厕所、浴室

（1）厕所、浴室应分设，内部地面及立壁均应瓷砖贴面；

（2）厕所、浴室内部应有足够的照明并采用防爆灯具；

（3）厕所应落实专人，定时进行清扫和冲洗，防止蚊蝇孳生；

（4）厕所、浴室内部宜设置隔板。

7. 搅拌站

（1）搅拌站的后上料场地内的砂石料应进行标识，设置点须考虑便于存储和运输；

（2）搅拌站场地四周应设施必要的排水设施，确保污水经沉淀后排放；

（3）搅拌站应用钢管扣件搭设搅拌棚，挂置安全警示标志和操作规程；

(4) 搅拌站应相对封闭，落实扬尘控制措施。

8. 防护棚

(1) 防护棚的搭设应确保结构安全，必要时应进行结构计算；

(2) 防护棚应当满足承重和防雨雪、大风的要求，并具备规定的抗冲击能力。

9. 仓库

(1) 仓库应选择地势较高，干燥、通风的地方进行设置；

(2) 易燃、易爆物品应分类管理，存放应符合防火、防爆的安全距离要求；

(3) 仓库应严格落实领用制度。

六、宣传告示

1. 五牌一图

五牌包括工程概况牌、管理人员名单及监督电话牌、消防保卫牌、安全生产牌、文明施工牌；一图指施工现场总平面图。也有地区使用六牌一图或七牌一图，没有具体规定，可根据实际情况而定。施工现场的五牌一图是对工程基本情况的描述，市政工程施工现场难以放置，一般应设置在项目部进口显眼处。对于市政工程而言，由于安全控制点比较分散，有必要增加安全防护设置平面图。

(1) 五图一牌应牢固、美观，布设在显眼处；

(2) 工程概况牌内容应包括工程名称、造价、建设单位、勘察单位、设计单位、施工单位、监理单位、监督单位、开竣工日期、项目经理以及联系和监督电话；

(3) 项目部应张贴安全防护布置平面图，标注相关消防器具、交通警示和主要的安全警示标志。

2. 宣传告示

施工现场的宣传告示是一种很好的培训和告知方式，对作业人员而言可以提高其安全文明施工的意识，对市民而言可以起到潜在的协调和沟通效果。

(1) 施工现场围挡上应挂置牢固、美观的宣传牌，并在主要地段标注投诉和监督电话；

(2) 项目部应设置宣传栏、黑板报，定期进行工程安全文明施工要点警戒、提示，并有相关的学习和表彰内容，以提高作业人员工作积极性；

(3) 民工学校内应挂置必要的宣传内容，并设置读报点等，丰富学习内容。

3. 安全警示

安全警示标志是提醒人们注意的各种标牌、文字、符号以及灯光等。主要包括安全色和安全标志。《安全色》GB 2893—2008 规定，安全色是表达安全信息含义的颜色，安全色分为红、黄、蓝、绿 4 种颜色，分别表示禁止、警告、指令和提示。《安全标志》GB 2894—2008 规定，安全标志是用于表达特定信息的标志，由图形符号、安全色、几何图形（边框）或文字组成。安全标志分禁止标志、警告标志、指令标志和提示标志。市政工程施工现场由于涉及面比较广，不仅包括施工主体的作业安全，还包括交通安全、地下管线、地上建筑物、树木等多种因素。因此，安全警示不能一成不变，必须根据施工各阶段进行策划和实施。

七、现场文明施工管理

文明施工的主要目的是便民、利民、不扰民，而市政工程施工特点使得其施工现场不可避免地会产生不利的情况，因此，文明施工的主要目的是尽可能地降低和消除扰民因素，缩短扰民时间。

1. 便道通行的管理

不同于土建工程，市政工程施工便道管理不仅包括车辆、行人的预留通道，特别是整治工程，随着大量管线的施工，对周边村道、商铺、社区的通行都不可避免地产生影响。这对标准化工地的创建无疑带来较大的难度。

通行便道首先应做好车辆、行人便道的硬化和畅通，做好及时维护，消除坑洼、积水、泥泞现象，及时做好洒水工作；对主道路及交叉口车辆通行地带，应做好照明管理，确保交通安全。道路围挡上贴置必要的反光条是预防照明故障的一个很好方式。其次，涉及工程施工现场周边社区、商铺的出入点，开挖过程做好围挡，铺设稳固的跳板便于通行。

2. 噪声、扬尘和污染控制

施工现场应做好环境保护，依据《环境保护法》、《大气污染防治法》、《固体废物污染环境防治法》、《环境噪声污染防治法》等落实相关措施。施工现场应按照《建筑施工场界噪声限值》GB 12523—2011 及《建筑施工场界噪声测量方法》GB 12524—90 的要求制定降噪措施，并进行必要的监测和记录。

(1) 施工单位应按规定办理夜间许可证，并做好施工人员的培训教育。夜间施工应尽量减少车辆鸣笛、人员大喊的情况，材料装卸轻拿轻放，对产生较大造成的机械、设备，应采取消声、吸声、隔声等有效措施降低噪声；

(2) 夜间施工照明须考虑车辆、行人安全，控制好照明灯具的种类和灯光亮度，减少施工照明对城市居民的危害；

(3) 工程建设中应和交通部门、社区等做好协调，一是在合适的时间段进行施工，二是施工尽可能取得周边居民的谅解和配合；

(4) 道路工程夏季扬尘控制难度较大，施工企业应配置洒水设备，安排必要的洒水频次，及时进行洒水，较少扬尘危害；

(5) 对可能产生扬尘的设备、车辆应做好及时清洗、封闭运输等管理措施。施工现场不得随意焚烧各类物品、垃圾；

(6) 施工场地主要出入口应安排进行车辆冲洗，场内作业的应设置排水沟及沉淀池，现场废水不得直接排入市政污水管网和河流。

3. 健康保护

健康是施工单位文明施工管理的重要环节。

(1) 施工单位应对外来人员进行登记，进行必要的身体检查；

(2) 夏季施工应做好防暑降温工作，高处作业必须符合相应的身体条件；

(3) 对粉尘、辐射等可能产生职业病的工作场所和特殊工种，施工单位应确保创造良好的作业环境，按规定为施工人员配置劳动防护用品；

(4) 施工现场应配设必要的医务药品。

八、设备、材料设置

设备和材料管理必须根据工程实际情况进行设置，要符合使用安全、便捷的要求。

(1) 大型机械、设备的位置应满足安装要求，考虑相互之间的影响和人员通行、材料运输以及作业半径的安全；

（2）材料放置须符合规定的要求。钢筋、模板、钢管、管材、平侧石、混凝土构件、砖石等堆放都应按照相应规定进行，确保稳固、不会倾倒；

（3）通行道路上的材料堆放还应考虑过往车辆、施工机械的因素，防止碰撞倒塌造成的人员伤害事故。

九、安全管理

安全管理是创建标准化工地中的重要内容，也是确保生产安全的重要手段。《建设工程安全生产管理条例》、《安全生产许可证条例》、《建筑安全检查标准》JGJ 59—99 等许多法律法规都明确规定了安全生产管理的要求。市政工程标准化工地创建过程也应考虑合适的安全管理模式，做好台账管理工作。借鉴于全面质量管理的人、机、料、法、环、测的管理模式，标准化创建过程中，施工企业也可以从上述六方面来落实安全管理的诸项要求，建立和完善管理台账。

1. 做好人员的培训、教育

（1）人员管理上首先必须落实资质管理。资质管理包括总包、分包单位的施工资质管理要求，安全生产许可证管理制度，三类人员（企业主要负责人、项目负责人、专职安全管理人员）持证上岗制度，特殊工种持证上岗制度；

（2）三级安全教育。企业必须对新工人实施公司、项目部（分包单位）、班组三级安全教育。三级安全教育时间分别不少于 15 学时、15 学时、20 学时。

（3）安全教育的目的是了解自己的责任，而培训的目的是为了提高专业技术能力。因此，不能以教育代替培训。民工学校活动的开展，就是为了在安全教育的基础上，做好专业技能的提高。

企业应对安全生产培训、教育的情况进行检查，保证施工人员能持续有效地从事安全生产活动。

2. 落实安全生产责任制

《建设工程安全生产管理条例》明确了建设各方的安全生产责任。施工企业在标准化工地创建活动中，必须明确各级安全生产责任，即公司、项目部、分包单位、班组和每个施工管理及作业人员的安全生产责任。

3. 成立标准化工地创建组织

标准化工地的创建应当由建设各方共同参与。建设、施工、监理都应当承担相应的责任和工作目标，共同落实安全生产责任。

4. 抓好专项施工方案的管理

专项施工方案的管理是标准化工地实施中的重要一环。《建设工程安全生产管理条例》及建设部 2004 年 213 号文明确规定了专项施工方案的管理要求。

（1）专项施工方案必须由专业技术人员进行编制；

（2）专项施工方案必须由技术部门进行审核，企业技术负责人进行批准，并经专业监理工程师审核、总监理工程师批准后方可实施；

（3）专项施工方案必须实施交底。交底要到每个人，并由交底双方签字；

（4）专项方案中必须明确安全技术措施，并由施工单位组织实施验收；

（5）严格实施专项方案专家论证审查制度。按规定对必要的专项方案进行专家论证。专家论证应有书面结论，形成报告，作为专项施工方案的附件。

5. 安全生产检查制度的落实

项目部必须做好安全生产检查制度的落实，依据“四不放过”的要求对检查中发现的问题实施定人、定时间、定措施的三定整改。同时，应建立内外部各项检查及整改落实情况的台账。

6. 加强设备管理

施工企业应当建立设备管理台账，实施进场报验制度，对危及施工安全的工艺、设备和材料应当予以淘汰，严禁使用。施工企业应当对施工起重机械实施使用登记制度。

《建设工程安全生产管理条例》第三十五条规定：“施工单位应当自施工起重机械和整体提升脚手架、模板等自升式架设设施验收合格之日起 30 日内，向建设行政主管部门或者其他有关部门登记。登记标志应当置于或者附着于该设备的显著位置。”这是对施工起重机械的使用进行监督管理的一项重要制度。施工企业进行登记时应当提交施工起重机械有关资料，包括：

(1) 生产方面的资料，如设计文件、制造质量证明书、监督检验证书、使用说明书、安装证明书；

(2) 使用的有关情况资料，如施工单位对于这些机械和设施的管理制度和措施、使用情况、作业人员的情况等。

7. 落实消防安全责任

(1) 施工现场要建立、健全消防责任制，建立动用明火审批制度，完善监护措施；

(2) 按规定配备消防器材。临时设施内，每 $100m^2$ 配备 2 只 10L 灭火器；大型临时设施总面积超过 $1200m^2$ 的，应配备专供消防用的积水桶、黄砂池等设施；临时工棚内每 $25m^2$ 配备 1 只灭火器；

(3) 现场易燃、易爆物品的管理必须符合相关要求。焊、割接作业点与氧气瓶、电石桶和乙炔发生器等危险物品的距离不得少于 10m，与易燃易爆物品的距离不得少于 30m，安全距离无法满足要求的，应执行动火审批制度，并采取有效的隔离防护措施；氧气瓶和乙炔发生器的存放距离不得小于 2m，使用时的距离不得小于 5m；施工现场焊、割作业，必须符合防火要求，严格执行“十不烧”规定。

8. 生产安全事故报告制度

施工企业在日常安全生产管理过程中，应当做好生产安全事故月报制度。对发生伤亡事故的，应当及时报告有关部门，不得隐瞒事故情况。

《建设工程安全生产管理条例》第五十条对建设工程生产安全事故报告制度规定：“施工单位发生生产安全事故，应当按照国家有关伤亡事故报告和调查处理的规定，及时、如实地向负责安全生产监督管理的部门、建设行政主管部门或者其他有关部门报告；特种设备发生事故的，还应当同时向特种设备安全监督管理部门报告。接到报告的部门应当按照国家有关规定，如实上报。”

重特大事故发生后，施工总承包单位应当在 24h 内进行书面报告。

9. 落实事故应急救援

项目部应当针对可能发生的事故制定相应的应急救援预案。准备应急救援物资，并在事故发生时组织实施，防止事故扩大，以减少与之有关的伤害和不利环境影响。

应急救援预案应当予以交底和组织演练，并对涉及的救援物资等相关内容进行定期检查，确保有效性。

市政工程应当将季节变换产生的大风、雨雪影响作为重要内容之一。

10. 意外伤害保险

施工企业应当为施工现场从事施工作业和管理的人员，在施工活动过程中发生的人身意外伤亡事故提供保障，办理建筑意外伤害保险，支付保险费。

【本章小结】　重点介绍环境保护的重要性；努力创建市政工程施工文明安全生产标准化工地的意义。

【复习思考题】

1. 现场环境保护的意义？
2. 施工现场空气污染防治措施的内容？
3. 施工过程水污染的防治措施包括哪些方面？
4. 施工现场的噪声如何控制？
5. 开展创建市政工程施工文明安全生产标准化工地的意义？
6. 施工平面布置的布置原则？
7. 如何设置现场围挡？
8. 五牌一图的内容？
9. 施工现场安全管理应重点做好哪些内容？

第七章　市政工程安全台账编制范例

第一节　安全技术资料台账之一（安全施工方案）

施 工 单 位　××市政工程建设集团有限公司

工 程 名 称　××市××路工程

项 目 经 理　××

安　全　员　××

开竣工日期　××年××月××日至××年××月××日

目　　录

施工现场平面布置图

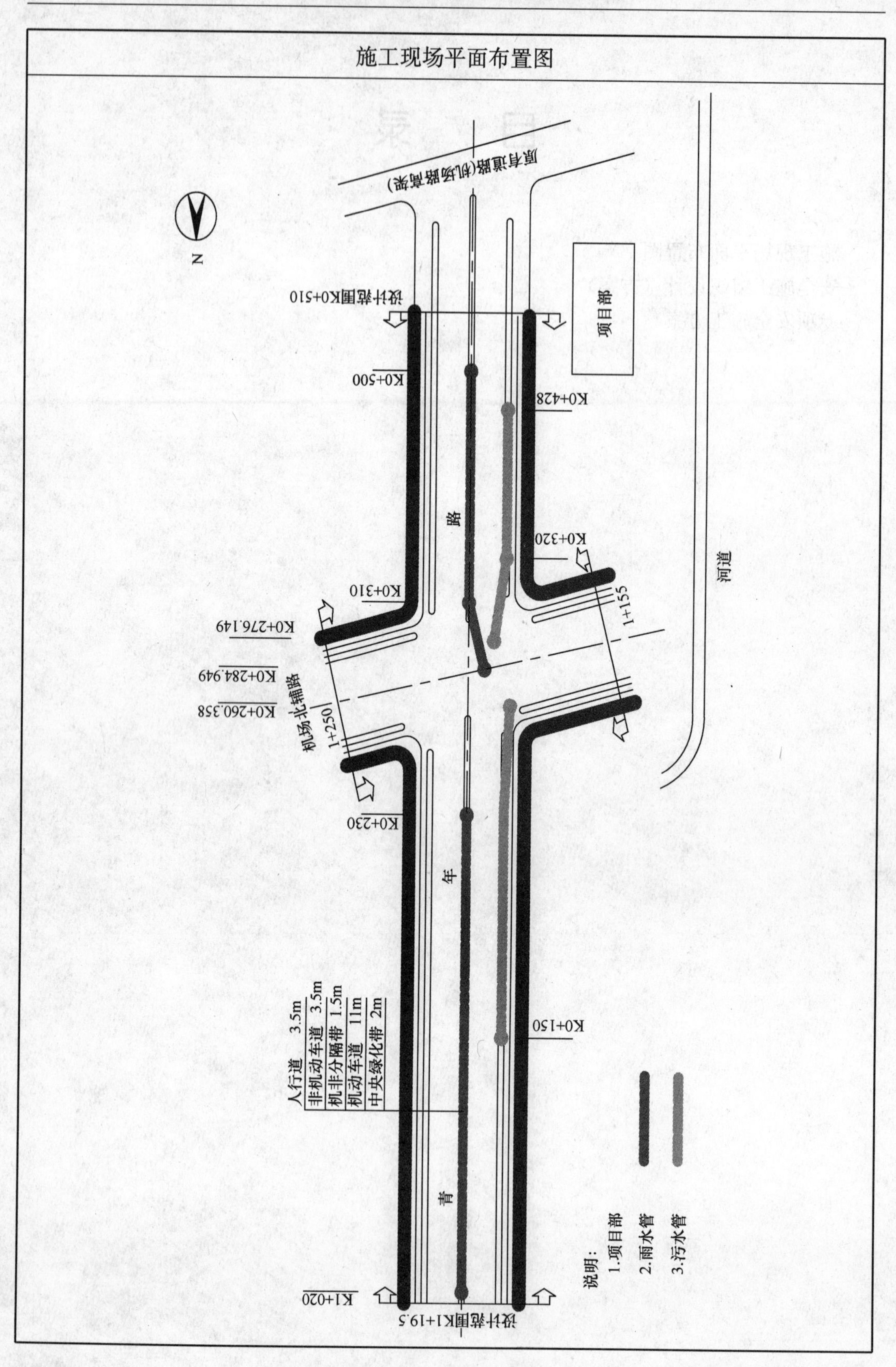
原有道路(机场路高架)
N
项目部
设计范围K0+510
K0+500
K0+428
K0+320
K0+310
K0+276.149
K0+284.949
K0+260.358
机场北辅路
1+250
1+155
K0+230
K0+150
K1+020
设计范围K1+19.5
河道
青
年
路
人行道 3.5m
非机动车道 3.5m
机非分隔带 1.5m
机动车道 11m
中央绿化带 2m
说明：
1.项目部
2.雨水管
3.污水管

安全施工组织设计（方案）　　年　　月　　日					
因每个工程施工内容及具体情况不同，暂不举例。					
编制者		审核者		批准者	

专项安全施工方案　　年　　月　　日					
因每个工程施工内容及具体情况不同，暂不举例。					
编制者		审核者		批准者	

第二节　安全技术资料台账之二（安全施工日记）

施工单位　××市政工程建设集团有限公司

工程名称　××市××路工程

项目经理　××

安全员　××

开竣工日期　××年××月××日至××年××月××日

目　录

工地安全日记

<table>
<tr><td>日期</td><td>××年××月××日</td><td>项目经理</td><td>××</td></tr>
<tr><td>安全生产日记</td><td colspan="3">安全情况：
今由项目经理组织安全科、技术科等各科室对施工现场安全生产进行了大检查，主要检查了施工临时用电、安全生产、文明施工等内容，总体来说各个防护设施等做得不错，但有个别宿舍有异味、卫生不是很清洁；有个别施工作业人员未佩戴安全帽、安全带等现象，要求立即整改；施工现场围护有小部分破损要求及时更换。</td></tr>
<tr><td>日期</td><td></td><td>项目经理</td><td></td></tr>
<tr><td>安全生产日记</td><td colspan="3">安全情况：</td></tr>
</table>

班组安全活动制度

为促进安全工作的有效开展，以教育为出发点，努力提高全民安全意识，对施工现场班组安全活动要求如下：

1. 班组以项目部为建制单位，活动内容可采用多种形式：如组织安全检查、宣传教育、安全知识与技能竞赛、安全法律法规学习等。

2. 工程开工前必须开展三级安全教育、安全技术交底等常规安全活动。

3. 每月组织安全活动不应少于1次。

4. 施工期间至少开展一次劳动保护、安全法律法规知识教育活动。

5. 积极开展安全技术、技能竞赛活动。

6. 积极参与上级主管部门开展的各项竞赛活动。

班组安全活动记录

<table>
<tr><td>日期</td><td>××年××月××日</td><td>班组长</td><td>××</td></tr>
<tr><td>班组活动记录</td><td colspan="3">1. 组织全体职工学习开工前施工三级安全教育；
2. 组织职工认真学习相关法律法规等规章制度；
3. 组织职工认真学习安全生产、文明施工等相关内容；
4. 组织职工观看安全生产、文明施工等电影纪录片，增强每个职工的安全意识，增加自身保护意识；
5. 组织职工进行消防、防汛等演习活动。</td></tr>
<tr><td>日期</td><td></td><td>班组长</td><td></td></tr>
<tr><td>班组活动记录</td><td colspan="3"></td></tr>
</table>

第三节　安全技术资料台账之三（遵章守纪及工伤事故处理）

施 工 单 位　××市政工程建设集团有限公司

工 程 名 称　××市××路工程

项 目 经 理　××

安　全　员　××

开竣工日期　××年××月××日至××年××月××日

目　　录

施工现场文明施工、安全生产奖罚制度

施工现场文明施工、安全生产奖罚制度记录

<table>
<tr><td>时间</td><td>××年××月××日</td><td>奖罚人</td><td></td></tr>
<tr><td colspan="4">奖罚原因：
（具体原因情况写清楚。）

受奖罚者（签名）</td></tr>
<tr><td>时间</td><td></td><td>奖罚人</td><td></td></tr>
<tr><td colspan="4">奖罚原因：

受奖罚者（签名）</td></tr>
</table>

伤亡事故记录

<table>
<tr><td colspan="2">工程名称</td><td colspan="3">市　　路</td><td colspan="2">事故发生日期</td><td colspan="2">年　月　日　时　分</td></tr>
<tr><td rowspan="4">事故情况</td><td>姓名</td><td>性别</td><td>年龄</td><td>工种</td><td>工龄</td><td>伤亡情况</td><td>事故类别</td><td>有否经过
安全培训</td></tr>
<tr><td></td><td></td><td></td><td></td><td></td><td></td><td></td><td></td></tr>
<tr><td></td><td></td><td></td><td></td><td></td><td></td><td></td><td></td></tr>
<tr><td></td><td></td><td></td><td></td><td></td><td></td><td></td><td></td></tr>
<tr><td colspan="2">事故性质</td><td></td><td colspan="2">企业资质</td><td></td><td colspan="2">直接经济损失</td><td></td></tr>
<tr><td>事故经过及原因</td><td colspan="8"></td></tr>
<tr><td colspan="2">事故责任者</td><td colspan="2"></td><td colspan="2">参加调查人员</td><td colspan="3"></td></tr>
<tr><td>处理意见</td><td colspan="2"></td><td>结案情况</td><td colspan="2"></td><td>单位盖章</td><td colspan="2"></td></tr>
</table>

伤亡事故调查分析、处理报告

年　　月　　日

第四节　安全技术资料台账之四（安全生产检查）

施 工 单 位　××市政工程建设集团有限公司

工 程 名 称　××市××路工程

项 目 经 理　××

安　全　员　××

开竣工日期　××年××月××日至××年××月××日

目　录

安全生产检查制度

1. 项目工程开工筹建时，必须设立安全领导小组、专职持证安全员一名和若干兼职安全员。

2. 项目经理为该项工程安全文明施工第一责任人，专职安全员为具体操作人；必须制订好各项安全技术措施，严格执行各项安全管理制度，随时接受上级主管部门的检查。

3. 施工现场的定期安全检查每月不得少于2次，检查时必须有项目技术负责人、专兼职安全员、特殊工种作业人员及风险部位责任人参加，并做到：检查仔细不漏项，考评公正不留情。

4. 现场专职安全员必须对施工场所进行全天候巡视，及时发现问题及时予以纠正，并督促各项安全技术措施的具体实施。

5. 对于在检查中查出的事故隐患，必须以书面形式及时发出整改通知，并督促相关部门制订有效的整改措施及落实整改责任人，限期整改，对有意抗拒或拖延整改的予以相应处罚。

6. 检查考核依据：建设部《建筑施工安全检查标准》JGJ 59—99、《杭州市市政公用工程安全文明施工检查评分办法》，并认真做检查考评记录。

安全生产检查记录

<table>
<tr><td>时　间</td><td>××年××月××日</td><td>组织者签名</td><td></td></tr>
<tr><td>参加人员</td><td colspan="3">项目部管理人员</td></tr>
<tr><td colspan="4">检查情况：
今日上午 8：20～1：30 特邀监理公司有关人员组织项目部相关人员对施工现场进行了综合检查，总体情况较好，但部分临时施工用电和脚手架搭设存在一定的问题，项目部针对检查中被查到的问题，分别对相应班组开出了书面整改通知书，落实责任人限期进行整改。
下午 13：40～16：20 组织项目部有关人员就开工前机械设备验收、临时施工用电、用电设备、临时设施等进行了检查，经检查均符合安全规范要求，符合开工条件。
项目经理：</td></tr>
<tr><td colspan="4">整改意见：
按整改通知书要求限期整改。</td></tr>
<tr><td>备注</td><td colspan="3"></td></tr>
</table>

事故隐患整改通知书（存根联）

字（安）第 01 号

××市××路工程项目部：

于××年××月 ××日对你班组负责施工作业的区域进行检查，发现以下事故隐患：

1. 基坑开挖部分临边围护缺少，且土方堆放较高，高度约 2m。

项目负责人：　××

通　知　人：　××　　　　　　　　接件人：　××

××年×× 月×× 日

事故隐患整改通知书回执

××公司工程部/项目部：

根据　××年 ××月×× 日　字（按）第 01 号

《事故隐患整改通知书》中提出的隐患，我单位整改情况如下：

1. 基坑开挖临边围护已全部采用彩钢瓦设置，土方较高部分已外运。

报告单位（盖章）：××市××路工程项目部　项目经理（盖章）：

经办人：××

抄送：××公司　×× 年××月××日

施工现场安全管理

单位：××公司　　工程名称：××市××路工程　　　　××年××月××日

项目	检查内容	检　查　标　准	检查结论
现场安全管理	安全生产责任制	建立并执行安全责任制，有安全指标及奖罚制度	符合要求
	安全教育	有三级教育和变换工种上岗教育，有职工安全教育花名册	符合要求
	施工组织设计	必须经审批，安全措施必须有针对性	符合要求
	安全技术交底	分部、分项工程安全技术交底必须履行书面签字手续	符合要求
	特种作业持证上岗	经培训考试合格，持操作证上岗	符合要求
	安全检查	定期检查记录，事故隐患做到定人、定时间、定措施	符合要求
	安全日记	必须记录与安全生产有关的事项	符合要求
	班前安全活动	建立班组活动制度，安全活动有记录	符合要求
	遵章守纪	管理人员、工人无违章，违章处理有记录	符合要求
	工伤事故处理	工伤事故按规定报告，调查处理建立档案	—
整改意见		检查负责人签字	××

第五节　安全技术资料台账之五（施工用电安全技术）

施 工 单 位　××市政工程建设集团有限公司

工 程 名 称　××市××路工程

项 目 经 理　××

安　全　员　××

开竣工日期　××年××月××日至××年××月××日

目　　录

施工现场临时用电组织设计 年　月　日					
编制者		审核者		批准者	

施工现场临时用电安全技术交底

单位工程名称	××市××路工程	交底时间	××年××月××日
分部（分项）工程 各工种名称	电工	交底人	××

1. 上岗作业必须按规定穿戴防护用品和正确使用绝缘工具，严禁无证、带病、酒后上岗作业，作业时不得嬉闹；

2. 在高压线路和高压电气设备上工作时，应填写工作票；

3. 严格遵守《电工作业安全技术操作规程》，严格遵守有关法规、制度，熟练掌握电工作业安全技术、电工基础原理和专业技术知识，不得违章作业；

4. 严格按《施工现场临时用电规范》JGJ 46—2005 操作；

5. 认真编制好施工现场临时用电施工组织设计，对所辖区的电气线路和设备负责，认真做好巡视检查和事故隐患整改工作，及时、准确地填写工作、维修记录，积极宣传电气安全知识，制止违章作业和违章指挥；

6. 认真做好落手清工作；节假日停工期间或遇恶劣气候不能施工时，应切断电源，下班后应断开开关，锁好开关箱，保持各开关箱电气器件有效、灵敏、箱体整洁无缺损，大型电气设备使用时，应对其进行现场监护。

项目经理	××	被交底人签名	××

本表一式两份，项目经理一表留存台账，被交底人一表（活页）

施工现场临时用电验收与定期检查记录

单位：××公司　　工程名称：××市××路工程　　×× 年×× 月 ×× 日

检查内容	检　查　标　准	检查结果
配电室	必须达到防火、防雨、防潮、防触电要求	符合要求
线路架设	实行三相五线制，导线用瓷柱固定，线间距≥30cm，离地 3m 以上。室外灯具离地面 3m，室内 2m，不准使用竹质电杆	符合要求
电箱设置	有门、有锁、有防雨措施的安全型电箱，离地 1.3m 以上要有接地保护，并装置漏点保护器，引入线要用套管，不准用花线、塑胶芯线、露天不得使用木质电箱	符合要求
高压线防护	脚手架、井架的外侧边缘与电力架空线的边缘间必须保持一定的安全距离，操作人员距离不小于：1 万 V 以下的为 6m，3.5 万 V 以下的为 8m，小于上述安全距离的必须有以下防护措施：脚手架、井架外侧、高压线水平方向的上方全部设隔离竹片	符合要求
漏电开关	所有电动机具要装灵敏有效的漏电保护器，有防雨措施	符合要求
防　雷	高于周围避雷设施的工程，金属构架、脚手架必须设避雷措施	符合要求
保护接零	各种电机设备必设，现场重复接地电阻不大于 4Ω	符合要求
照明线路	施工照明必须用电缆或护套线，照明用电与动力用电分开，并装漏电保护器	符合要求
熔断丝	要相应规格，严禁其他金属丝代替	符合要求
开关箱	禁止使用倒顺开关，要一机一保护，应装门上锁，有防雨措施，并有保护接零	有 1 个配电箱门锁已坏
整改意见	立即整改　　　　检查人签字	××

接地电阻测定记录

单位：××公司　　　　工程名称：××市××路工程　　测定人：××　　　时间：××

<table>
<tr><td colspan="2">测试项目</td><td colspan="3">测试数据</td><td colspan="2">结论意见</td></tr>
<tr><td colspan="2">重复接地桩</td><td></td><td></td><td></td><td></td><td></td></tr>
<tr><td colspan="2">塔吊避雷接地</td><td colspan="3"></td><td colspan="2"></td></tr>
<tr><td colspan="2">金属架子避雷接地</td><td colspan="3"></td><td colspan="2"></td></tr>
<tr><td rowspan="10">机械名称</td><td></td><td colspan="3"></td><td colspan="2" rowspan="10"></td></tr>
<tr><td></td><td colspan="3"></td></tr>
<tr><td></td><td colspan="3"></td></tr>
<tr><td></td><td colspan="3"></td></tr>
<tr><td></td><td colspan="3"></td></tr>
<tr><td></td><td colspan="3"></td></tr>
<tr><td></td><td colspan="3"></td></tr>
<tr><td></td><td colspan="3"></td></tr>
<tr><td></td><td colspan="3"></td></tr>
<tr><td></td><td colspan="3"></td></tr>
<tr><td colspan="2">备　注</td><td colspan="5"></td></tr>
</table>

注：塔吊与金属架子避雷接地必须与现场接零系统贯通，每一次测试数据应小于4Ω。

电工维修记录

<table>
<tr><td>工程名称</td><td>××</td><td>时间</td><td>××年××月××日</td><td>维修人员</td><td>××</td></tr>
<tr><td colspan="6">维修内容：
1. 编号 003 号分配电箱门锁破损，更换新锁。</td></tr>
<tr><td>备　注</td><td colspan="5"></td></tr>
</table>

第六节　安全技术资料台账之六（防护及防火设施）

施 工 单 位　××市政工程建设集团有限公司

工 程 名 称　××市××路工程

项 目 经 理　××

安　全　员　××

开竣工日期　××年××月××日至××年××月××日

目　　录

施工现场防护、防火规章制度

年　　月　　日

1. 施工现场平面布置，应符合消防安全要求。用火作业 、易燃材料堆放、仓库、生活设施明确划分区域，布局合理；

2. 施工现场应建立防火安全责任制，落实专（兼）职人员，配备与施工项目相适应的消防器具，包括消防水管 、灭火器 、砂箱等，场内道路畅通，夜间应设照明，有人值班巡逻；

3. 焊工应严格遵守“十不烧”规定；

4. 易燃易爆物品仓库要分类储存，如炸药和导火线不能混放在一个库内。凡挥发性易燃易爆物品应加盖密封，避火源、避高温 、避撞击，并设防雷接地装置。要合理使用易燃易爆物品，用后多余物品及时回收、妥善保管、不乱丢乱放；

5. 安全用电，正确使用电气设备，严禁线路乱拉乱接，对老化线路及时更新，防止漏电短路引起火灾；

6. 项目部定期组织检查。

施工现场防火设施平面图 年　月　日

防护、防火检查记录

单位：××公司　　　　工程名称：××市××路工程　　　　××年 ××月××日

<table>
<tr><td>检查内容</td><td colspan="4">检　查　标　准</td><td>检查情况</td></tr>
<tr><td>防护设施</td><td colspan="4">1. 攀登作业防护设施结构可靠；
2. 悬空作业防护立足处坚固牢靠，悬空作业所用的脚手架（板）、平台、吊篮、索具等设备经技术鉴定合格，书面验收合格后使用，在吊装过程中不准在吊装构件上站人和行人，严禁在安装或无安全措施的管道上站立行走。不得在连接件和支撑件上攀登、上下，悬空大梁板的钢筋绑扎必须在铺满脚手架或操作平台上作业；不准直接站在模板或支撑上浇捣混凝土；
3. 注重个人防护，严格执行各工种安全操作中的规定要求。</td><td>符合要求</td></tr>
<tr><td>防火设施</td><td colspan="4">1. 施工总平面图、施工方法和施工技术符合消防安全要求，现场用火作业区、易燃易爆材料堆放仓库和生活区划分明确；
2. 临时木工间、油漆间、木机具间、油库、危险品仓库，按规定设置足够数量的灭火器；
3. 非重点仓库、宿舍、食堂等临时搭设的建筑物区域内，设常规消防器材；
4. 消防器材、设施完好有效、周围不堆放物品，有专人负责维护管理；
5. 危险品与易燃易爆品距离不小于规定距离；
6. 沥青洒布及沥青加热设备须在空旷冷僻地点，加热时须备黄砂和泡沫灭火器。</td><td>灭火器数量不足</td></tr>
<tr><td>整改意见</td><td>立即整改</td><td>整改结果</td><td>灭火器已增添，现满足要求</td><td>检查人</td><td>××</td></tr>
</table>

第七节　安全技术资料台账之七（沟槽开挖安全技术）

施 工 单 位　××市政工程建设集团有限公司

工 程 名 称　××市××路工程

项 目 经 理　××

安　全　员　××

开竣工日期　××年××月××日至××年××月××日

目　　录

<table>
<tr><td colspan="6">沟槽开挖施工方案
年　月　日</td></tr>
<tr><td colspan="6"></td></tr>
<tr><td>编制者</td><td></td><td>审核者</td><td></td><td>批准者</td><td></td></tr>
</table>

<table>
<tr><td colspan="6">地 下 管 线 分 布 交 底 会 议 记 录
年　　月　　日</td></tr>
<tr><td colspan="6"></td></tr>
<tr><td colspan="6">被交底人（签名）：</td></tr>
<tr><td>编制者</td><td></td><td>审核者</td><td></td><td>批准者</td><td></td></tr>
</table>

地下管线施工协调会议记录 年　月　日					
编制者		审核者		批准者	

地下管线监护委托记录 年　月　日					
编制者		审核者		批准者	

沟槽开挖原有地上地下管线保护方案 年　　月　　日					
编制者		审核者		批准者	

<table>
<tr><td colspan="6">地 下 管 线 施 工 设 计 变 更 记 录
年　　月　　日</td></tr>
<tr><td colspan="6">1.　　年　月　日设计变更联系单
2.　　年　月　日施工变更联系单</td></tr>
<tr><td>编制者</td><td></td><td>审核者</td><td></td><td>批准者</td><td></td></tr>
</table>

<table>
<tr><td colspan="6">分部（分项）工程沟槽支护或拆除安全技术交底记录
××年××月××日</td></tr>
<tr><td colspan="6">安全技术交底内容：
1. 沟槽开挖按施工组织设计进行，变动方案时须经技术负责人批准；
2. 沟槽支护应自上而下地进行，拆除时则应自下而上地进行；支撑物必须符合安全技术要求，不得使用弯曲、腐烂的材料；
3. 施工作业人员进入工地必须穿戴好劳动防护用品，进入作业区必须认真检查本作业区是否安全，若有不安全因素存在，应报告班组长，待消除事故隐患后方可进行作业；上下沟槽时应使用梯子，不得攀爬支撑物；
4. 沟槽内作业用材料不得抛掷；
5. 施工作业人员必须服从现场指挥，不得在沟槽内嬉闹，禁止酒后、带病和穿拖鞋等进入沟槽内作业；
6. 夜间施工时必须保证足够的照明。
交底人签名：××</td></tr>
<tr><td>接受安全技术交底人员名单</td><td colspan="5"></td></tr>
<tr><td>技术负责人</td><td>××</td><td>安全员</td><td>××</td><td>班组负责人</td><td>××</td></tr>
</table>

分部（分项）工程沟槽安全防护设施检查记录 ××年×月×日					
序号	检查验收内容及基本安全技术要求				检查和验收结果
1	沟槽开挖前在实地标有原地下管线的所在位置，并设有明显的分类标志				有标记
2	沟槽开挖边坡必须符合施工方案规定的要求				符合要求
3	沟槽支撑用材料符合安全施工规定要求，严禁使用脆裂、变形等不符合支撑要求的材料				支撑材料符合要求
4	沟槽支护必须平直顺畅，符合安全施工要求，不得歪斜支撑，固壁挡板、钢板桩与支撑成90°角				基本符合要求
5	地下地上管线保护必须符合预测预防方案规定要求				符合要求
6	在已有的管线地段进行沟槽开挖尽量采用人工施工，严禁在不安全区域内使用机械开挖				在离管线1m位置采用人工开挖
7	在沟槽开挖施工中必须设有专人负责安全检查和监护施工，并做好记录				记录齐全
8	新管道埋设后进行管道清污时必须使用安全电压灯照明，严禁使用普通照明灯照明				符合要求
9	开挖的土方堆置在适合的安全距离外并及时清理				符合要求
10	沟槽回填严禁大块石、大废弃构筑物回填，严禁带水回填，回填应按规定要求进行				符合要求
技术负责人	××	安全员	××	班组负责人	××

第八节　安全技术资料台账之八（文明施工）

施 工 单 位　××市政工程建设集团有限公司

工 程 名 称　××市××路工程

项 目 经 理　××

安　全　员　××

开竣工日期　××年××月××日至××年××月××日

目　　录

施工现场防火、生活卫生规章制度

1. 施工现场平面布置，应符合消防安全要求。用火作业、易燃材料堆放、仓库、生活设施明确划分区域，布局合理；

2. 施工现场应建立防火安全责任制，落实专（兼）职人员，配备与施工项目相适应的消防器具，包括消防水管、灭火器、砂箱等，场内道路畅通，夜间应设照明，有人值班巡逻；

3. 焊工应严格遵守“十不烧”规定；

4. 易燃易爆物品仓库要分类储存，如炸药和导火线不能混放在一个库内。凡挥发性易燃易爆物品应加盖密封，避火源、避高温、避撞击，并设防雷接地装置。要合理使用易燃易爆物品，用后多余物品及时回收、妥善保管、不乱丢乱放；

5. 安全用电，正确使用电气设备，严禁线路乱拉乱接，对老化线路及时更新，防止漏电短路引起火灾。

文明施工检查记录

单位：××公司　　　　工程名称：××市××路工程　　　　××年××月××日

检查内容	检　查　标　准				检查情况
基本要求	1. 施工现场应设7牌1图及安全标语、禁令标志； 2. 按现场布置图要求分类堆放材料、机械设备定位； 3. 工完料清，建筑垃圾及时清理； 4. 场地道路畅通平坦，场内有排水系统废污水按指定地点排放，无积水； 5. 施工现场周围应设封闭式围栏，围栏材料一律采用金属板围护，高度不低于1.8m，维护牢固可靠； 6. 施工现场所有人员必须戴安全帽，严禁赤脚、穿高跟鞋、拖鞋、喇叭裤、裙子等作业； 7. 非作业及管理人员不得进入施工现场。				符合要求
防火要求	1. 施工现场应制订防火责任制； 2. 落实防火工作专管人员； 3. 消防器材配置齐全，并有效； 4. 焊割工须持证上岗，明火作业有审批手续； 5. 木工间应有禁烟牌，易燃物及时清理，易燃物品与明火的安全距离符合要求。				基本符合要求
卫生要求	1. 施工现场应根据人员设置符合要求的食堂，并搞好食堂卫生； 2. 现场应有足够的茶水供应，并设有医疗室、医疗箱、急救包； 3. 现场应有符合要求的便溺设施，不得随地大小便； 4. 生活垃圾应集中封闭或半封闭存放，并须及时清理。				基本符合要求
安全要求	1. 民工宿舍禁止用脚手片和塑料布搭建，宿舍房间净高不得低于2.5m，进深不小于3.5m，一个房间不得超过16人，室内通风良好，采光符合要求； 2. 民工宿舍内严禁私拉乱拉电线，严禁使用电炉； 3. 保持室内卫生，有卫生值日制度和名单，室内物品摆放整齐； 4. 民工宿舍不能男女混住，住宿人员必须三证齐全，造册登记； 5. 每间宿舍必须确立一名负责人，负责宿舍的安全、卫生、治安工作。				宿舍内有私自乱拉电线现象
检查意见	立即整改	整改结果	已整改完毕	检查人	××

第九节　安全技术资料台账之九（项目负责人带班责任制）

施 工 单 位　××市政工程建设集团有限公司

工 程 名 称　××市××路工程

项 目 经 理　××

安　全　员　××

开竣工日期　××年××月××日至××年××月××日

目　录

施工企业责任人带班检查记录

<table>
<tr><td>工程名称</td><td colspan="3">××市××路工程</td><td>施工单位</td><td>××市政工程建设集团有限公司</td></tr>
<tr><td>带班检查负责人</td><td>××</td><td>检查日期</td><td>××年××月××日</td><td>监理单位</td><td>××工程监理有限公司</td></tr>
<tr><td>检查内容</td><td colspan="5">项目责任人现场带班生成履职情况；JGJ 59—99及相关法律法规、规范标准贯彻落实情况；现场质量安全文明施工情况；危险性较大的分部分项工程实施情况；现场以往检查发现的隐患整改情况等</td></tr>
<tr><td>序号</td><td colspan="3">现场存在的隐患</td><td colspan="2">要求完成整改的日期以及整改回复方式</td></tr>
<tr><td>1</td><td colspan="3">基坑开挖临边围护没有</td><td colspan="2">书面整改</td></tr>
<tr><td>2</td><td colspan="3"></td><td colspan="2"></td></tr>
<tr><td>3</td><td colspan="3"></td><td colspan="2"></td></tr>
<tr><td colspan="6">检查评价及下一步工作要求：
限期整改</td></tr>
<tr><td colspan="4">带班检查负责人签名：××</td><td colspan="2">项目负责人（项目总监）签名：××</td></tr>
</table>

施工单位项目负责人带班生产情况记录

工程名称：××市××路工程

序号	日期	带班生产过程中发现的问题及处理情况	带班生产人签名	备注
1	××年××月××日	发现临时用电移动箱部分少门，已维修	××	
2	××年××月××日	①3个施工人员未佩戴安全帽，进行了教育要求佩戴上岗；②发现1只配电箱门未关好	××	
3	××年××月××日	发现1只照明灯未接零，由电工进行整改	××	
4	××年××月××日	支模架外侧未设置安全密目网，要求架子班组及时铺设	××	
5	××年××月××日	要求上桥楼梯支架设置缆风绳，设置剪刀撑，已按要求设置到位	××	
6	××年××月××日	①检查现场发现临边围护钢管未涂刷警示色，密目网没有绑扎封闭到底；②桥面不够整洁，已整理干净	××	
7	××年××月××日	桥面上钢筋未按类堆放，并挂设标识牌，已整改	××	
8	××年××月××日	部分临边围护不足1.2m高，正在修理调整中	××	
9	××年××月××日	2个张拉人员未戴安全帽，进行了教育要求佩戴上岗	××	
10	××年××月××日	施工现场配电箱底部橡胶垫圈未装配，电工检修记录未及时记录，电工已整改	××	
11	××年××月××日	钢箱梁施工中氧气、乙炔瓶，要确保安全距离	××	
12	××年××月××日	道路有扬尘，一些临边围护未到位，已整改	××	
13	××年××月××日	支架拆除后材料堆放混乱	××	
14	××年××月××日	张拉人员未戴安全帽，进行了教育要求佩戴上岗	××	
15	××年××月××日	临时安全护栏几处有破损；部分支模架垂直度严重超标。立即要求整改	××	
16	××年××月××日	门架搭设高低台阶处建议加槽钢加固；门洞边道剪刀撑应增加加固	××	
17	××年××月××日	个别路口围护有部分破裂；几条电缆线拖地，已要求及时整改	××